高职化工技术类专业

新型工作手册式教材

典型化工生产操作技术（上）

严世成　覃　杨　主编

史振国　主审

化学工业出版社

·北京·

内容简介

《典型化工生产操作技术》（上）包括三个模块：岗位基础认知、催化裂化装置生产操作、聚丙烯装置生产操作。本书选取典型化工技术（催化裂化）及典型化工产品（聚丙烯）为载体，对照化工生产过程的岗位标准设计项目工作任务。包括装置岗位认知、装置HSE认知、交接班与巡检；催化裂化装置的生产运行认知、正常生产与调节、开车操作、停车操作、异常与处理；聚丙烯装置的生产运行认知、正常生产与调节、开车操作、停车操作、异常与处理等内容，将企业岗位操作规程与项目操作标准进行准确对接。在项目导言中融入质量、安全、环保、健康等意识，在任务学习和任务执行中融入爱岗敬业、遵章守纪、工匠精神、团队协作、企业文化等思政教育元素，在提高技术技能的同时，注重全方位培养学生的综合素质。每个任务设计了工作任务单，针对性、实操性较强。

本书可作为高等职业教育化工类专业师生教学用书及化工类企业员工培训教材。

图书在版编目（CIP）数据

典型化工生产操作技术．上/严世成，覃杨主编．—北京：化学工业出版社，2023.12

高职化工技术类专业新型工作手册式教材

ISBN 978-7-122-44234-5

Ⅰ.①典… Ⅱ.①严…②覃… Ⅲ.①化工生产-高等职业教育-教材 Ⅳ.①TQ06

中国国家版本馆CIP数据核字（2023）第181982号

责任编辑：王海燕　张双进　　文字编辑：曹　敏

责任校对：边　涛　　装帧设计：张　辉

出版发行：化学工业出版社（北京市东城区青年湖南街13号　邮政编码100011）

印　　装：北京盛通数码印刷有限公司

787mm×1092mm　1/16　印张17¾　字数440千字　2024年1月北京第1版第1次印刷

购书咨询：010-64518888　　售后服务：010-64518899

网　　址：http://www.cip.com.cn

凡购买本书，如有缺损质量问题，本社销售中心负责调换。

定　　价：52.00元

《典型化工生产操作技术（上、下）》教材编委会

前言

随着《国家职业教育改革实施方案》(职教 20 条) 和《关于推动现代职业教育高质量发展的意见》等文件的颁布实施，职业教育迎来了高质量快速发展的黄金机遇期。

教材是课程建设与教学内容改革的载体，是提高人才培养质量的重要抓手。职业教育经过多年的改革与实践，涌现了一大批特色教材，如“理实一体化”教材、“项目化”教材、“活页式”教材等。但随着职业教育课程改革的不断深入，对教材的编写也提出了更高的标准和要求，迫切需要融入新标准、新技术、新规程，线上线下一体的立体化、信息化教材。鉴于此，吉林工业职业技术学院联合北京东方仿真软件技术有限公司编写了化工技术类专业新型工作手册式教材。本教材是根据《教育部关于深化职业教育教学改革 全面提高人才培养质量的若干意见》(教职成 [2015] 6 号) 文件精神，按照教育部颁发的《高等职业学校专业教学标准》中的专业标准，参照石化企业装置操作规程而编写的。

本教材的编写以“立德树人、德技并修”为指导思想，定位于高职教育化工技术类专业学生培养及化工类企业员工培训，选取典型化工技术 (催化裂化) 及典型化工产品 (聚丙烯) 为载体，对照化工生产过程的岗位标准设计项目工作任务，将企业岗位操作规程与项目操作标准进行准确对接，采用线上线下融合、软件硬件结合、内操外操配合的方式组织教学内容。在项目导言中融入质量、安全、环保、健康等意识，在任务学习和任务执行中融入爱岗敬业、遵章守纪、工匠精神、团队协作、企业文化等思政教育元素，在提高技术技能的同时，注重全方位培养学生的综合素质。

教材在编写过程中，吸收了近年高职教育教学改革的先进成果，征求了石化企业专家和生产一线工程技术人员的意见，力求集先进性、实用性、职业性于一体。以“工作手册”的形式组织编写课程内容，各个项目既可以独立运行，也可以综合使用。编者参考了已出版的相关教材和企业技术资料，既可供高职高专院校化工类专业学生使用，也可作为化工企业操作人员培训使用，具有较强的针对性和较大的灵活性。在教材编写过程中，以吉林工业职业技术学院教学改革试点项目为载体，得到北京东方仿真软件技术有限公司的大力支持，在此谨向在教材编写过程中作出贡献的单位和同志们致以衷心的感谢！

本教材由吉林工业职业技术学院严世成与北京东方仿真软件技术有限公司覃杨担任主编。北京东方仿真软件技术有限公司覃杨、赵埔、米星、朱子富、王承猛，吉林工业职业技术学院严世成、王超、王蕾编写模块一；吉林工业职业技术学院王蕾与颜鹏飞编写模块二；吉林工业职业技术学院王超、严世成编写模块三。本书由中国石油天然气股份有限公司吉林石化分公司高级工程师史振国主审。

本书在编写过程中得到吉林工业职业技术学院叶宛丽、刘立新、宋艳玲、张宏伟、白延军、朴勇等老师的帮助和指导，在此一并表示感谢！

由于编者对职教理论理解和自身业务水平有限，教材难免存在不足之处，敬请读者批评指正。

编者

2023 年 7 月

目录

模块一　岗位基础认知

模块二　催化裂化装置生产操作

模块三　聚丙烯装置生产操作

二维码资源目录

模块一
岗位基础认知

项目一

装置岗位认知

【学习目标】

知识目标

① 了解化工企业典型组织架构及岗位职责；

② 熟悉典型工艺装置的车间布局；

③ 熟悉内外操岗位员工的工作内容。

技能目标

① 能够清晰描述车间班组岗位组成；

② 能够结合沙盘辨识化工企业典型工艺现场装置的功能区域；

③ 能够清晰描述内外操岗位员工的工作内容及工作时间。

素质目标

① 通过学习，了解化工企业典型组织架构及岗位责任，增强岗位责任意识；

② 通过学习化工装置的车间布置，树立安全环保意识；

③ 通过叙述化工企业内外操岗位员工的工作内容，培养良好的语言组织、语言表达能力。

【项目导言】

化学工业是我国国民经济的支柱产业之一，在国民经济中具有举足轻重的地位。化工行业涉及范围极广，主要包括石油、化肥、农药、新领域精细化工、无机盐、有机原料、化工材料等。而从事化学工业生产和开发的企业和单位即为化工企业，化工技术类专业毕业生的就业方向一般为化工企业，且刚入职的毕业生往往从事一线生产工作，因此了解化工行业的特点及前景、化工企业典型组织架构、车间班组组成、化工企业的现场装置布局规律，能够建立对化工企业的简单认识，完成个人职业生涯规划，对个人的职业发展有积极作用。

【项目实施任务列表】

任务名称	总体要求	工作任务单	建议课时
任务一 化工企业典型组织架构认知	通过该任务，了解化工企业典型的组织架构及个人职业晋升通道，熟悉班组各岗位的岗位职责	1-1-1	1
任务二 装置环境认知	通过该任务，了解典型化工装置的现场环境	1-1-2-1 1-1-2-2	1
任务三 岗位及主要工作认知	通过该任务，了解典型化工企业班组十项制度，熟悉典型岗位员工的主要工作内容	1-1-3	1

任务一　化工企业典型组织架构认知

任务目标　① 了解化工行业在国民经济中的地位；
② 了解化工企业车间班组岗位构成；
③ 了解班组中各岗位的岗位职责。

任务描述　以入厂新员工的身份组成化工班组，学习化工企业组织架构，了解车间班组人员构成，学习各岗位员工的岗位职责。

教学模式　理实一体、任务驱动

教学资源　工作任务单（1-1-1）

任务学习

一、化工行业概述

化工行业就是从事化学工业生产和开发的企业和机构的总称。化学工业在许多国家的国民经济中都占有重要地位，是基础产业和支柱产业。化学工业的发展速度和规模对社会经济的各个部门有着直接影响，世界化工产品年产值已超过 15000 亿美元。化学工业门类繁多、工艺复杂、产品多样，生产中产生的各类物质种类多、数量大，且部分具有毒性。同时，化工产品在加工、贮存、使用和废弃物处理等各个环节都有可能产生有毒物质。因此，化学工业发展走可持续发展道路对于人类经济、社会发展具有重要的现实意义。

1. 化工行业的分类

化工行业按其化学特性分类分为无机化工、基本有机化工、高分子化工、精细化工；按原料分类分为石油化学工业、煤化学工业、生物化学工业、农林化学工业等；按产品吨位分类分为大吨位产品、精细化学品，前者指产量大对国民经济影响大的一些产品，如氨、乙烯、甲醇等，后者指产量小、品种多，但价值高的产品，如药品、染料等；按我国统计方法分类分为合成氨及肥料工业、硫酸工业、制碱工业、无机物工业（包括无机盐及单质）、基本有机原料工业、染料及中间体工业、产业用炸药工业、化学农药工业、医药药品工业、合成树脂与塑料工业、合成纤维工业、合成橡胶工业、橡胶制品工业、涂料及颜料工业、信息记录材料工业（包括感光材料、磁记录材料）、化学试剂工业、军用化学品工业，以及化学矿开采业和化工机械制造业等。

2. 化学工业在国民经济中的地位

化学工业在许多国家的国民经济中占有重要地位，是国家的基础产业和支柱产业，农业发展的强大支持，为工农业生产提供重要的原料保障，与衣、食、住、行密切相关。化学工业还肩负着为国防生产配套高技术材料的任务，并提供常规战略物资。

（1）化学工业与农业　化学工业为农业提供化肥、农药、塑料薄膜、饲料添加剂、生物促进剂等产品，反过来又以农副产品如淀粉、糖蜜、油脂、纤维素以及天然香料、色素、生物药材等为原料，以制造农业所需要的化工产品，形成良性循环。这就是化学工业与农业的天然联盟，也是乡镇企业发展的主要方向。农业是国民经济的基础，而农业问题又主要是粮食、棉花等涉及亿万人民的吃穿问题，它制约着工业的发展，这就决定了化学工业特别是其中的化肥、农药、塑料工业在国民经济中的突出重要地位。化学工业为农业技术改造和发展社会主义农业经济提供物质条件。重工业用它生产大量农业机械以及现代化的运输工具、电力设备、化肥、农药等产品装备农业，逐步实现农业的机械化、现代化，以不断提高农业的劳动生产率。

（2）化学工业与制药　制药工业是现代化工业，与其他工业有许多共性，尤其是化学工业，它们彼此之间有密切的关系。化学药品属于精细化工，合成药离不开中间体和化工原料。某些合成药技术水平的提高有赖于化工中间体水平的提高。所以与化学工业密切结合开发中间体大有可为，可大大提高我国合成药的国际竞争力。

（3）化学工业与冶金、建筑　冶金工业使用的原材料除了大量的矿石外，就是炼铁用的焦炭。冶金用的不少辅助材料都是化工产品。目前高分子化学建材已形成相当规模的产业，其主要有建筑塑料、建筑涂料、建筑粘贴剂、建筑防水材料以及混凝土外加剂等。此外，化学工业为建筑工业提供了建筑机械、传统建筑材料和新型建筑材料。

（4）化学工业与能源　能源既是化学工业的原料，又是它的燃料和动力，因此能源对于化学工业比其他工业部门更具重要性。化学工业是采用化学方法实现物质转换的过程，其中也伴随着能量的变化。目前化学工业有二十几个行业，数万个品种，应用范围渗透到国民经济各个部门。化学工业是能源最大消费部门之一，能源是国民经济发展的基础，是化学工业的原料、燃料和动力的源泉。

（5）化学工业与国防　国防工业是一个加工工业部门，它的生产和发展离不开化学工业提供的机器设备和原材料。此外，化学工业产品的很大一部分也是用来武装和改造化学工业本身的物质技术基础。在常规战争中所用的各种炸药都是化工制品。军舰、潜艇、鱼雷以及军用飞机等装备都离不开化学工业的支持。导弹、原子弹、氢弹、超音速飞机、核动力舰艇等都需要质量优异的高级化工材料。

（6）化学工业与环境　在二十一世纪的今天，随着人类改造自然的能力和规模的巨大发展，尤其是化学工业的飞速发展所带来的环境问题已影响到人类的生活。人们在经历了环境与经济的双收益后，更多的目光和精力被投入到绿色化学技术的发展，随着科技的进步，绿色生产技术必将进一步发展和优化。

以上说明在国民经济中，包括有各不相同的产业，它们相互联系在一起。在国民经济中，各产业、行业和企业之间既有分工，各自承担着不同的任务，而又相互联系，共同发挥作用。

二、优秀化工企业和典型组织架构

1. 国内优秀化工企业案例

2021 年，中国化工企业有七家进入全球 50 强。值得注意的是，中国企业的排名基本处于持平或者上升状态，反映出中国化工行业蓬勃的发展态势。除中国石化、台塑外，中国石油排名第 13 位与上年持平；恒力石化位居 15 位；中国中化旗下的先正达位列 26 位；万华化学位居 29 位。荣盛石化 2021 年第一次进入 50 强，位居 42 名。

总部位于山东烟台的万华化学集团（简称万华化学）是中国唯一一家拥有 MDI（二苯甲烷二异氰酸酯）制造技术自主知识产权的企业，曾获“国家科技进步奖一等奖”，号称“化工界的华为”，在异氰酸酯领域已超过巴斯夫、拜耳等国际化工巨头成为全球最大的生产商。

万华化学前身为烟台合成革厂，成立于 1978 年，最初的愿景是让每个中国人都能穿上皮鞋。1984 年烟台合成革厂引进了日本一套落后的 1 万吨 MDI 装置［MDI 被称为“第五种塑料”，广泛用于生产鞋底、汽车内饰件（仪表台、方向盘）、坐垫、头枕、PU 玩具、床垫、冰箱、冷库板、建筑保温材料等，是一种现代轻工业不可或缺的原材料]，但却在日方不再提供技术支持后基本无法正常开工。在全球范围向 MDI 巨头寻求技术换市场，却四处碰壁后，万华无奈走上了自主研发道路，坚持自己培养科学技术人才，花费重金聘请高端的技术人才，在中国科学院、国防科技大学等多家单位的支持下，终于掌握了国际先进水平的 MDI 核心技术——光气化学技术，闯进这一外国垄断的领域，由此我国成为世界上继美、德、英、日之后第五个拥有自主知识产权的 MDI 制造技术的国家，万华化学也是我国唯一拥有 MDI 自主知识产权的企业。1995 年，MDI 装置年产量首次突破 1 万吨；1997 年，万华开启国有企业改革之路。1998 年完成股份制改制成立烟台万华聚氨酯股份有限公司；2001 年公司上市；2003 年 16 万吨/年 MDI 工程在宁波大榭开始建设。2004 年万华成为国内化工领域率先引进美国杜邦安全管理体系的公司，从严提出“零伤害，零事故，零排放，建设花园式工厂”的 HSE 目标。2005 年宁波 16 万吨/年 MDI 装置一次性投料试车成功，同期，万华在中东、俄罗斯、日本、美国、欧洲设立分公司和办事处，实施全球化布局。2011 年万华收购匈牙利宝思德化学，迈出了国际化进程里程碑式的一步，开始建设环氧丙烷及丙烯酸酯一体化项目；2013 年更名为万华化学集团股份有限公司；2015 年环氧丙烷及丙烯酸酯一体化项目顺利投产，标志着公司进军石化行业，进一步完善聚氨酯产业链；2016 年公司成功打通了“IP-IPN-IPDA-IPDI”全产业链并建成投产，同时自主研发的 SAP 和 POP 工业化装置投产，公司在精细化学品和新材料领域多点开花；2018 年通过资产重组吸收合并控股股东万华实业，实现万华化学相关资产整体上市；2019 年收购瑞典国际化工，巩固了公司 MDI 护城河。2020 年营收过千亿，跻身世界化工巨头行列；截至 2021 年万华化学 MDI 产能居全球第一。

2. 世界范围内的化工巨头

根据美国《化学与工程新闻》(Chemical & Engineering News，C&EN) 发布的“2021 全球最大的 50 家化学公司”排行榜 (Global Top 50 Chemical Companies for 2021)，目前世界范围内的化工巨头公司如表 1-1。

表 1-1 2021 年全球规模最大的 50 家化学公司

排名	公司名称	总部所在地	2020 财年化学品销售额/亿美元
1	巴斯夫(BASF)	德国	674.91
2	中国石化(Sinopec)	中国	466.56
3	陶氏(Dow)	美国	385.42
4	英力士(Ineos)	英国	313.10
5	沙特基础工业(Sabic)	沙特	287.92
6	台塑(Formosa Plastics)	中国	277.11
7	LG 化学(LG Chem)	韩国	254.77
8	三菱化学(Mitsubishi Chemical)	日本	253.23
9	林德(Linde)	英国	243.92
10	利安德巴塞尔工业(LyondellBasell Industries)	美国	234.07
11	埃克森美孚(ExxonMobil Chemical)	美国	230.91
12	法液空(Air Liquide)	法国	230.89

续表

排名	公司名称	总部所在地	2020 财年化学品销售额/亿美元
13	中国石油(PetroChina)	中国	217.69
14	杜邦(DuPont)	美国	203.97
15	恒力石化(Hengli Petrochemical)	中国	172.65
16	住友化学(Sumitomo Chemical)	日本	158.22
17	东丽(Toray Industries)	日本	151.96
18	信越化学工业(Shin-Etsu Chemical)	日本	140.19
19	赢创(Evonik Industries)	德国	139.19
20	信实工业(Reliance Industries)	印度	136.00
21	科思创(Covestro)	德国	122.16
22	壳牌(Shell Chemicals)	荷兰	117.21
23	雅苒(Yara)	挪威	115.91
24	巴西国家化学(Braskem)	巴西	113.48
25	三井化学(Mitsui Chemicals)	日本	113.48
26	先正达(Syngenta)	瑞士	112.08
27	拜耳(Bayer)	德国	112.04
28	索尔维(Solvay)	比利时	110.84
29	万华化学(Wanhua Chemical)	中国	106.36
30	因多拉玛(Indorama)	泰国	105.89
31	乐天化学(Lotte Chemical)	韩国	103.54
32	庄信万丰(Johnson Matthey)	英国	99.51
33	优美科(Umicore)	比利时	97.38
34	旭化成(Asahi Kasei)	日本	92.83
35	帝斯曼(DSM)	荷兰	92.49
36	阿科玛(Arkema)	法国	89.96
37	空气产品(Air Products and Chemicals)	美国	88.56
38	美盛(Mosaic)	美国	86.82
39	韩华思路信(Hanwha Solutions)	韩国	85.96
40	伊士曼化学(Eastman Chemical)	美国	84.73
41	雪佛龙菲利普斯化学(Chevron Phillips Chemical)	美国	84.39
42	荣盛石化(Rongsheng Petrochemical)	中国	83.59
43	北欧化工(Borealis)	奥地利	77.80
44	西湖化学(Westlake Chemical)	美国	75.04
45	沙索(Sasol)	南非	72.88
46	Nutrien	加拿大	71.56
47	朗盛(Lanxess)	德国	69.65
48	东曹(Tosoh)	日本	68.64
49	DIC	日本	65.67
50	科迪华(Corteva Agriscience)	美国	64.61

可知前三名分别为巴斯夫、中国石化、陶氏。

3. 现代化工企业组织架构

各公司的组织架构基本一致又各具特点，本书仅以中国石化某公司的组织架构为例介绍现代化工企业的基本架构（图 1-1）。

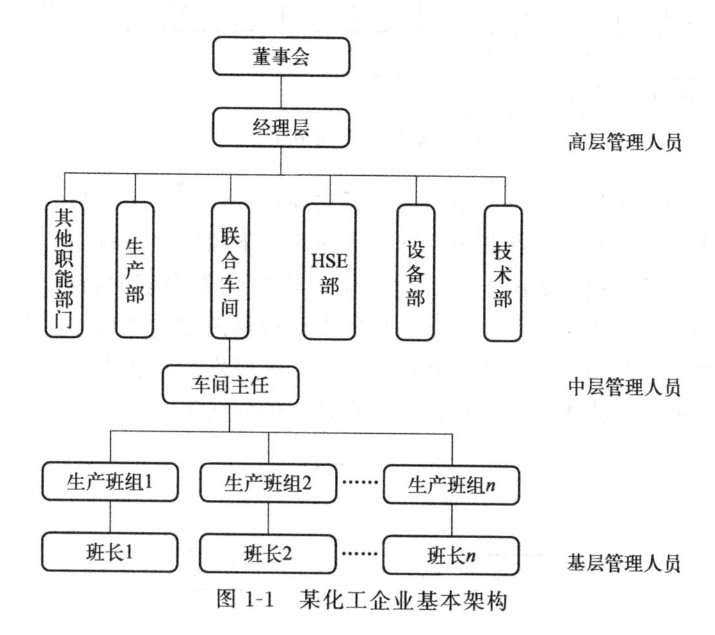

图 1-1 某化工企业基本架构

现代化工企业集团，一般在集团公司设置董事会，董事会是由董事组成的，对内掌管公司事务、对外代表公司的经营决策和业务执行机构。董事会委托公司经理层的各经理进行公司的具体运营管理。在经理层之下，会设置生产部、设备部、技术部、HSE 部（安全监督部门）及为具体生产服务的热电部、水务部、财务部、审计部等其他职能部门，也会根据具体业务的不同设置炼油部、化工部；而在化工部下会设置各个生产车间，由各车间的车间主任进行管理。在车间之下就是各个生产班组，由各个班组的班长进行管理。

三、化工企业车间班组组成

1. 化工企业车间组织架构

下面以中国石化某下属公司某联合车间为例，介绍车间组织架构（如图 1-2）。车间是企业内部组织生产的基本单位，也是企业生产行政管理的一级组织。车间的任务是进行生产管理工作，通过对生产过程中人、机、料、法等要素进行优化配置，做到生产组织科学有序，人员结构合理，生产方案优化，节能减耗，提高产品产率，保证产品质量，提高经济效率。

车间一般由若干工段或生产班组构成。它按企业内部产品生产各个阶段或产品各组成部分的专业性质和各辅助生产活动的专业性质而设置，拥有完成生产任务所必需的厂房或场地、机器设备、工具和一定的生产人员、技术人员和管理人员。

2. 班组组织架构及各岗位职责

企业中的班组的地位和作用是极其重要的。班组是企业的“细胞”，是企业的基本组成单位。企业的各项运营生产工作最终都要通过班组去落实，各项任务都要依靠班组去完成，

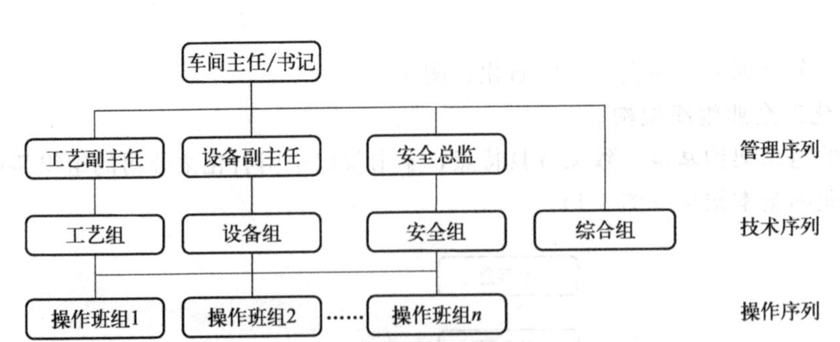

图 1-2　某化工车间组织架构

所以班组是企业各项工作的落脚点。俗话说，万丈高楼平地起，一个企业由小到大，由弱到强，不断发展壮大都离不开班组在其中发挥巨大作用。下面以中国石化某公司某联合车间某班组为例，介绍班组的组成（如图 1-3）。化工企业因其工作内容的特殊性和典型性，分为内操岗位和外操岗位。内操岗位主要是在中控室中对现场的工艺进行监控和调节；而外操岗位主要是在装置现场进行操作和调节。而内操岗位和外操岗位都各由一位副班长对各岗位的工作进行汇总和协调，最终将工作的执行结果和遇到的问题汇总给班长。

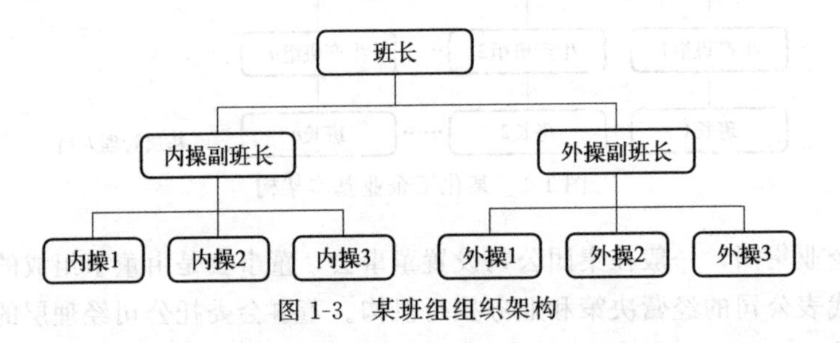

图 1-3　某班组组织架构

职业院校学生在化工企业的职业发展路线举例

职业院校化工相关专业毕业生若进入化工企业，一般会先从事一线的生产工作。现以国内某大型石化企业的新员工职业晋升路径进行举例说明（如图 1-4）。

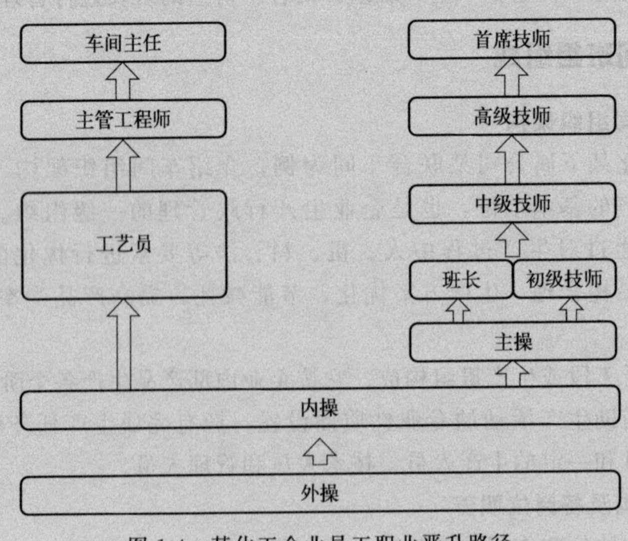

图 1-4　某化工企业员工职业晋升路径

一般化工专业的职业院校毕业生进入化工企业，会先从外操员做起，在现场进行外操工作，经过一到两年的时间，会选拔优秀的外操员进入中控室做内操，经历一段时间后，对工艺熟悉、内操操作好的员工一部分会晋升为主操，相当于之前介绍过的内操副班长，走专业技术序列，之后可以晋升为班长、初级技师再晋升为中级技师最终成为集团首席技师；另一部分内操，如果拥有专科及以上学历，还可以走管理序列，可以晋升为工艺员、主管工程师最终晋升为车间主任，后期还有望进入公司管理层。

任务执行

通过任务学习，完成化工企业典型组织架构认知（工作任务单 1-1-1）

要求：① 按授课教师规定的人数，完成虚拟车间的组建。

② 完成组内分工，学习对应岗位的职责并完成工作任务单。

③ 完成后，以车间班组为单位向全体分享。

④ 任务时间：20min。

工作任务单　化工企业典型组织架构认知		编号：1-1-1
考查内容：车间班组组织架构及主要岗位职责认知		
姓名：	学号：	成绩：

1. 车间班组组织架构

完成虚拟车间的组建，并在下图的括号处填入自己的姓名。

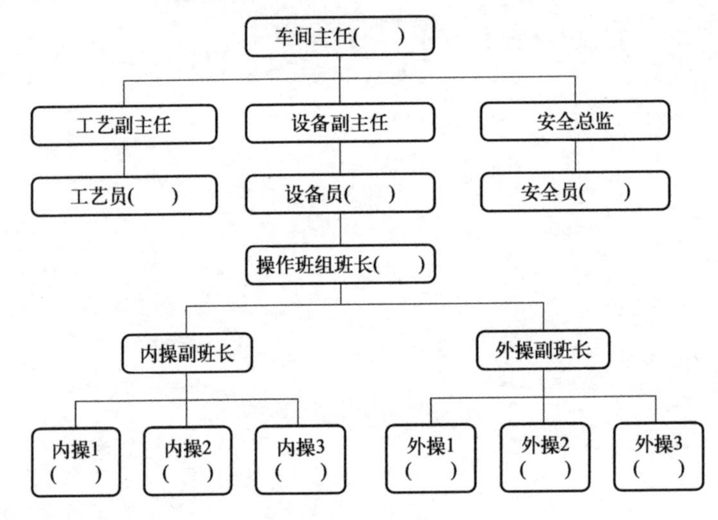

2. 各岗位主要职责

岗位	职责
内操	了解生产计划，明确生产任务，严格执行(　　)和(　　)，负责对产品质量及各控制参数调整 负责主控室内 DCS 系统的(　　)、监屏，熟悉每个(　　)，对每个(　　)的变化能及时发现并处理，及时报警和通知(　　)、(　　)并作出相应反应 负责按时按要求记录班组(　　)、(　　)、(　　)等。对装置运行情况做好总结与记录 负责(　　)、(　　)与其他操作记录的填写，内操室设施、(　　)的使用、保管与交接的记录
外操	外操受(　　)领导，加强与(　　)、(　　)以及(　　)的练习，配合(　　)把各项工艺参数控制在最佳范围内，做好系统优化和节能降耗工作 按时按规定执行(　　)，发现问题及时向(　　)汇报。协助(　　)组织抢救，做好详细记录，参加(　　)、(　　)落实防范措施 负责按时按要求记录(　　)及(　　)情况，对管辖区域内(　　)、(　　)、办公设施、(　　)的管理维护 负责(　　)设备、(　　)设备、消防设施、(　　)和(　　)的检查维护工作，保证其保持完好和正常运行 配合(　　)、(　　)等制度的执行，按规定进行(　　)，发现违章应及时(　　)，定期参加各种(　　)、安全活动与各种(　　)，掌握正确使用防护器材的方法，确保遇到突发事件能正常处理

续表

岗位	职责
班长	全面负责装置现场的安全生产及(　　)、机泵、(　　)的正常运行 严格工艺纪律，执行工艺卡片，负责协调指挥(　　)岗位间操作 负责(　　)、(　　)、劳动纪律管理 负责班组(　　)工作，制止各类违章操作，保证(　　)安全和(　　)安全 负责带领全班人员按照(　　)、(　　)规定与要求，进行(　　)、(　　)及(　　)等工作 树立(　　)的思想，遵守(　　)，严格执行(　　)，有权拒绝(　　)
工艺员	负责(　　)各项指令的传达、(　　)与(　　)等工作的落实根据(　　)的生产情况进行相关单位及调度联系，保证装置平稳运行对(　　)进行分析，提出改进措施，并对这些指标进行(　　) 负责装置(　　)工作，装置(　　)工作，保证装置平稳运行、产品质量合格，保证装置(　　)工作运行
安全员	负责车间直接作业环节的(　　)、对施工作业全过程实施(　　)督查做好装置日常(　　)工作，施工及维修现场(　　) 对职工进行经常性的(　　)，组织(　　)考核，参加(　　)活动搞好职业(　　)，组织职工(　　)，实施有效的(　　)
设备员	负责车间(　　)工作，严格执行(　　)制度，发现问题及时解决根据车间的(　　)运行情况，及时与(　　)联系，协调人员的对外操作 编制本装置(　　)及(　　)，编制(　　)方案，及时指导(　　)，确保(　　)正常运行 督导各班组的日常(　　)工作

任务总结与评价

绘制此次任务的思维导图。

任务二　装置环境认知

任务目标　① 了解化工企业车间布置的基本原则；
② 了解化工企业内外操室的布置；
③ 了解典型装置在沙盘上的位置及功能。

任务描述　通过学习化工企业装置的定位、选址规律及通过装置沙盘的现场观察学习，了解化工装置现场的基本组成，熟悉装置现场环境。

教学模式　理实一体、任务驱动

教学资源　沙盘及工作任务单（1-1-2-1、1-1-2-2）

任务学习

一、化工厂的定位与选址规律

化工厂的定位与厂址选择是一个复杂的问题，它涉及原料、水源、能源、土地供应、市场需求、交通运输和环境保护等诸多因素。应对这些因素全面综合地考虑，权衡利弊，才能作出正确的选择。

化工厂定位遵循的基本原则

厂址宜选在原料、燃料供应和产品销售便利的地区，并在储运、机修、公用工程和生活设施等方面具有良好协作条件的地区。

厂址应靠近水量充足，水质良好，电力供应充足的地方。厂址应选在有便利交通的地方。选厂应注意节约用地，不占或少占耕地，厂区的面积形状和其他条件应满足工艺流程合理布置的需要，并要预留适当的发展余地。选厂应注意当地的自然环境条件，工厂投产后对周围环境造成的影响作出预评价，工厂的生产区和居民区的建设地点应同时选定。

一般来说，厂区应避免建在以下地区：

具有开采价值的矿藏地区；

易遭受洪水、泥石流、滑坡等的危险地区；

厚度较大的三级自重湿陷性黄土地区；

发震断层地区和地震高发地区；

对机场、电台、国防线路等使用有影响的地区；

国家选定的历史文物、生物保护和风景旅游地区；

城镇等人口密集的地区。

工厂定位时除了谨遵以上原则外，考虑得更多的是经济问题。固然，高风速、地震多发、雨雪量大、雷电频发等不安全因素，在工厂定位时会给予适度考虑。但首要考虑的是经济问题。比如，世界上多数大型石油化工企业都建立在原料产地附近，就是出于原料流通经济上的考虑。

二、化工厂区及车间区域划分

1. 化工厂区域划分

工厂布局也是一种工厂内部组件之间相对位置的定位问题，其基本任务是结合厂区的内外条件确定生产过程中各种机器设备的空间位置，获得最合理的物料和人员的流动路线。化工厂布局普遍采用留有一定间距的区块化的方法。工厂厂区一般可划分为以下六个区块：工艺装置区，罐区，公用设施区，运输装卸区，辅助生产区，管理区。各区块需考虑的安全因素如下。

（1）工艺装置区　工艺装置区由加工单元装置设备和过程单元装置设备构成。加工单元可能是工厂中最危险的区域。首先应该汇集这个区域的一级危险源如毒性或易燃物质、高温、高压、火源等。这些地方有很多机械设备，容易发生故障，加上人员可能的失误而使其充满危险。

加工单元应该离开工厂边界一定的距离，应该是集中而不是分散的分布。后者有助于加工单元作为危险区的识别，杜绝或减少无关车辆的通过。要注意厂区内主要的火源和主要的人口密集区，由于易燃或毒性物质释放的可能性，加工单元应该置于上述两者的下风区。过程区和主要罐区有交互危险性，两者最好保持相当的距离。

过程单元除应该集中分布外，还应注意区域不宜太拥挤。因为不同过程单元间可能会有交互危险性，过程单元间要隔开一定的距离。特别是对于各单元不是一体化过程的情形，完全有可能一个单元满负荷运转而邻近的另一个单元正在停车大修，从而使潜在危险增加。危险区的火源、大型作业、机器的移动、人员的密集等都是应该特别注意的事项。在安全方面唯一可取之处是通常过程单元人员较少。

目前在化学工业中，过程单元间的间距仍然是安全评价的重要内容。对于过程单元本身的安全评价比较重要的因素有：

① 操作温度；

② 操作压力；

③ 单元中物料的类型；

④ 单元中物料的量；

⑤ 单元中设备的类型；

⑥ 单元的相对投资额；

⑦ 救火或其他紧急操作需要的空间。

（2）罐区　贮存容器，比如贮罐，是需要特别重视的装置。每个这样的容器都是巨大的能量或毒性物质的贮存器。在人员、操作单元和贮罐之间保持尽可能远的距离是明智的。这样的容器能够释放出大量的毒性或易燃性的物质，所以务必将其置于工厂的下风区域。前面已经提到，贮罐应该安置在工厂中的专用区域，加强其作为危险区的标识，使通过该区域的无关车辆降至最低限度。罐区的布局有以下三个基本问题：

① 罐与罐之间的间距；

② 罐与其他装置的间距；

③ 设置拦液堤所需要的面积。

与以上三个问题有密切关系的是贮罐的两个重要的危险，一个是罐壳可能破裂，很快释放出全部内容物，另一个是当含有水层的贮罐加热高过水的沸点时，会引起物料过沸。如同加工单元的情形，以上三个问题所需要的实际空间方面，化学工业还没有具体的设计依据。罐区和办公室、辅助生产区之间要保持足够的安全距离。罐区和工艺装置区、公路之间要留出有效的间距。罐区应设在地势比工艺装置区略低的区域，决不能设在高坡上。还有通路问题。每一罐体至少可以在一边由通路到达，最好是可以在相反的两边由通路到达。

（3）公用设施区　公用设施区应该远离工艺装置区、罐区和其他危险区，以便遇到紧急情况时仍能保证水、电、汽等的正常供应。由厂外进入厂区的公用工程干管（主干管），也不应该通过危险区，如果难以避免，则应该采取必要的保护措施。工厂布局应该尽量减少地面管线穿越道路。管线配置的一个重要特点是在一些装置中配置回路管线。回路系统的任何一点出现故障即可关闭阀门将其隔离开，并把装置与系统的其余部分接通。为了加强安全，特别是在紧急情况下，这些装置的管线对于如消防用水、电力或加热用蒸汽等的传输必须是回路的。

锅炉设备和配电设备可能会成为火源，应该设置在易燃液体设备的上风区域。锅炉房和泵站应该设置在工厂中其他设施的火灾或爆炸不会危及的地区。管线在道路上方穿过要引起特别注意。高架的间隙应留有如起重机等重型设备的方便通路以减少碰撞的危险。最后管路一定不能穿过围堰区，围堰区的火灾有可能毁坏管路。

冷却塔释放出的烟雾会影响人的视线，冷却塔不宜靠近铁路、公路或其他公用设施。大型冷却塔会产生很大噪声应该与居民区有较大的距离。

（4）运输装卸区　良好的工厂布局不允许铁路支线通过厂区，可以把铁路支线规划在工厂边缘地区解决这个问题。对于罐车和罐车的装卸设施常做类似的考虑。在装卸台上可能会发生毒性或易燃物的溅洒，装卸设施应该设置在工厂的下风区域最好是在边缘地区。

原料库、成品库和装卸站等机动车辆进出频繁的设施，不得设在必须通过工艺装置区和罐区的地带，与居民区、公路和铁路要保持一定的安全距离。

（5）辅助生产区　维修车间和研究室要远离工艺装置区和罐区。维修车间是重要的火源，同时人员密集应该置于工厂的上风区域。研究室按照职能的观点一般是与其他管理机构比邻，但研究室偶尔会有少量毒性或易燃物释放进入其他管理机构，所以两者之间直接连接是不恰当的。

废水处理装置是工厂各处流出的毒性或易燃物汇集的终点，应该置于工厂的下风远程区域。

高温煅烧炉的安全考虑呈现出矛盾性。作为火源，应将其置于工厂的上风区，但是严重的操作失误会使煅烧炉喷射出相当量的易燃物，对此则应将其置于工厂的下风区。作为折中方案，可以把煅烧炉置于工厂的侧面风区域。与其他设施隔开一定的距离也是可行的方案。

（6）管理区　每个工厂都需要一些管理机构。出于安全考虑，主要办事机构应该设置在工厂的边缘区域并尽可能与工厂的危险区隔离。这样做有以下理由：首先销售和供应人员以及必须到工厂办理业务的其他人员，没有必要进入厂区。因为这些人员不熟悉工厂危险的性质和区域，而他们的普通习惯如在危险区无意中吸烟就有可能危及工厂的安全。其次，办公室人员的密度在全厂可能是最大的，把这些人员和危险分开会改善工厂的安全状况。

在工厂布局中，并不总是有理想的平地，有时工厂不得不建在丘陵地区。有几点值得注意：液体或蒸气易燃物的源头从火险考虑不应设置在坡上；低洼地有可能积水，锅炉房、变电站、泵站等应该设置在高地，在紧急状态下，如泛洪期，这些装置连续运转是必不可少的，贮罐在洪水中易受损坏，空罐在很低水位中就能漂浮，从而使罐的连接管线断裂造成大量泄漏进一步加重危机。甚至需要考虑设置物理屏障系统阻止液体流动或火险从一个厂区扩散至另一个厂区。

2. 化工厂车间的组成

化工厂可以由多个不同车间组成，共同构成厂区的整体布局。而每个具体车间根据其负责的生产任务不同又可以分为生产设施、生产辅助设施、行政福利设施及其他特殊用室。其中生产设施包括原料工段、生产工段、成品工段、回收工段、中控室、外操室、贮罐区等；生产辅助设施包括：机修间、变电配电室等；行政福利设施包括：办公室、休息室、更衣室、浴室、厕所等；其他特殊用室主要包括：劳动保护室、保健室。其组成图如图 1-5 所示。

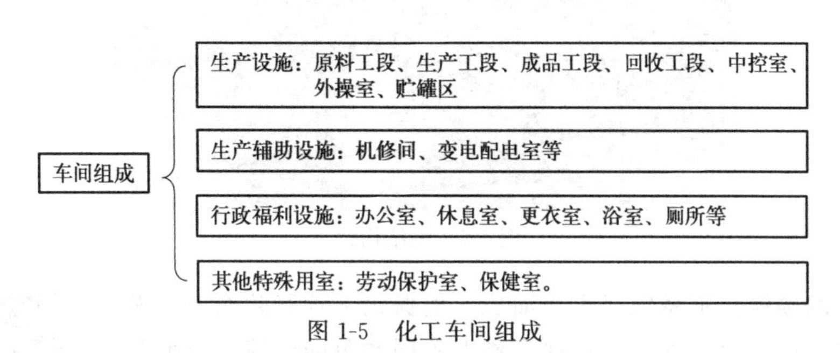

图 1-5 化工车间组成

生产设施区域的原料工段、生产工段、成品工段、回收工段、贮罐区主要包括各工段的不同设备，而中控室则是内操岗位员工的工作场所、外操室是外操工作员工在现场工作期间的临时休息、学习的场所；生产辅助设施区域的机修间则是维修人员维修机械的场所，变电配电室则是根据现场用电需求，进行电压升降和电能分配的设备房；行政福利设施区域的办公室是非现场作业人员的日常办公场所及有外来访客时的接待处；其他特殊用室中的劳动保护室主要是用于员工劳动保护及劳动保险的实施与管理工作、保健室是由工厂设立的主要用于健康保健咨询的机构。

车间布置的主要原则有：

① 车间布置设计要适应总图布置要求，与其他车间、公用系统、运输系统组成有机体。

② 最大限度地满足工艺生产包括设备维修要求。

③ 经济效果要好；有效地利用车间建筑面积和土地；要为车间技术经济先进指标创造条件。

④ 便于生产管理，安装、操作、检修方便。

⑤ 要符合有关的布置规范和国家有关的法规，妥善处理防火、防爆、防毒、防腐等问题，保证生产安全，还要符合建筑规范和要求。人流货流尽量不要交错。

⑥ 要考虑车间的发展和厂房的扩建。

⑦ 考虑地区的气象、地质、水文等条件。

三、化工车间现场装置的设施举例

典型化工现场装置主要由：钢结构架、化工管路、化工设备、职业病危害告知牌、安全标志、消防器材、职业卫生防护设施等组成。

1. 钢结构架

钢结构架，起支撑化工设备及化工管路的作用。示例如图 1-6 所示。

2. 化工管路

化工管路，输送化工原料及产品，连接不同化工设备的管线。根据工艺介质的不同，会

图 1-6　钢结构架

选用不同材质的碳钢、不锈钢经焊接而成。根据化工管路防腐要求及不同化工厂的习惯，化工管路外往往会刷上不同颜色的油漆，以便从外观辨识管内物料。

根据 GB 7231—2003《工业管道的基本识别色、识别符号和安全标识》的规定，八种基本识别色及颜色标准编号如表 1-2。

M1-1　工业管道基本识别色

表 1-2　工业管道基本识别色

物质种类	基本识别色	颜色标准编号
水	艳绿	G03
水蒸气	大红	R03
空气	浅灰	B03
气体	中黄	Y07
酸或碱	紫	P02
可燃液体	棕	YR05
其他液体	黑	
氧	淡蓝	PB06

3. 化工设备

化工设备　是化工厂中实现化工生产所采用的工具。主要分为，动设备和静设备。动设备主要包括：泵、压缩机、风机等由驱动机带动的转动设备或指消耗能源的设备；静设备主要包括塔、釜、换热器等各种常压容器或压力容器。常用的设备英文表示方法如表 1-3。

表 1-3　常用设备英文表示法

代号	设备类型	备注
A	搅拌器	Agitator
C	压缩机或塔	Compressor/Column
D	容器	Drum
E	热交换器	Heat Exchanger

续表

代号	设备类型	备注
F	过滤器	Filter
T	储罐或塔	Tank(TK)/Tower
P	泵	Pump
R	反应器	Reactor
M	混合器	Mixer

4. 职业病危害告知牌

职业病危害告知牌，是指工作场所职业病危害警示标识，一般位于车间工艺装置区入口处，适用于可产生职业病危害的工作场所、设备及产品。示例如图 1-7。

职业危害告知牌

作业环境有毒，对人体有害，请注意防护		
	健康危害	理化特性
噪声	致使听力减弱、下降，时间长可引起永久耳聋，并引发消化不良、呕吐、头痛、血压升高、失眠等全身性病症	声强和频率的变化都无规律、杂乱无章的声音
	应急处理	
噪声有害	使用防声器如：耳塞、耳罩、防声帽等，并紧闭门窗。如发现听力异常，则到医院进行检查、确诊	
	注意防护	
	利用吸声材料或吸声结构来吸收声能；佩带耳塞；使用隔声罩、隔声间、隔声屏，将空气中传播的噪声挡住、隔开	

图 1-7　职业病危害告知牌

5. 安全标志

安全标志，用以表达特定安全信息的标志，由图形符号、安全色、几何形状（边框）或文字构成。一般张贴于装置框架中需要进行安全信息提示的场所，如图 1-8。

图 1-8　安全标志

6. 消防器材

消防器材是指用于灭火、防火以及火灾事故的器材。一般位于装置中易发生火灾或存在火灾隐患的场所，如图 1-9。

图 1-9　消防器材

7. 职业卫生防护设施

职业卫生防护设施，指应用工程技术手段控制工作场所产生的有毒有害物质，防止发生职业危害的一切技术措施。装置现场主要有人体静电消除柱、洗眼器、有毒可燃气体检测器等，如图 1-10。

图 1-10　职业卫生防护设施

任务执行

化工厂装置环境认知（沙盘）

工作任务单1　化工厂装置环境认知（一）		编号：1-1-2-1
考查内容：化工装置环境认知——现场环境认知		
姓名：	学号：	成绩：

根据东方仿真软件中沙盘描述的工艺流程，补充化工装置厂区平面布置图。

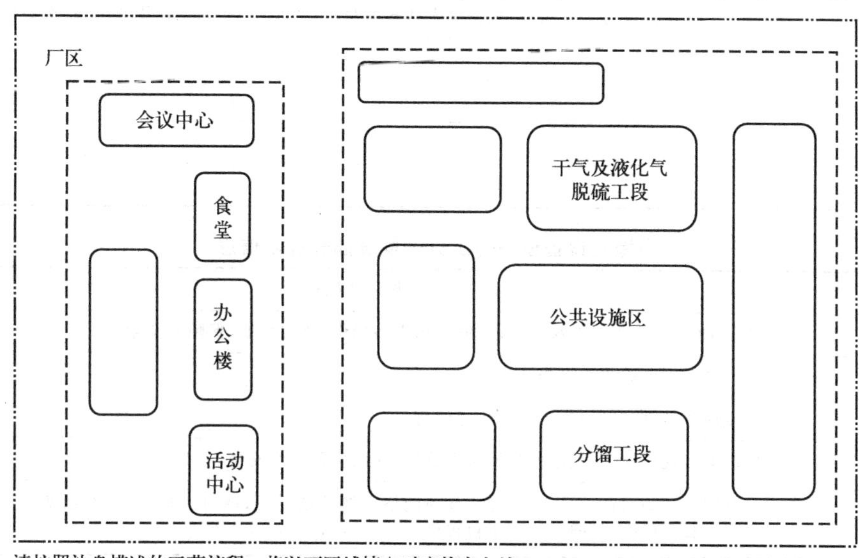

请按照沙盘描述的工艺流程，将以下区域填入对应的空白处。

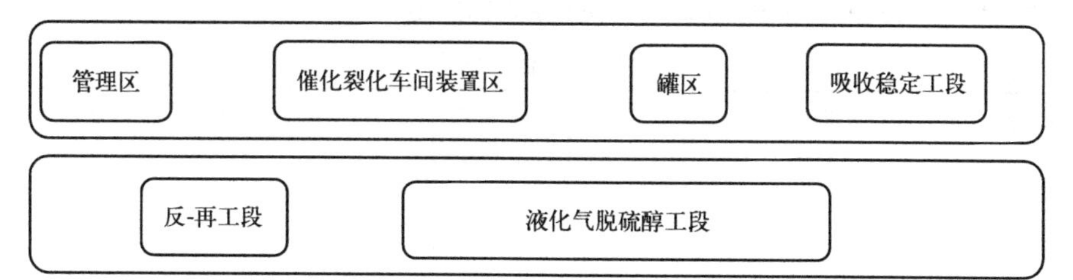

工作任务单2　化工厂装置环境认知（二）		编号：1-1-2-2
考查内容：化工装置环境认知——内外操室环境认知		
姓名：	学号：	成绩：

1. 根据教师指定的某教学工厂内操室实景，完成内操室的布置一览表。

内操室展板一览表

序号	展板名称（根据个人认知填写）	作用或用途（选择编号）
1		
2		
3		
4		

续表

内操室展板部分提示信息

编号	作用或用途
A1	介绍本装置各物料收付节点、收付操作类型的提示牌，快速清晰了解装置物料走向
B1	对车间生产重要参数指标情况进行展示，及时清晰让大家了解生产情况

内操室设备设施与工具一览表

序号	设备设施与工具名称(根据个人认知填写)	作用或用途(选择编号)
1		
2		
3		
4		

内操室设备设施与工具一览表部分提示信息

编号	作用或用途
C1	装载DCS系统、SIS系统，远程控制现场设备操作，监视数据，保障安全生产
D1	进行紧急停车等紧急操作
E1	突发应急事件及时向装置现场传递信息
F1	实时监测现场情况，及时发现异常事故等，保证装置生产安全
G1	一种双向移动通信工具，在不需要任何网络支持的情况下，就可以通话，没有话费产生，适用于相对固定且频繁的通话场合，对讲机提供一对一，一对多的通话方式

2. 根据教师指定的某教学工厂外操室实景，完成外操室的布置一览表。

外操室展板一览表

序号	展板名称(根据个人认知填写)	作用或用途(选择编号)
1		
2		
3		
4		
5		
6		

外操室展板部分提示信息

编号	作用或用途
A2	TPM是英文Total Productive Maintenance的缩略语，中文译为全员生产维护，又译为全员生产保全。是以提高设备综合效率为目标，以全系统的预防维修为过程，全体人员参与为基础的设备保养和维修管理体系
B2	公示装置运行信息
C2	公示人员信息
D2	工作场所职业病危害警示标识，适用于可产生职业病危害的工作场所、设备及产品
E2	展示车间装置存在的风险，警示操作人员规避风险

续表

外操室设备设施与工具一览表

序号	设备设施与工具名称(根据个人认知填写)	作用或用途(选择编号)
1		
2		
3		
4		
5		
6		
7		
8		

外操室设备设施与工具一览表部分提示信息

编号	作用或用途
F2	是用来判断动设备故障等,一端接触设备的轴承等部位,一端与耳朵接触,听取运转时设备里面的响声,利用传导原理可以准确地判断问题部位
G2	一种双向移动通信工具,在不需要任何网络支持的情况下,就可以通话,没有话费产生,适用于相对固定且频繁的通话场合。对讲机提供一对一,一对多的通话方式
H2	配有相关救护用品,可用于员工发生意外实施紧急救护
I2	是阀门专用扳手,设备安装、装置及设备检修、维修工作中的必需工具
J2	监测氧气、可燃气体、一氧化碳、硫化氢浓度,并配有声光报警提示
K2	用来装巡检常用工具的背包,方便工具携带
L2	用于振动检测,适合现场设备运行和维护人员监测设备状态
M2	用红外线传输数字的原理来感应物体表面温度,操作简单方便,特别是高温物体的测量

任务总结与评价

以班组为单位汇总出此次课程的要点和注意事项，并派出学员代表进行阐述、分享。

任务三　岗位及主要工作认知

任务目标　① 了解化工企业班组内的倒班制度；
② 熟悉班组内外操岗位员工的工作流程；
③ 了解化工企业班组十项制度。

任务描述　以新员工的身份组成班组，学习并了解倒班工作时间、各岗位的工作内容及制度。

教学模式　理实一体、任务驱动

教学资源　沙盘、ESCC及工作任务单（1-1-3）

任务学习

一、各岗位工作时间-班组倒班制度

在我国，火电、核电、医药、钢铁、炼油、石化、化工等企业工作都需要倒班，有一些私人生产企业也需要倒班。倒班是由于企业本身社会责任、行业性质、生产规律（如电厂）所要求，或为完成企业生产进度、生产目标而遵循的人停机不停的原则。一般的倒班方式如下。

1. 两班倒

如果公司人手不足，就会安排人两班倒，两班倒有两种，一种是上12小时休12小时，只是上12小时休12小时时间太紧。两班倒职工会比较累，但是收入会相对高一些。

2. 四班三倒

把全部生产运行工人分为四个运行班组，按照编排的顺序，依次轮流上班，每24小时工作时间分三个班组，每个班组上班8小时，对单个运行班组来说，就是每班上8小时休息24小时，大部分工厂会采用这种上班方式。至于特殊原因特殊处理，在细节上有些地方不太一样。

3. 五班三倒

共有五个班组，每班组8小时班，40小时一个周期，即上8小时休息32小时；这种倒班方式也是国企常用的倒班制度，工作相对较轻松。

4. 四班三倒排班实例

四班三倒的倒班方式可以有不同的排班方式，其中一种可以是：早早凌凌休中中休，八天一个周期，一周期工作时间：48小时，如表1-4。

早班：8:00—16:00

中班：16:00—24:00

凌晨：0:00—8:00

表1-4　四班三倒排班表举例

	1	2	3	4	5	6	7	8	9	10	11	12	13	14	15	16
A班	早班	早班	凌晨	凌晨	休息	中班	中班	休息	早班	早班	凌晨	凌晨	休息	中班	中班	休息
B班	休息	中班	中班	休息	早班	早班	凌晨	凌晨	休息	中班	中班	休息	早班	早班	凌晨	凌晨

续表

	1	2	3	4	5	6	7	8	9	10	11	12	13	14	15	16
C班	凌晨	凌晨	休息	中班	中班	休息	早班	早班	凌晨	凌晨	休息	中班	中班	休息	早班	早班
D班	中班	休息	早班	早班	凌晨	凌晨	休息	中班	中班	休息	早班	早班	凌晨	凌晨	休息	中班

二、各岗位员工日常工作内容

1. 内操岗位日常工作内容与流程

内操岗位员工主要在运行班组从事一线倒班工作，工作场所为中控室，特殊情况下会进入生产装置。其主要工作内容有：①生产操作，在中控室操作DCS系统按工艺卡片和工艺指令组织生产；②控制产品质量，DCS监屏，调整控制生产参数，确保质量合格率；③成本核算，水汽用量控制、下令加注各种助剂；④生产异常处理，发现参数异常数据，及时处理；⑤生产隐患处理，采取有效措施处理各类隐患；⑥生产事故处理，判断和处理各种事故苗头；⑦填写工作记录表，如交接班记录、操作记录、内操室物品使用记录。

2. 外操岗位日常工作内容与流程

外操岗位员工主要在运行班组从事一线倒班工作，经常进入生产装置，会直接接触到装置区域内可能存在的职业危害因素。其主要的工作内容有：①接班前现场预巡检，发现异常汇报；②现场设备的维护；③采样；④巡检；⑤配合班长及内操进行现场操作；⑥装置现场卫生工作；⑦填写工作记录表，如交接班记录、操作记录、外操室物品使用记录。

三、班组工作制度/十项班组制度

各岗位员工在班组日常工作过程中，需要遵守一些制度，这些制度总结起来为十项班组制度。本书以中石化某公司某联合车间制度为例，具体的班组制度事项有：①岗位专责制；②健康安全环保生产制；③设备维护保养制；④质量负责制；⑤交接班制；⑥班组成本核算制；⑦巡回检查制；⑧岗位练兵制；⑨文明清洁生产制；⑩思想政治工作制。

四、各岗位员工事迹案例

M1-2　某裂化装置巡回检查制度

从以上的学习内容中，我们可以了解到作为一名合格的操作岗位员工，不但要具有坚实的知识基础及专业能力，还要拥有强健的体魄，以适应常年如一日的倒班工作制度；工作中要具备强烈的责任心，对事情认真负责，爱岗敬业；还需具有良好的语言表达能力、有基本的组织指挥能力。拥有该种品质的典型人物在各个化工企业都会得到重用。

任务执行

内外操岗位主要工作内容及流程认知（工作任务单 1-1-3）

要求：时间在 30min，成绩在 90 分以上。

工作任务单　岗位及主要工作认知		编号：1-1-3
考查内容：内外操岗位主要工作内容及流程认知		
姓名：	学号：	成绩：

1. 完成内操岗位员工日常工作流程图填空。

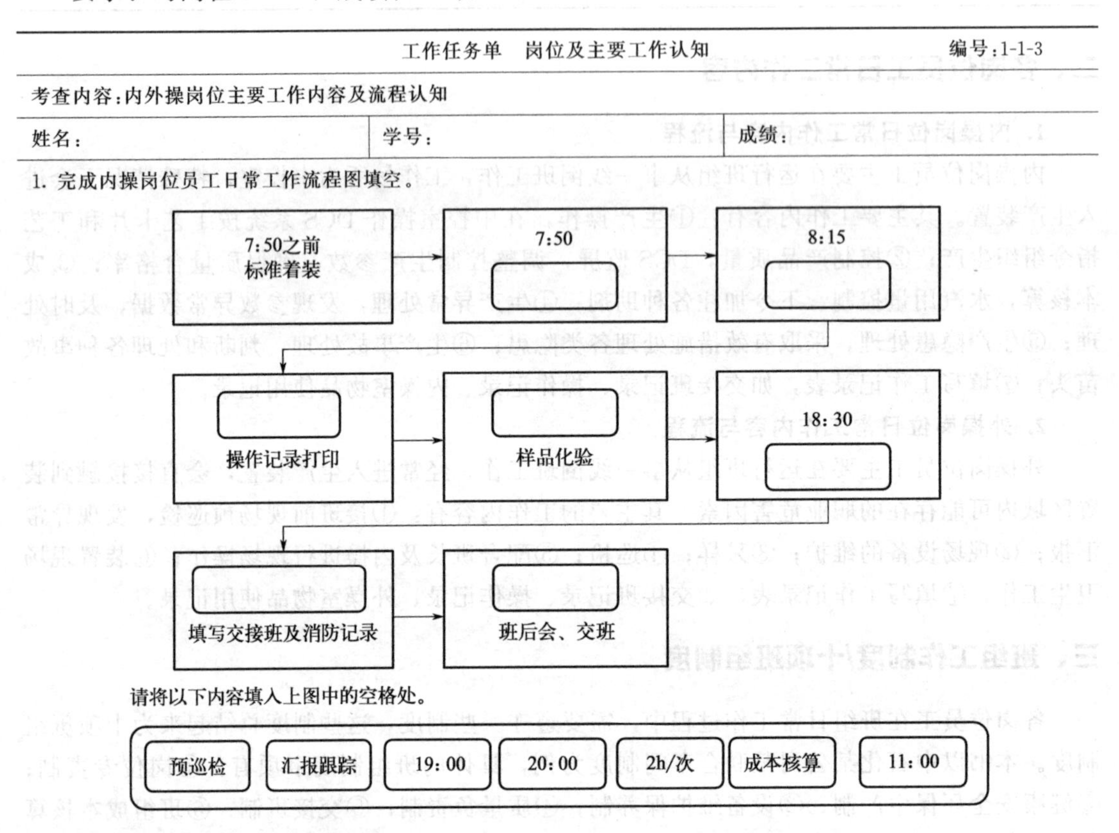

请将以下内容填入上图中的空格处。

预巡检　汇报跟踪　19:00　20:00　2h/次　成本核算　11:00

2. 完成外操岗位员工日常工作流程图填空。

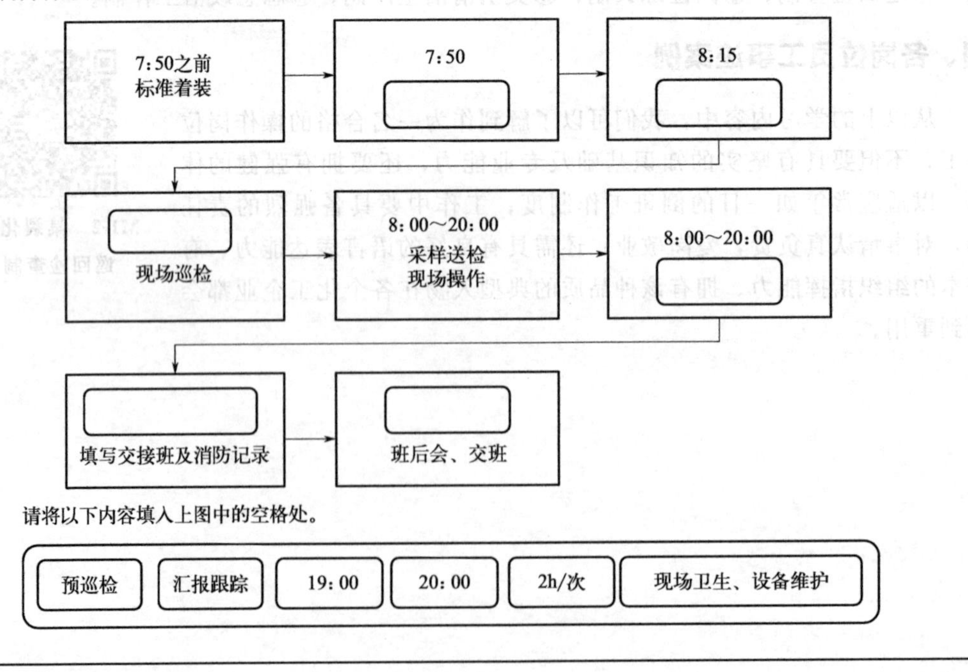

请将以下内容填入上图中的空格处。

预巡检　汇报跟踪　19:00　20:00　2h/次　现场卫生、设备维护

续表

3. 完成内外操岗位员工工作内容与工作岗位对应表。

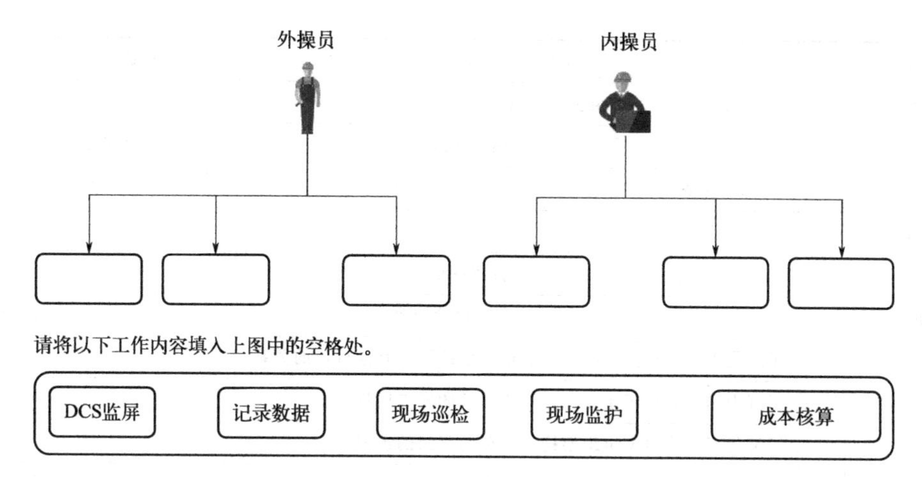

请将以下工作内容填入上图中的空格处。

DCS监屏 记录数据 现场巡检 现场监护 成本核算

任务总结与评价

简要说明本次任务的收获与感悟。

【项目综合评价】

<table>
<tr><td>姓名</td><td></td><td>学号</td><td></td><td>班级</td><td></td></tr>
<tr><td>组别</td><td></td><td>组长及成员</td><td colspan="3"></td></tr>
<tr><td colspan="6">项目成绩　　　　　　总成绩：________</td></tr>
<tr><td>任务</td><td colspan="2">任务一</td><td colspan="2">任务二</td><td>任务三</td></tr>
<tr><td>成绩</td><td colspan="2"></td><td colspan="2"></td><td></td></tr>
<tr><td colspan="6">自我评价</td></tr>
<tr><td>维度</td><td colspan="4">自我评价内容</td><td>评分(1～10)</td></tr>
<tr><td rowspan="7">知识</td><td colspan="4">1. 了解化工行业在国民经济中的重要地位及与其他行业的关系</td><td></td></tr>
<tr><td colspan="4">2. 了解中国优秀化工企业——万华化学的发展历程</td><td></td></tr>
<tr><td colspan="4">3. 了解化工企业典型组织架构——车间班组的组成</td><td></td></tr>
<tr><td colspan="4">4. 熟悉化工企业各岗位员工的岗位职责</td><td></td></tr>
<tr><td colspan="4">5. 熟悉化工企业车间内外操室及现场装置的环境及布局</td><td></td></tr>
<tr><td colspan="4">6. 了解化工企业一线员工的倒班工作制度</td><td></td></tr>
<tr><td colspan="4">7. 熟悉化工企业内外操岗位员工的日常工作内容</td><td></td></tr>
<tr><td rowspan="4">能力</td><td colspan="4">1. 能组建虚拟化工车间，描述各岗位员工的工作职责</td><td></td></tr>
<tr><td colspan="4">2. 能结合沙盘，描述出指定工艺的车间分区及现场防护设施</td><td></td></tr>
<tr><td colspan="4">3. 能结合 M-SPOC，描述出内外操室的布局，展板、工器具的用途</td><td></td></tr>
<tr><td colspan="4">4. 能辨识各岗位员工的不同工作内容</td><td></td></tr>
<tr><td rowspan="5">素质</td><td colspan="4">1. 通过学习，了解化工产业在国民经济中的地位，增强学生的从业自豪感</td><td></td></tr>
<tr><td colspan="4">2. 通过学习万华化学的发展历程及成果，了解我国当前 MDI 领域的实力，增强学生的民族自豪感。</td><td></td></tr>
<tr><td colspan="4">3. 通过学习吉化公司两名基层员工的成长经历，增强爱岗敬业、踏实勤奋的岗位责任意识</td><td></td></tr>
<tr><td colspan="4">4. 通过车间班组组织架构的学习，了解企业结构组成，帮助学生规划职业通道</td><td></td></tr>
<tr><td colspan="4">5. 通过各岗位员工的工作内容与流程，培养语言组织、语言表达能力</td><td></td></tr>
<tr><td rowspan="4">我的反思</td><td colspan="2">我的收获</td><td colspan="3"></td></tr>
<tr><td colspan="2">我遇到的问题</td><td colspan="3"></td></tr>
<tr><td colspan="2">我最感兴趣的部分</td><td colspan="3"></td></tr>
<tr><td colspan="2">其他</td><td colspan="3"></td></tr>
</table>

项目二 装置HSE认知

【学习目标】

知识目标

① 了解 HSE 的相关法律法规和管理体系，掌握操作人员的 HSE 职责；

② 掌握三级安全教育的内容，理解安全培训和特种作业培训的重要性；

③ 了解化工生产对环境的影响；

④ 掌握化工生产常见的火灾类型、危险性及特点，掌握灭火器的使用方法；

⑤ 了解危险源的概念及辨识方法，掌握化工企业危险源的辨识过程，熟悉 HAZOP 分析方法；

⑥ 了解职业卫生的基础知识，以及石化行业的危害因素；

⑦ 了解应急管理的概念以及应急预案的基本内容。

技能目标

① 根据 HSE 的职责要求，能分析具体工作；

② 能够根据不同的火灾类型选择合适的灭火器；

③ 根据危险源的辨识方法，能够辨识装置现场（沙盘）的危险源；

④ 在了解常见的防护要点基础上，能够根据工作场景选取合适的个人防护用品；

⑤ 能够根据演练流程在沙盘上进行泵的法兰处着火应急演练。

素质目标

① 在执行任务过程中具备较强的沟通能力，具有严谨的工作态度；

② 遵守安全生产要求，在完成任务过程中，主动思考周边潜在危险因素，时刻牢记安全生产的意识；

③ 面对生产事故时，服从班级指令，注重班组配合，具备团队合作意识和沉着冷静的心理素质；

④ 主动思考学习过程的重难点，积极探索任务执行过程中的创新方法。

【项目导言】

HSE 是 Health（健康）、Safety（安全）、Environment（环境）的英文缩略语，HSE 是对健康、安全、环境的价值追求。H（健康）是指人身体上没有疾病，在心理上保持一种完好的状态；S（安全）是指在劳动生产过程中，努力改善劳动条件、克服不安全因素，使劳动生产在保证劳动者健康、企业财产不受损失、人民生命安全的前提下顺利进行；E（环境）是指与人类密切相关的、影响人类生活和生产活动的各种自然力量或作用的总和，它不仅包括各种自然因素的组合，还包括人类与自然因素间相互形成的生态关系的组合。

由于健康、安全、环境在实际化工生产中密不可分，因此把三者形成一个整体的管理体系，即 HSE 管理体系。HSE 管理体系是现代化工企业的通用管理方式，主要包括化工安全、职业卫生、环境保护三方面的内容。

本项目结合国内外大型化工企业的 HSE 管理体系的内容，从中选取适合在校学生学习的知识内容，形成本项目下的五个任务，即 HSE 责任认知、消防和环保基础认知、危险源与化工 HAZOP 分析认知、职业卫生和防护、班组应急处置。

【项目实施任务列表】

任务名称	总体要求	工作任务单	课时
任务一 HSE 责任认知	以新员工的身份学习 HSE 的基础知识，区分主要生产岗位的 HSE 责任，辨识岗前三级教育的内容	1-2-1	1
任务二 消防和环保基础认知	以新员工的身份进入化工企业，了解化工企业火灾的特点和危险性，熟悉化工装置主要消防设施，认识工业“三废”，能够正确选择和使用灭火器，对化工消防和环保有基本认知	1-2-2-1 1-2-2-2	1
任务三 危险源及 HAZOP 基础认知	通过了解化工企业危险源辨识的工作流程，熟悉重大危险源的辨识和分级，理解 HAZOP 分析的相关内容，能够根据风险矩阵判断事故的风险等级，能够简单复述 HAZOP 分析的流程	1-2-3	1
任务四 职业卫生与防护	以新员工的身份学习职业卫生的基础知识，辨识石化行业生产过程中危害因素，并根据工作场景选取合适的防护用品	1-2-4	1
任务五 班组应急处置	在学习应急预案的理论知识和基本流程后，补充着火应急预案的内容，并能够根据设计的应急预案进行沙盘应急演练	1-2-5	1

任务一　HSE 责任认知

任务目标　① 了解 HSE 相关的法律法规，认识 HSE 的重要性；
② 了解 HSE 管理体系，掌握操作岗位的 HSE 职责；
③ 了解安全培训和特种作业培训内容，深化安全意识。

任务描述　请你以新员工的身份进入化工企业，了解 HSE 相关法律法规和 HSE 管理体系，理解操作岗位的 HSE 职责，掌握 HSE 培训的基本内容，能够区分主要生产岗位的 HSE 责任，辨识岗前三级教育的内容。

教学模式　理实一体、任务驱动

教学资源　工作任务单（1-2-1）

任务学习

随着党和国家对安全生产的进一步关注，HSE 的各项工作愈发受到重视。特别是在化工行业，HSE 管理缺失一直是事故发生的主要因素，是滋生事故的土壤，对企业安全生产构成了极大的威胁。因此，HSE 工作是安全生产的重中之重。作为生产操作人员，应提高自身的安全意识，增强个人防范技能，严格履行岗位 HSE 责任，保证安全生产。

一、HSE 责任认知概述

HSE 管理体系是一种事前通过识别与评价，确定在活动中可能存在的危害及后果的严重性，从而采取有效的防范手段、控制措施和应急预案来防止事故的发生或把风险降到最低程度，以减少人员伤害、财产损失和环境污染的有效管理方法。责任制是 HSE 管理体系的核心。

HSE 发展历程

“HSE”是从 20 世纪 80 年代提出的。由于当时国际上几次特大事故引起了人们对安全工作的反思，推动了 HSE 体系的建立。

（1）国际 HSE 的发展　1986 年，壳牌石油公司将 ESM，即强化安全管理 Enhance Safety Management 确定为文件，HSE 管理体系初见端倪。

针对 1988 年发生的英国阿尔法平台爆炸事故，英国政府组织了官方调查，在调查期间提出 106 条安全改进意见，制定了新的海上安全法规体系和管理模式，并要求石油作业公司建立完整的安全评估管理体系和安全状况报告制度。

1991 年，在荷兰海牙召开了第一届油气勘探、开发的健康、安全、环保国际会议，HSE 这一概念开始为众人接受，许多企业相继提出自己的 HSE 管理体系。

随着 1996 年 1 月 ISO/CD 14690《石油天然气工业健康、安全与环境管理体系》的发布，成为 HSE 在国际普遍推行的里程碑，HSE 的发展进入到高速上升的阶段。

（2）我国 HSE 的发展　我国在 1994 年印度尼西亚雅加达召开的第二届油气开发安全、环保国际会议上，第一次较为系统地接触到 HSE 管理理念。

自 1996 年 ISO/CD 14690《石油天然气工业健康、安全和环境管理体系》标准发布以来，中国石油石化企业对该标准进行翻译转化，如 1997 年 6 月，中国石油天然气总公司颁布了 SY/T 6276—1997《石油天然气工业健康、安全与环境管理体系》（已更新到 2014 年版）、SY/T 6280—1997《石油物探地震队健康、安全与环境管理规范》（已更新到 2013 年版）等，标志我国石油石化行业管理方式逐渐与国际接轨。

（3）HSE 的未来发展　HSE 成为化工企业通向世界市场的通行证，建立和持续改进 HSE 管理体系将成为国际公司 HSE 管理的大趋势。作为管理的核心，以人为本的思想得到充分的体现。

随着世界各国有关安全、环境立法更加系统，标准更加严格，HSE 管理体系的审核正向标准化迈进。

二、HSE 主要法律基础认知

我国法律法规体系根据其法律层次由上到下主要为宪法、法律、行政法规、规章制度、地方性法规和地方政府规章、标准和国际公约，涉及 HSE 的法律法规有许多，其中《中华人民共和国安全生产法》《中华人民共和国职业病防治法》《中华人民共和国环境保护法》这三部法律与化工从业人员息息相关，明确规定了我们从业人员的权利与义务。

三、HSE 责任制

习近平总书记强调，要抓紧建立健全“党政同责、一岗双责、齐抓共管、失职追责”的安全生产责任体系，把安全责任落实到岗位、落实到人头，坚持“管业务必须管安全，管生产经营必须管安全”；所有企业必须认真履行安全生产主体责任，做到安全投入到位、安全培训到位、基础管理到位、应急救援到位。

1. HSE责任制目的

为落实各部门、岗位在安全、环保、职业卫生和治安保卫、应急等主体责任，预防和减少事故，保障员工生命健康、公司财产安全，预防环境污染，促进公司持续健康发展，制定本规定。

2. HSE责任制的原则

HSE责任是岗位职责的组成部分，HSE责任制是HSE规章制度的核心。主要有：

①“我的区域安全我负责”的区域安全责任制原则；

②“管行业必须管安全，管业务必须管安全，管生产经营必须管安全”的专业安全责任制原则。

3. 生产部门及岗位人员HSE职责

（1）HSE职责结构（如图1-11）

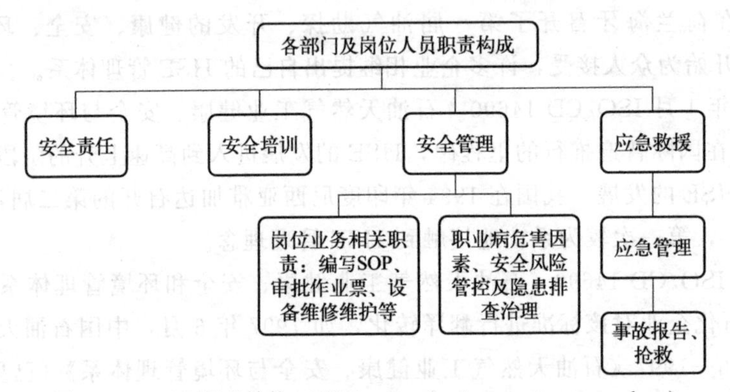

图1-11 HSE职责结构（SOP：standard operating procedure）

（2）生产车间的HSE职责

① 负责生产基地HSE工作的决策，制定生产基地HSE目标、方针、政策；②履行HSE监督管理职能；定期召开生产基地安全生产委员会会议及其他临时性会议，听取各单位HSE工作汇报，分析生产基地安全生产形势，总结HSE工作；③研究部署生产基地各项HSE工作，解决重大HSE问题，提供必要的资源；④组织开展各项HSE活动，审议各单位提出的HSE建议；⑤定期向公司安委会汇报工作。

（3）工会HSE职责

①参与制定劳动保护规章制度并督促落实；②配合相关部门开展安全生产宣传教育活动、监督HSE奖惩措施落实；③监督安全、职业卫生防护设施落实，监督劳动防护用品的配发、使用，保障从业人员的健康、安全；④维护员工安全和健康权益，检举、控告侵犯员工合法权益的行为；⑤关心员工劳动条件改善，做好女工的劳动保护；⑥参加伤害/职业病事故调查，协助相关部门做好事故善后处理。

4. 车间主要岗位的HSE职责

（1）车间主任岗位HSE职责（如表1-5）

表1-5 车间主任岗位HSE职责表

序号	车间主任HSE职责	责任类别
1	建立健全本车间HSE责任制，明确各岗位的责任人员、责任范围和考核标准，并落实考核	安全责任

续表

序号	车间主任 HSE 职责	责任类别
2	组织制定、审核本车间 HSE 教育培训和日常 HSE 管理工作计划，并组织实施	安全培训
3	组织制定车间安全操作规程及管辖区域 HSE 规章制度，落实基地和本车间各项 HSE 规章制度	安全管理
4	负责本车间工艺、设备设施日常安全管理，保证工艺安全稳定运行，设备设施完好、安全可靠	
5	组织实施本车间安全、环保、职业卫生、应急设施检查和维护，确保完好有效	
6	组织识别车间的“两重点一重大”，并落实其安全技术措施和管理措施	
7	组织识别管辖区域非常规作业风险，审核、落实管控措施，保证风险可控	
8	组织开展本车间职业病防治、职业病危害因素分级管控工作，保障从业人员的职业健康	
9	组织开展本车间环境因素识别评价及安全生产风险分级管控，定期排查、如实报告现场隐患，并落实隐患治理措施	
10	组织制定本车间事故应急救援预案并定期组织演练	应急救援
11	及时、如实报告事故，组织事故抢救，按权限组织事故调查、分析、处理	
12	做好本车间其他方面的 HSE 工作	其他

（2）班长岗位 HSE 职责（如表 1-6）

表 1-6　班长岗位 HSE 职责表

序号	班长 HSE 职责	责任类别
1	建立健全本班组 HSE 责任制，明确各岗位的责任人员、责任范围和考核标准，并落实考核	安全责任
2	组织制定、审核本班组 HSE 教育培训和日常 HSE 管理工作计划，并组织实施	安全培训
3	协助车间主任制定车间安全操作规程及管辖区域 HSE 规章制度，落实基地和本车间各项 HSE 规章制度	安全管理
4	负责当班期间，工艺、设备设施的安全管理，保证工艺安全稳定运行，设备设施完好、安全可靠	
5	负责当班期间，安全、环保、职业卫生、应急设施检查和维护，确保完好有效	
6	负责落实当班期间“两重点，一重大”的安全技术措施和管理措施	
7	负责当班期间非常规作业风险，审核、落实管控措施，保证风险可控	
8	负责当班期间的职业病防治和管控工作，保障从业人员的职业健康	
9	负责当班期间排查、如实报告现场隐患，并落实隐患治理措施	
10	定期组织本班组应急演练	应急救援
11	负责当班期间及时、如实报告事故，组织事故抢救	
12	做好本班组其他方面的 HSE 工作	其他

（3）操作人员 HSE 职责（如表 1-7）

表 1-7　操作人员 HSE 职责表

序号	操作人员 HSE 职责	责任类别
1	参加 HSE 教育培训，认真学习 HSE 知识、技能，了解本岗位危害因素	安全培训
2	参加特种作业或特种设备操作培训，取得相应资质证书，定期复审，并在操作中落实相关作业或操作要求	

续表

序号	操作人员 HSE 职责	责任类别
3	严格遵守工艺纪律、劳动纪律、安全纪律，认真学习并严格执行操作规程，按生产指令精心操作，正确分析、判断、处理、报告工艺异常	安全管理
4	严格落实交接班制度，保证交接内容完整、检查确认到位、交接记录准确	
5	负责监督检查非常规作业管控措施落实情况	
6	负责安全、环保、职业卫生、消防应急设施检查和维护，确保完好有效	
7	了解并熟悉本岗位风险点、风险分级管控措施，依据隐患排查计划，组织开展本班组的隐患排查	
8	负责班前、班中、交接班巡回检查，如实报告现场隐患，并按职责落实隐患治理措施	
9	参加事故应急演练，提升应急设备设施使用、应急措施落实、应急逃生等应急能力	应急救援
10	及时、如实报告事故，积极配合事故调查、处理	
11	做好本装置其他方面的 HSE 工作	其他

四、HSE 培训

安全问题是性命攸关的大事，因此各级行政管理部门不断通过法律法规、通知规定对单位和个人提出 HSE 培训的要求，希望通过 HSE 培训，提高人员的安全意识和安全技能，为安全生产提供切实保障。

1. 岗前三级安全教育

（1）岗前三级安全教育概述

M1-3 安全教育培训流程

① 背景原因　由于化工生产的复杂性和潜在的危险性，安全问题始终是所有企业要考虑的首要问题。为了使生产人员能够尽快地了解公司概况和工厂中存在哪些危险因素，防止各类事故的发生，以便系统有效地掌握自我保护技能。国家规定要求企业对新入厂的员工必须进行三级安全教育。

② 制度要求　国家安全生产监督管理总局发布的《生产经营单位安全培训规定》中明确写道："加工、制造业等生产单位的其他从业人员（非企业主要负责人、安全生产管理人员），在上岗前必须经过厂（矿）、车间（工段、区、队）、班组三级安全教育培训；生产经营单位应当根据工作性质对其他从业人员进行安全培训，保证其具备本岗位安全操作、应急处置等知识和技能；危险化学品等生产经营单位新上岗的从业人员安全培训时间不得少于 72 学时，每年再培训时间不得少于 20 学时。"

（2）岗前三级安全教育的内容

① 厂（公司）级安全教育的主要内容：

a. 公司安全生产情况介绍。

b. 公司安全生产规章制度和劳动纪律。

c. 安全生产基本知识（消防、环保、职业卫生基础知识）及从业人员安全生产权利和义务。

d. 事故应急救援、事故应急预案演练及防范措施。

e. 事故案例及教训。

② 车间级安全教育的主要内容：

a. 本车间的工作环境、危险源、生产特点、工艺主要流程、物料的特性。

b. 所从事工种可能遭受的职业危害。

c. 所从事工种的安全职责、操作技能及强制性标准。

d. 自救互救、急救方法、疏散和现场紧急情况的处理。

e. 安全设施设备、个人防护用品的使用和维护。

f. 安全生产状况及规章制度。

g. 预防事故和职业危害的措施及应注意的安全事项。

h. 事故案例、事故报告及处理要求。

i. 车间安全责任区域划分。

③ 班组级安全教育的主要内容：

a. 岗位安全操作规程。

b. 岗位之间工作衔接配合的安全与职业卫生事项。

c. 岗位的安全装置、工具、个人防护用品的正确使用和维护保养方法。

d. 进入装置注意事项。

2. 特种作业操作培训

(1) 特种作业概述

① 特种作业定义：特种作业是指容易发生人员伤亡事故，对操作者本人、他人的生命健康及周围设施的安全可能造成重大危害的作业。直接从事特种作业的人员称为特种作业人员。

② 制度要求：因为特种作业有着不同的危险因素，容易损害操作人员的安全和健康，因此对特种作业需要有必要的安全保护措施，包括技术措施、保健措施和组织措施。

《中华人民共和国劳动法》和有关安全卫生规程规定：从事特种作业的职工，所在单位必须按照有关规定，对其进行专门的安全技术培训，经过有关机关考试合格并取得操作合格证或者驾驶执照后，才准予独立操作。

③ 特种作业目录：

电工作业

焊接与热切割作业

高处作业

制冷与空调作业

煤矿安全作业

金属、非金属矿山安全作业

石油天然气安全作业

冶金（有色）生产安全作业

危险化学品安全作业

烟花爆竹安全作业

安全监管总局认定的其他作业

(2) 与化工生产相关的特种作业

① 光气及光气化工艺作业。指光气合成以及厂内光气储存、输送和使用岗位的作业。涉及一氧化碳与氯气反应得到光气，光气合成双光气、三光气，采用光气作单体合成聚碳酸酯，甲苯二异氰酸酯（TDI）制备，4,4′-二苯基甲烷二异氰酸酯（MDI）制备等工艺过程的

操作人员需要具备相应的作业资质。

② 氯碱电解工艺作业。指氯化钠和氯化钾电解、液氯储存和充装岗位的作业。涉及氯化钠（食盐）水溶液电解生产氯气、氢氧化钠、氢气，氯化钾水溶液电解生产氯气、氢氧化钾、氢气等工艺过程的操作人员，需要具备相应的作业资质。

③ 氯化工艺作业。指液氯储存、气化和氯化反应岗位的作业。涉及取代氯化，加成氯化，氧氯化等工艺过程的操作人员，需要具备相应的作业资质。

④ 硝化工艺作业。指硝化反应、精馏分离岗位的作业。涉及直接硝化法、间接硝化法、亚硝化法等工艺过程的操作人员，需要具备相应的作业资质。

⑤ 合成氨工艺作业。指氨压缩、氨合成反应、液氨储存岗位的作业。涉及节能氨五工艺法（AMV），德士古水煤浆加压气化法，凯洛格法，甲醇与合成氨联合生产的联醇法，纯碱与合成氨联合生产的联碱法，采用变换催化剂、氧化锌脱硫剂和甲烷催化剂的“三催化”气体净化法工艺过程的操作人员，需要具备相应的作业资质。

⑥ 裂解（裂化）工艺作业。指石油系的烃类原料裂解（裂化）岗位的作业。涉及热裂解制烯烃工艺，重油催化裂化制汽油、柴油、丙烯、丁烯，乙苯裂解制苯乙烯，二氟一氯甲烷（HCFC-22）热裂解制得四氟乙烯（TFE），二氟一氯乙烷（HCFC-142b）热裂解制得偏氟乙烯（VDF），四氟乙烯和八氟环丁烷热裂解制得六氟乙烯（HFP）工艺过程的操作人员，需要具备相应的作业资质。

⑦ 氟化工艺作业。指氟化反应岗位的作业。涉及直接氟化，金属氟化物或氟化氢气体氟化，置换氟化以及其他氟化物的制备等工艺过程的操作人员，需要具备相应的作业资质。

⑧ 加氢工艺作业。指加氢反应岗位的作业。涉及不饱和炔烃、烯烃的三键和双键加氢，芳烃加氢，含氧化合物加氢，含氮化合物加氢以及油品加氢等工艺过程的操作人员，需要具备相应的作业资质。

⑨ 重氮化工艺作业。指重氮化反应、重氮盐后处理岗位的作业。涉及顺法、反加法、亚硝酰硫酸法、硫酸铜触媒法以及盐析法等工艺过程的操作人员，需要具备相应的作业资质。

⑩ 氧化工艺作业。指氧化反应岗位的作业。涉及乙烯氧化制环氧乙烷，甲醇氧化制备甲醛，对二甲苯氧化制备对苯二甲酸，异丙苯经氧化-酸解联产苯酚和丙酮，环已烷氧化制环已酮，天然气氧化制乙炔，丁烯、丁烷、C_4 馏分或苯的氧化制顺丁烯二酸酐，邻二甲苯或萘的氧化制备邻苯二甲酸酐，均四甲苯的氧化制备均苯四甲酸二酐，苊的氧化制 1,8-萘二甲酸酐，3-甲基吡啶氧化制 3-吡啶甲酸（烟酸），4-甲基吡啶氧化制 4-吡啶甲酸（异烟酸），2-乙基已醇（异辛醇）氧化制备 2-乙基已酸（异辛酸），对氯甲苯氧化制备对氯苯甲醛和对氯苯甲酸，甲苯氧化制备苯甲醛、苯甲酸，对硝基甲苯氧化制备对硝基苯甲酸，环十二醇/酮混合物的开环氧化制备十二碳二酸，环已酮/醇混合物的氧化制已二酸，乙二醛硝酸氧化法合成乙醛酸，以及丁醛氧化制丁酸和氨氧化制硝酸等工艺过程的操作人员，需要具备相应的作业资质。

⑪ 过氧化工艺作业。指过氧化反应、过氧化物储存岗位的作业。涉及双氧水的生产，乙酸在硫酸存在下与双氧水作用制备过氧乙酸水溶液，酸酐与双氧水作用直接制备过氧二酸，苯甲酰氯与双氧水的碱性溶液作用制备过氧化苯甲酰，以及异丙苯经空气氧化生产过氧化氢异丙苯等工艺过程的操作人员，需要具备相应的作业资质。

⑫ 胺基化工艺作业。指胺基化反应岗位的作业。涉及邻硝基氯苯与氨水反应制备邻硝

基苯胺，对硝基氯苯与氨水反应制备对硝基苯胺，间甲酚与氯化铵的混合物在催化剂和氨水作用下生成间甲苯胺，甲醇在催化剂和氨气作用下制备甲胺，1-硝基蒽醌与过量的氨水在氯苯中制备 1-氨基蒽醌，2,6-蒽醌二磺酸氨解制备 2,6-二氨基蒽醌，苯乙烯与胺反应制备 *N*-取代苯乙胺，环氧乙烷或亚乙基亚胺与胺或氨发生开环加成反应制备氨基乙醇或二胺，甲苯经氨氧化制备苯甲腈，以及丙烯氨氧化制备丙烯腈等工艺过程的操作人员，需要具备相应的作业资质。

⑬ 磺化工艺作业。指磺化反应岗位的作业。涉及三氧化硫磺化法，共沸去水磺化法，氯磺酸磺化法，烘焙磺化法，以及亚硫酸盐磺化法等工艺过程的操作人员，需要具备相应的作业资质。

⑭ 聚合工艺作业。指聚合反应岗位的作业。涉及聚烯烃、聚氯乙烯、合成纤维、橡胶、乳液、涂料黏合剂生产以及氟化物聚合等工艺过程的操作人员，需要具备相应的作业资质。

⑮ 烷基化工艺作业。指烷基化反应岗位的作业。涉及 C-烷基化反应，N-烷基化反应，O-烷基化反应等工艺过程的操作人员，需要具备相应的作业资质。

⑯ 化工自动化控制仪表作业。指化工自动化控制仪表系统安装、维修、维护的作业。厂区所有单位的仪表人员必须具备作业资质。

化工厂发生的许多安全事故，都是由于操作人员没有接受过正规的 HSE 培训，直接上岗操作导致的。因此，为了避免此类事故的发生，需要同学们在未来的生产工作中，认真接受 HSE 培训，严格履行岗位职责，这既是对自身的保护，也是对他人安全的负责。

任务执行

完成操作人员岗位 HSE 职责和岗前三级安全教育内容辨识

工作任务单 HSE 责任认知　　编号：1-2-1

装置名称		姓名		班级	
考查知识点	操作人员的 HSE 责任 岗前三级安全教育内容	学号		成绩	

根据生产操作人员 HSE 责任，完成 HSE 培训。

1. 将下列选项填写到操作人员 HSE 职责表格中，要求职责内容与责任类别一一对应（填序号即可）

HSE 职责	责任类别

将下面内容填写到表格中

a. 参加事故应急演练，提升应急设备设施使用、应急措施落实、应急逃生等应急能力 b. 负责班前、班中、交接班巡回检查，如实报告现场隐患，并按职责落实隐患治理措施 c. 参加特种作业或特种设备操作培训，取得相应资质证书，定期复审，并在操作中落实相关作业或操作要求 d. 严格落实交接班制度，保证交接内容完整、检查确认到位、交接记录准确 e. 负责安全、环保、职业卫生、消防应急设施检查和维护，确保完好有效 f. 了解并熟悉本岗位风险点、风险分级管控措施，依据隐患排查计划，组织开展本班组的隐患排查 g. 及时、如实报告事故，积极配合事故调查、处理 h. 负责监督检查非常规作业管控措施落实情况 i. 严格遵守工艺纪律、劳动纪律、安全纪律，认真学习并严格执行操作规程，按生产指令精心操作，正确分析、判断、处理、报告工艺异常 j. 参加 HSE 教育培训，认真学习 HSE 知识、技能，了解本岗位危害因素	A. 应急救援 B. 安全管理 C. 安全培训

2. 检查三级安全教育卡片中各级培训内容，将错误内容用圆圈圈出。

员工三级安全教育卡

编号：　　　　员工号：

姓名	李四	性别	男	身份证号	××××××××××××××××
部门	聚丙烯车间	岗位	外操	工种	操作工
学历	大学本科	专业	化学工程与工艺	健康状况	健康
培训记录					

续表

<table>
<tr><td rowspan="3">厂(公司)级</td><td colspan="4">(1)公司安全生产情况介绍
(2)公司安全生产规章制度和劳动纪律
(3)安全生产基本知识(消防、环保、职业卫生基础知识)及从业人员安全生产权利和义务
(4)安全生产状况及规章制度
(5)事故案例及教训</td></tr>
<tr><td>培训时间</td><td>培训课时</td><td>考试成绩</td><td>本人确认</td></tr>
<tr><td>2021 年 7 月 8 日至 2021 年 8 月 2 日</td><td>40</td><td>82</td><td>李四</td></tr>
<tr><td rowspan="3">车间
(部门)级</td><td colspan="4">(1)本车间的工作环境、危险源、生产特点、工艺主要流程、物料的特性
(2)所从事工种可能遭受的职业危害
(3)所从事工种的安全职责、操作技能及强制性标准
(4)自救互救、急救方法、疏散和现场紧急情况的处理
(5)安全设施设备、个人防护用品的使用和维护
(6)岗位之间工作衔接配合的安全与职业卫生事项
(7)预防事故和职业危害的措施及应注意的安全事项
(8)预防事故和职业危害的措施及应注意的安全事项
(9)事故案例、事故报告及处理要求
(10)车间安全责任区域划分</td></tr>
<tr><td>培训时间</td><td>培训课时</td><td>考试成绩</td><td>本人确认</td></tr>
<tr><td>2021 年 8 月 4 日至 2021 年 8 月 15 日</td><td>32</td><td>91</td><td>王五</td></tr>
<tr><td rowspan="3">班组
(模块)级</td><td colspan="4">(1)岗位安全操作规程
(2)事故应急救援、事故应急预案演练及防范措施
(3)岗位的安全装置、工具、个人防护用品的正确使用和维护保养方法
(4)进入装置注意事项</td></tr>
<tr><td>培训时间</td><td>培训课时</td><td>考试成绩</td><td>本人确认</td></tr>
<tr><td>2021 年 8 月 18 日至 2021 年 8 月 2 日</td><td>32</td><td>97</td><td>李四</td></tr>
<tr><td>备注</td><td colspan="4"></td></tr>
</table>

任务总结与评价

根据任务单的完成情况，分析自身对本任务知识掌握的不足，并在小组内进行分享。

任务二　消防和环保基础认知

任务目标　① 了解化工企业火灾特点，认识消防工作的重要性；

② 了解化工装置主要消防设施，掌握灭火器的使用方法；

③ 了解化工生产对环境的影响，加强环保意识。

任务描述　请你以新员工的身份进入化工企业，了解化工企业火灾的特点和危险性，熟悉化工装置主要消防设施，认识工业“三废”，能够正确选择和使用灭火器，对化工消防和环保有基本认知。

教学模式　理实一体、任务驱动

教学资源　工作任务单（1-2-2-1、 1-2-2-2）、沙盘

任务学习

一、化工消防基础认知

化工生产中所使用的原料、中间体甚至产品多为易燃、易爆的物质，容易形成爆炸性混合物，常导致火灾爆炸的发生；化工生产工艺操作复杂，生产高度密封化、自动化、连续化，发生事故容易形成连锁性反应；因此化工企业的消防工作是 HSE 工作中的重中之重。

1. 化工企业火灾概述

（1）火灾基础认知

① 燃烧的概念：燃烧是指可燃物与氧化物作用发生的放热反应，通常伴有火焰、发光和发烟现象。

② 燃烧的三要素：可燃物，助燃物，点火源。

③ 火灾的概念：火灾是指在时间或空间上失去控制的燃烧所造成的灾害。

④ 火灾的六大类型：火灾根据可燃物的类型和燃烧特性，分为 A、B、C、D、E、F 六大类。

A 类火灾：指固体物质火灾。这种物质通常具有有机物性质，一般在燃烧时能产生灼热的余烬。如木材、干草、煤炭、棉、毛、麻、纸张、塑料（燃烧后有灰烬）等火灾。

B 类火灾：指液体或可熔化的固体物质火灾。如煤油、柴油、原油、甲醇、乙醇、沥青、石蜡等火灾。

C 类火灾：指气体火灾。如煤气、天然气、甲烷、乙烷、丙烷、氢气等火灾。

D 类火灾：指金属火灾。如钾、钠、镁、钛、锆、锂、铝镁合金等火灾。

E 类火灾：指带电火灾。物体带电燃烧的火灾。

F 类火灾：指烹饪器具内的烹饪物（如动植物油脂）火灾。

⑤ 火灾的等级划分：根据 2007 年 6 月 26 日公安部下发的《关于调整火灾等级标准的通知》，新的火灾等级标准由原来的特大火灾、重大火灾、一般火灾三个等级调整为特别重大火灾、重大火灾、较大火灾和一般火灾四个等级。

特别重大火灾：指造成 30 人以上死亡，或者 100 人以上重伤，或者 1 亿元以上直接财产损失的火灾。

重大火灾：指造成10人以上30人以下死亡，或者50人以上100人以下重伤，或者5000万元以上1亿元以下直接财产损失的火灾。

较大火灾：指造成3人以上10人以下死亡，或者10人以上50人以下重伤，或者1000万元以上5000万元以下直接财产损失的火灾。

一般火灾：指造成3人以下死亡，或者10人以下重伤，或者1000万元以下直接财产损失的火灾（注：“以上”包括本数，“以下”不包括本数）。

⑥ 火灾的危险性的分类：

a. 可燃气体的火灾危险性分类（如表1-8）

表1-8　可燃气体的火灾危险性分类表

类别	可燃气体与空气混合物的爆炸下限
甲	＜10%(体积)
乙	≥10%(体积)

b. 液化烃、可燃液体的火灾危险性分类（如表1-9）

表1-9　液化烃、可燃液体的火灾危险性分类

类别		具体描述
甲	A	在15℃时的蒸气压大于1.0MPa的烃类液体及其他类似的液体
	B	甲A类以外，闪点＜28℃
乙	A	闪点≥28℃至≤45℃
	B	闪点＞45℃至＜60℃
丙	A	闪点≥60℃至≤120℃
	B	闪点＞120℃

特别说明：操作温度超过其闪点的乙类液体应视为甲B类液体；操作温度超过其闪点的丙A类液体应视为乙A类液体；操作温度超过其闪点的丙B类液体应视为乙B类液体；操作温度超过其沸点的丙B类液体应视为乙A类液体。

⑦ 灭火原理：窒息灭火法，冷却灭火法，抑制灭火法，隔离灭火法。

（2）化工企业火灾危险性　化工企业生产由于多采用高温、高压，低温、负压、高流速等工艺条件，高温高压下气体的爆炸极限加宽，易引起分解爆炸性气体的爆炸；设备材料易损坏，可燃、易燃物大量泄漏的机会增加，反应物料温度高甚至超过自燃点，一旦泄漏遇空气立即自燃；个别工艺的物料配比在爆炸极限边缘，如操作不当就会发生爆炸。

化工生产的原料、成品中包括大量易燃、可燃物质。化工生产的原料大多为甲乙类化学危险物品，其特点是闪点低、爆炸下限低，有些在常温下自行分解或在空气中氧化即能导致迅速自燃或爆炸。这些原料在生产、储存中易发生泄漏，遇明火或遇性质相抵触物质，就会引起爆炸燃烧的严重事故。

（3）化工企业火灾常见类型

① 化工生产装置因种种原因导致超温超压发生爆炸，且化工物料具备易燃、易爆的特性，导致发生大面积的火灾。

② 因液体原料的跑、冒、滴、漏，引发流淌火灾，或火灾后容器破损形成流淌火灾，特别是储罐出现问题，极易形成流淌火灾。

③ 立体火灾。由于原料易漏、易流，设备又多为竖直筑架，管道纵横交错，孔洞缝隙互为贯通，有火灾发生时就易形成立体燃烧。

(4) 化工企业火灾主要诱因

① 明火。明火的温度一般都在七八百摄氏度以上，而化学物品中一些物料只要有一二百度就可以发生化学反应或被引燃着火，引发火灾。

② 热能。因为化学物品对热敏感，所以除明火外，传导热、聚焦热也能引起物料剧烈反应，造成火灾爆炸。

③ 静电。化工产品在生产、运输、贮存中都容易产生静电，而由于静电的电位差高，虽放电时间短，但能量大，容易引起火灾爆炸。

④ 高压。化工生产中有许多设备是在高压下进行操作。若因操作不当，造成设备超压损坏，导致火灾爆炸。

(5) 化工企业火灾特点

① 爆炸性火灾居多。化工企业发生火灾时，由于各种因素的影响往往先爆炸后燃烧，或者先燃烧后爆炸。爆炸瞬间造成建筑结构破坏、变形或者倒塌，破坏力超强。

② 燃烧速度快。化工生产过程中的原料和产品沸点低，挥发性强且具备易燃易爆的特点，一旦起火，燃烧迅猛，蔓延极快。有些可燃液体具有流动性，起火后失控到处流淌，致使火灾蔓延扩大。

③ 毒害性较大。大部分的化工原料和产品具有较强的腐蚀性和毒害性，且物质在燃烧过程中产生大量有毒气体。

2. 化工企业消防基础认知

(1) 消防工作的方针和原则　消防工作贯彻预防为主、防消结合的方针，按照政府统一领导、部门依法监管、单位全面负责、公民积极参与的原则，实行消防安全责任制，建立健全社会化的消防工作网络。

(2) 主要的消防设施

① 消火栓，俗称消防栓，一种固定式消防设施，主要作用是控制可燃物、隔绝助燃物、消除着火源。其主要分类及用途如下。

a. 室内消防栓。室内消防栓是室内管网向火场供水的，带有阀门的接口，为工厂、仓库、高层建筑、公共建筑及船舶等室内固定消防设施，通常安装在消火栓箱内，与消防水带和水枪等器材配套使用。

b. 室外消防栓。室外消防栓（如图 1-12）是设置在建筑物外面消防给水管网上的供水设施，主要供消防车从室外消防给水管网取水实施灭火，也可以直接连接水带、水枪出水灭火。所以，室外消火栓系统也是扑救火灾的重要消防设施之一。

图 1-12　室外消防栓

② 消防水炮。消防水炮是以水作介质，远距离扑灭火灾的灭火设备。该炮适用于化工企业、储罐区、飞机库、仓库、港口码头、车库等场所，更是消防车理想的车载消防炮。其主要分类及用途如下。

a. 固定式手动消防水炮。固定式手动消防水炮是通过压力作用，将水形成射流状或雾状，用以远距离扑灭火灾、冷却保护相邻装置、储罐及其他设施或对区域进行水雾稀释的消防设备。射程45m左右。

M1-4 消防水炮

b. 电控消防水炮。电控消防水炮为电动有线（或无线遥控）直流驱动，充分实现了操作人员与火灾现场远距离分隔的优点，能很好地保护灭火人员的人身安全。通常设置在火灾发生后，操作人员不能到达的位置，如框架顶层等。

③ 水喷淋和水喷雾系统。在工艺装置内，消防水炮不能有效保护的特殊危险设备及场所，需要设置水喷淋或水喷雾系统。

水喷淋系统是由开式或闭式喷头、传动装置、喷水管网、湿式报警阀等组成。发生火灾时，系统管道上的水喷头遇高温自爆（一般是68～70℃），通过安装在支管管路上的水流指示器动作并反馈给火灾报警控制系统控制器来控制启动喷淋泵，并设有手动启动装置。在发生火灾时，消防水通过喷淋头均匀洒出，对一定区域的火势起到控制作用。水喷淋和水喷雾系统如图1-13所示。

水喷雾系统是指由水源、供水设备、管道、雨淋阀组、过滤器和水雾喷头等组成的系统。其灭火机理是当水以细小的雾状水滴喷射到正在燃烧的物质表面时，产生表面冷却、窒息、乳化和稀释的综合效应，实现灭火。水喷雾灭火系统具有适用范围广的优点，不仅可以提高扑灭固体火灾的灭火效率，同时由于水雾具有不会造成液体火飞溅、绝缘性好的特点，在扑灭可燃液体火灾、电气火灾中均得到广泛的应用。

图1-13 水喷淋和水喷雾系统

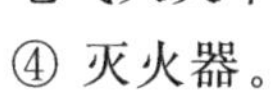

④ 灭火器。

a. 灭火器是一种可携式灭火工具。灭火器内放置化学物品，用以扑灭火灾。灭火器是常见的防火设施之一，存放在公众场所或可能发生火灾的地方，不同种类的灭火器内装填的成分不一样，是专为不同的火灾起因而设。使用时必须注意以免产生反效果及引起危险。

b. 分类：干粉灭火器，泡沫灭火器，二氧化碳灭火器，1211灭火器。

c. 日常检查：《建筑灭火器配置验收及检查规范》中规定，在堆场、罐区、石油化工装置区、加油站、锅炉房等场所配置的灭火器应按要求每半月进行一次检查。

d. 灭火器的使用：

看——首先要检查灭火器是否在正常的工作压力范围；灭火器压力表分为三个颜色区域，黄色表示压力较高，绿色表示压力正常，红色表示欠压；选用灭火器指针要在绿色区域。还需要检查灭火器是否在有效期内，灭火器外观是否完好无损。

提——双手提起灭火器。

拔——拔掉保险销，一般为铅封或塑料保险销，直接用手拉住拉环，用力向外拉即可。

瞄——站在上风向，将灭火器对准火苗根部。

压——压下手柄。

⑤ 消防沙。消防沙通常储存在消防沙箱中，一般用于灭火和吸收易燃液体。使用消防

沙的灭火原理是窒息灭火，因为油类不能用水灭火，因此可用消防沙在火灾初期及时灭火，降低安全隐患。消防沙要保持干燥，有水分的话遇火后会飞溅，易伤人。

二、化工环境保护基础认知

化工环境保护是指减少和消除化工生产中的废水、废气和废渣（简称“三废”）对周围环境的污染和对生态平衡及人体健康的影响，防治污染，改善环境，化害为利等工作。

1. 环境保护概述

（1）环境　环境保护中提及的环境是指影响人类生存和发展的各种天然的和经过人工改造的自然因素的总体，包括大气、水、海洋、土地、矿藏、森林、草原、野生生物、自然遗迹、人文遗迹、自然保护区、风景名胜区、城市和乡村等。

（2）环境污染　环境污染是指人类直接或间接地向环境排放超过其自净能力的物质或能量，从而使环境的质量降低，对人类的生存与发展、生态系统和财产造成不利影响的现象。

① 大气污染，是指由于人类活动或者自然过程引起某些物质进入大气中，达到足够的浓度，滞留足够的时间，并因此导致大气环境质量下降影响人类生活的现象。

主要来源：工业废气、施工扬尘、交通烟尘、汽车尾气、餐饮油烟、杀虫剂、氟利昂、下水道气体、露天燃烧垃圾和秸秆。

危害：大气污染会增加人们患慢性气管炎、支气管哮喘、肺气肿和癌症等疾病的概率，还会造成臭氧层破坏、全球气候变暖和酸雨现象。

② 水污染，是指水体因某种物质的介入，而导致其化学、物理、生物或者放射性等方面特征的改变，从而影响水的有效利用，危害人体健康或者破坏生态环境的现象。

主要来源：工业废水、有毒物质、垃圾、生活废水、油污。

危害：水污染是世界头号杀手，世界上 80%的疾病与水污染有关。它会增加人们患伤寒、霍乱、胃肠炎、痢疾、传染性肝炎等疾病的概率，也会导致作物减产、品质降低，还会造成生物体变异、畸形和死亡。

③ 噪声污染，是指在工业生产、建筑施工、交通运输和社会生活中所产生的干扰周围生活环境的声音。凡是干扰人们休息、学习和工作的声音统称为噪声。而只有当噪声超过国家规定的环境噪声排放标准时，才被认定为噪声污染。

主要来源：建筑施工、交通运输、社会生活、工业生产。

危害：造成人们听力损伤、神经系统损伤，增加高血压、动脉硬化和冠心病的发病概率，还会导致消化系统功能紊乱，使肠胃疾病发病率升高。

④ 固废污染，是指在生产建设、日常生活和其他活动中产生的固态、半固态废弃物质污染环境的现象。

主要来源：固体颗粒、垃圾、炉渣、污泥、废弃的制品、动物尸体、人畜粪便、变质食品等。

危害：固废产生的氨气、硫化氢、二噁英等有害气体会污染大气；自身分解和雨水浸淋产生的淋滤液注入水体，导致地表水和地下水污染；有害成分会污染土壤，进入粮食作物，最终危害人体健康。

（3）环境保护　顾名思义，环境保护就是通过采取行政的、法律的、经济的、科学技术等多方面的措施，保护人类生存的环境不受污染和破坏。我国《环境保护法》中规定的环境保护内容包括保护自然环境、防治污染和其他公害两个方面。

2. 化工企业的主要污染物

（1）化工生产与环境问题　据统计，化学工业（包括冶金）排放的有害废物比其他工业部门排放的总和还要多。某些化学品造成事先未预料的灾难，严重危害人类健康和生态环境。

全球十大环境问题中，七个问题与化学物质污染直接相关，其余三个问题与化学污染间接相关。

① 大气污染，酸雨成灾。全球每年向大气排放硫氧化物 1.6 亿吨，氮氧化物 0.5 亿吨，一氧化碳 3.6 亿吨，二氧化碳 5.7 亿吨及有害飘尘。

② 全球气候变暖。近 100 年来，大气中二氧化碳含量增加 30%，甲烷含量增加 145%，一氧化二氮含量增加 15%，平均气温上升 0.3～0.5℃。

③ 臭氧层破坏。南极上空臭氧层空洞，西伯利亚、南美、英伦三岛上空也发现臭氧层空洞。

④ 淡水资源紧张和污染。100 多个国家缺水，20 亿人缺乏清洁水。每年 4260 亿吨工业废水、生活污水排入水体。

⑤ 海洋污染。工业废物倾倒入海，海上石油污染。

⑥ 土地资源退化。过度开发，造成水土流失，土地盐碱化、沙漠化。每年水土流失约 240 亿吨，600 万公顷土地沙漠化。

⑦ 森林锐减。每年丧失 1700 万～2000 万公顷森林，约 $2\times10^8 m^2/min$。

⑧ 生物多样性减少。目前生物物种 500 万～3000 万，每年灭绝 5 万个生物物种。

⑨ 有毒有害废物。每年产生约 100 亿吨工业废物和城市垃圾，其中 5%～10%属危险废物，掩埋、焚烧等处理方式不能消除污染环境的危害。

⑩ 环境公害。噪声污染：气体动力噪声、机械噪声、电磁噪声。光污染：玻璃幕墙。

（2）化工企业环境保护要点　一般而言，化工企业环保管理主要管控“环境风险”及“污染源”。

① 环境风险：突发事故对环境造成的危害程度及可能性；公司生产经营活动、产品及服务与环境发生相互作用，并对环境造成的有害变化。

② 污染源：造成环境污染的污染物发生源，通常指向环境排放有害物质或对环境产生有害影响的场所、设备或装置等。

（3）工业“三废”　工业“三废”是工业废气、工业废水、工业固体废物的总称。

① 工业废气。工业废气是指企业厂区内燃料燃烧和生产工艺过程中产生的各种排入空气的含有污染物气体的总称。这些废气有：二氧化碳、二硫化碳、硫化氢、氟化物、氮氧化物、氯化氢、一氧化碳、硫酸（雾）、铅、汞、铍化合物、烟尘及生产性粉尘，排入大气，会污染空气。

a. 颗粒性废气：此类污染物主要是生产过程中产生的污染性烟尘，其来源主要有水泥厂、重型工业材料生产厂、重金属制造厂以及化工厂等。在生产中，此类企业所需原料需要经过提纯，由于杂质较多，提纯后的可燃物不能完全燃烧、分解，因此以烟尘形态存在，形成废气，排放至大气中引发空气污染。

b. 气态性废气：气态性废气是工业废气中种类最多也是危害性最大的。目前气态性废气主要有含氮废气、含硫废气以及碳氢有机废气。

含氮废气。此类废气会对空气组成造成破坏，改变气体构成比例。尤其是石油产品的燃烧，在工业生产中石油产品的燃烧量巨大，而石油产品中氮化物含量大，因此废气中会含有大量氮氧化物，若排放到空气中会增加空气氮氧化物含量，对大气循环造成影响。

含硫废气。含硫废气会对人们的生活环境造成直接危害，这是由于其同空气中的水结合能够形成酸性物质，引发酸雨。而酸雨会对植物、建筑以及人体健康造成损害，尤其会影响人的呼吸道。另外还会对土壤和水源造成影响，造成二次污染。

碳氢有机废气，主要由碳原子和氢原子构成。此类废气扩散到大气中会对臭氧层造成破坏引发一系列问题，影响深远。

c. 处理方法：化工车间产生的废气在对外排放前会进行预处理，以达到国家废气对外排放的标准。工业废气处理的主要方式有活性炭吸附法、催化燃烧法、催化氧化法、酸碱中和法、等离子法等。

② 工业废水。工业废水是指工业生产过程中产生的废水、污水和废液，其中含有随水流失的工业生产用料、中间产物、副产品以及生产过程中产生的污染物。

a. 分类：第一种按工业废水中所含主要污染物的化学性质分类，含无机污染物为主的为无机废水，含有机污染物为主的为有机废水。例如电镀废水和矿物加工过程的废水是无机废水，食品或石油加工过程的废水是有机废水，印染行业生产过程中的是混合废水，不同的行业排出的废水含有的成分不一样。

第二种是按工业企业的产品和加工对象分类，如冶金废水、造纸废水、炼焦煤气废水、金属酸洗废水、化学肥料废水、纺织印染废水、染料废水、制革废水、农药废水、电站废水等。

第三种是按废水中所含污染物的主要成分分类，如酸性废水、碱性废水、含氰废水、含铬废水、含镉废水、含汞废水、含酚废水、含醛废水、含油废水、含硫废水、含有机磷废水和放射性废水等。

b. 处理措施：废水处理就是将废水中的污染物以某种方法分离出来，或者将其分解转化为无害稳定物质，从而使污水得到净化。废水处理方法的选择取决于废水中污染物的性质、组成、状态及对水质的要求。一般废水的处理方法大致可分为物理法、化学法及生物法三大类。

物理法：利用物理作用处理、分离和回收废水中的污染物。浮选法（或气浮法）可除去乳状油滴或相对密度近于1的悬浮物；过滤法可除去水中的悬浮颗粒；蒸发法用于浓缩废水中不挥发性的可溶性物质等。

化学法：利用化学反应或物理化学作用回收可溶性废物或胶体物质。中和法用于中和酸性或碱性废水；萃取法利用可溶性废物在两相中溶解度不同，回收酚类、重金属等；氧化还原法用来除去废水中还原性或氧化性污染物，杀灭天然水体中的病原菌等。

生物法：利用微生物的生化作用处理废水中的有机物。生物过滤法和活性污泥法用来处理生活污水或有机生产废水，使有机物转化降解成无机盐而得到净化。

③ 工业固体废物。工业固体废物是指在工业生产活动中产生的固体废物，是工业生产过程中排入环境的各种废渣、粉尘及其他废物。

a. 分类：工业固体废物一般分为两类，一般工业固体废物和工业有害固体废物。一般工业固体废物系指未列入《国家危险废物名录》或者根据国家规定的危险废物鉴别标准认定其不具有危险特性的工业固体废物。例如：粉煤灰、煤矸石和炉渣等，一般工业固体废物分为一类和二类。

一类：按照《固体废物 浸出毒性浸出方法》(GB 5086—1997) 规定方法进行浸出试验而获得的浸出液中，任何一种污染物的浓度均未超过《污水综合排放标准》(GB 8978—1996) 中最高允许排放浓度，且 pH 值在 6～9 的一般工业固体废物。

二类：按照《固体废物 浸出毒性浸出方法》(GB 5086—1997) 规定方法进行浸出试验而获得的浸出液中，有一种或一种以上的污染物浓度超过《污水综合排放标准》(GB 8978—1996) 中最高允许排放浓度，或者 pH 值在 6～9 之外的一般工业固体废物。

工业有害固体废物指在工业生产活动中产生的，能对人群健康或对环境造成现实危害或潜在危害的工业固体废物。它是列入国家危险废物名录或者根据国家规定的危险废物鉴别标准和鉴别方法认定的具有危险特性的固体废物。

b. 处理措施：常用的处理方法仍归纳为物理处理、化学处理、生物处理。

物理处理：物理处理是通过浓缩或相变化改变固体废物的结构使之成为便于运输、贮存、利用或处置的形态，包括压实、破碎、分选、增稠、吸附、萃取等方法。

化学处理：化学处理是采用化学方法破坏固体废物中的有害成分，从而达到无害化，或将其转变成为适于进一步处理、处置的形态。其目的在于改变处理物质的化学性质，从而减少它的危害性。这是危险废物最终处置前常用的预处理措施，其处理设备为常规的化工设备。

生物处理：生物处理是利用微生物分解固体废物中可降解的有机物，从而达到无害化或综合利用。生物处理方法包括好氧处理、厌氧处理和兼性厌氧处理。与化学处理方法相比，生物处理在经济上一般比较便宜应用普遍但处理过程所需时间长，处理效率不够稳定。

热处理：热处理是通过高温破坏和改变固体废物组成和结构，同时达到减容、无害化或综合利用的目的。其方法包括焚化、热解、湿式氧化以及焙烧、烧结等。热值较高或毒性较大的废物采用焚烧处理工艺进行无害化处理，并回收焚烧余热用于综合利用和物化处理以及职工洗浴、生活等，减少处理成本和能源的浪费。

固化处理：固化处理是采用固化基材将废物固定或包覆，以降低其对环境的危害，是一种较安全的运输和处置废物的处理过程，主要用于有害废物和放射性废物，固化体的容积远比原废物的容积大。

任务执行

工作任务单 1　化工消防基础认知　　编号：1-2-2-1

装置名称		姓名		班级	
考查知识点	化工装置基础消防设施 火灾类型 灭火器的选择	学号		成绩	

确认装置的消防设施完好，根据火灾类型选择合适的灭火器。

请以小组为单位，在聚丙烯装置沙盘上找到视频中出现的消防设施，并将其填入表格中。

序号	消防设施名称	序号	消防设施名称
1		4	
2		5	
3		6	

工作任务单 2　化工环保基础认知　　编号：1-2-2-2

装置名称		姓名		班级	
考查知识点		学号		成绩	

辨别沙盘装置的污染物，匹配污染种类。

任务总结与评价

查找资料，谈谈你对“绿水青山就是金山银山”的感悟。

任务三　危险源及 HAZOP 基础认知

任务目标　① 了解危险源的概念，熟悉化工企业危险源辨识过程；
② 了解重大危险源的相关知识，能够辨识重大危险源；
③ 了解 HAZOP 分析的工作流程，熟悉 HAZOP 分析方法。

任务描述　请你以新员工的身份进入化工企业，了解化工企业危险源辨识流程，熟悉重大危险源的辨识，理解 HAZOP 分析流程，能够完成危险源的辨识和简单的 HAZOP 场景分析。

教学模式　理实一体、任务驱动

教学资源　工作任务单（1-2-3）

任务学习

一、化工企业危险源识别概述

危险源是爆发事故的源头，因此，在化工企业中，辨识危险源并针对危险源的风险设置相应的管控措施，是保证安全生产的关键。

1. 专业术语

（1）风险　风险是指生产安全事故或健康损害事件发生的可能性和严重性的组合，风险＝可能性×严重性。可能性是指事故（事件）发生的概率，严重性是指事故（事件）一旦发生后，将造成的人员伤害和经济损失的严重程度。

（2）固有风险　固有风险是指不考虑措施的情况下，危害发生可能性与危害影响严重性的集合。

（3）残余风险　残余风险是指考虑所有措施及其有效性后，危害发生可能性与危害影响严重性的集合。

（4）危险源　危险源是指可能造成（事故）人员伤亡、疾病、财产损失、工作环境破坏、有害的环境影响的根源或状态。

（5）危险有害因素（简称危害）　是指可对人造成伤害、影响人的身体健康甚至导致疾病的因素。包括：人的因素、物的因素、环境因素和管理因素。

（6）风险矩阵

① 概述。风险矩阵（risk matrix）是用于识别风险和对其进行优先排序的有效工具。风险矩阵可以直观地显现组织风险的分布情况，有助于确定风险管理的关键控制点和风险应对方案。一旦组织的风险被识别以后，就可以依据其对组织目标的影响程度和发生的可能性等维度来绘制风险矩阵。风险矩阵通常作为一种筛查工具用来对风险进行排序，根据其在矩阵中所处的区域，确定哪些风险需要更细致的分析，或是应首先处理哪些风险。

② 过程。对风险发生可能性的高低和后果严重程度进行定性或定量评估后，依据评估结果绘制风险图谱。绘制矩阵时，一个坐标轴表示结果等级，另一个坐标轴表示可能性等级。根据风险矩阵，确定Ⅰ、Ⅱ、Ⅲ、Ⅳ风险等级。

M1-5　中石化 7×8 风险矩阵及注释

2. 危险源的辨识

识别危险源的存在并确定其特性的过程。

（1）危险源产生的原因　存在能量或有害物质。能量、有害物质失控；设备故障；人员失误；管理缺陷等都是导致危险的原因。

（2）危险源三要素

① 潜在危险性，是指一旦触发事故，可能带来的危害程度或损失大小，或者说危险源可能释放的能量强度或危险物质量的大小。

② 存在条件，是指危险源所处的物理、化学状态和约束条件状态。例如，物质的压力、温度、化学稳定性，盛装压力容器的坚固性，周围环境障碍物等情况。

③ 触发因素，是危险源转化为事故的外因，而且每一类型的危险源都有相应的敏感触发因素。如易燃、易爆物质，热能是其敏感的触发因素，又如压力容器，压力升高是其敏感触发因素。

（3）危险源的分类

① 分类依据——能量意外释放论：事故是能量或危险物质的意外释放。根据能量意外释放论（危险源在事故发生、发展过程中的作用），危险源分为第一类危险源和第二类危险源。

第一类危险源：系统中存在的、可能发生意外释放的能量或危险物质。

物理性：电能、机械能、噪声、辐射、高压、高温、低温等；

化学性：易燃易爆物质、有毒有害物质、腐蚀性物质等；

生物性：致病微生物等。

第二类危险源：导致约束、限制能量或危险物质的措施失效或破坏的各种不安全因素，包括人的因素、物的因素、环境因素、管理因素。

人的因素：情绪激动、心理异常、超负荷工作、指挥错误、操作错误等；

物的因素：设备、设施、工具、附件缺陷；

环境因素：地面湿滑、安全通道不畅通等；

管理因素：职业健康管理不完善，安全监护不落实等。

② 分类依据——导致事故的直接原因。

物理性：设备设施缺陷、防护缺陷、电能、机械能、噪声、辐射、高温等；

化学性：易燃易爆物质、有毒有害物质、腐蚀性物质

生物性：致病微生物等；

心理、生理性：情绪激动、心理异常、超负荷工作、健康状况不佳等；

行为性：指挥错误、操作错误、监护错误等。

（4）危险源辨识　识别危险源的存在即识别危险源的位置、状态、类别；确定其特性即确定危险源的能量类别、事故后果、发生的可能性、控制措施等。

危险源能量逸散类型和可能导致的后果，如表 1-10。

表 1-10　危险源能量逸散类型和可能导致的后果表

能量类型	逸散形式	可能后果
动能	机泵等动设备的转动	身体部位被卷入转动设备，受伤
势能	高处落物（重力势能）	人员砸伤或死亡
	管道设备破裂，压力释放（压力能）	设备损坏，人员伤亡

续表

能量类型	逸散形式	可能后果
电能	带电设备漏电	设备损坏，人员触电受伤
热能	蒸汽等高温流体泄漏 液氮等低温流体泄漏 设备表面高温/低温	人员烫伤、冻伤
化学能	有毒介质泄漏	人员中毒
	酸碱等腐蚀性物质泄漏	皮肤被腐蚀灼伤
放射能	设备探伤时被射线误照	辐射危害、致癌等
生物能	细菌、病毒的传播	致病、死亡

3. 化工企业风险识别工作流程

化工企业风险识别工作流程图如图1-14。从工艺过程、设备设施、常规作业、非常规作业四个方面识别危险源，并将相关的事故案例暴露的危害、各类安全评价报告内列出的危害以及《生产过程危险和有害因素分类与代码》考虑在内，采用有针对性的危害辨识工具对每个危险源逐一开展危害辨识，重大危险源根据GB 18218—2018《危险化学品重大危险源辨识》直接划分。

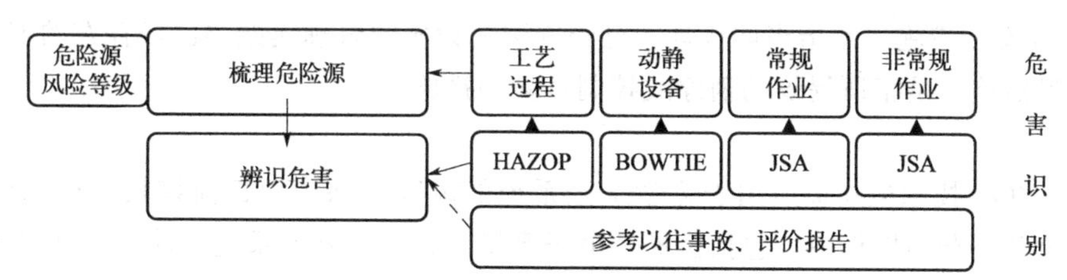

图1-14　化工企业风险识别工作流程图

BOWTIE—蝴蝶结分析法；JSA—工作安全分析法

针对每个危害，根据风险矩阵评估其固有风险，从工程措施、管理措施、培训教育措施、个体防护措施、应急措施五个方面充分识别现有措施，对工艺过程危害，应按照工艺过程风险控制洋葱模型八个层次验证措施完整性。

二、重大危险源的辨识和分级

20世纪70年代以来，预防重大工业事故引起国际社会的广泛重视。随之产生了“重大危害（major hazards）”“重大危害设施（国内通常称为重大危险源）（major hazard installations）”等概念。

重大危险源指按照《危险化学品重大危险源辨识》（GB 18218）标准辨识确定，生产、储存、使用或者搬运危险化学品的数量等于或者超过临界量的单元（包括场所和设施）。

危险与可操作分析（HAZOP）基础认知

（1）HAZOP概述　HAZOP分析即危险与可操作性分析（hazard and operability study），是一种对规划或现有产品、过程、程序或体系的结构化及系统分析技术。该技术被广泛应用于识别人员、设备、环境及/或组织目标所面临的风险。分析团队应尽量提供解决方案，以消除风险。

① 专业术语。

a. 节点，在开展 HAZOP 分析时，通常将复杂工艺系统分解成若干“子系统”，每个子系统称作一个“节点”。

b. 偏离，指偏离所期望的设计意图。通常各种工艺参数，都有各自安全许可的操作范围，只要超出该范围，就视为“偏离设计意图”。

c. 可操作性，HAZOP 分析包括两个方面，一是危险分析，二是可操作性分析。前者是为了安全的目的；后者则关心工艺系统是否能够实现正常操作，是否便于开展维护或维修，甚至是否会导致产品质量问题或影响收率。

d. 引导词，是一个简单的词或词组，用来限定或量化意图，并且联合参数以便得到偏离。如“没有”“较多”“较少”等。分析团队借助引导词与特定“参数”的相互搭配，识别异常的工况，即所谓“偏离”的情形。引导词的应用使得 HAZOP 分析的过程更具结构性和系统性。

e. 事故情景。在 HAZOP 分析过程中，借助引导词的帮助，设想工艺系统可能出现的各种偏离设计意图的情形及后续的影响。

f. 原因，是指导致偏离的事件或条件。

g. 后果，是指工艺系统偏离设计意图时所导致的结果。

h. 现有安全措施，是指当前设计、已经安装的设施或管理实践中已经存在的安全措施。

i. 建议措施，是指所提议的消除或控制危险的措施。

② 用途。

a. HAZOP 技术最初被应用于化学工艺系统的风险评估中。目前该技术已拓展到其他类型的系统及复杂的操作中，包括机械及电子系统、程序、软件系统，甚至包括组织变更及法律合同设计及评审。

b. HAZOP 过程可以处理由于设计、部件、计划程序和人为活动的缺陷所造成的各种形式的对设计意图的偏离。这种方法也广泛地用于软件设计评审中。当用于关键安全仪器控制及计算机系统时，该方法称作 CHAZOP（控制危险及可操作性分析或计算机危险及可操作性分析）。

c. HAZOP 分析通常在设计阶段开展，因为此时设计仍可进行调整。但是，随着设计的详细发展，可以对每个阶段用不同的导语分阶段进行。HAZOP 分析也可以在操作阶段进行，但是该阶段的变更可能需要较大成本。

③ 优点及局限。

a. 优点：为系统、彻底地分析系统、过程或程序提供了有效的方法；涉及多专业团队，可处理复杂问题；形成了解决方案和风险应对行动方案；有机会对人为错误的原因及结果进行清晰的分析。

b. 局限：耗时，成本较高；对文件或系统/过程以及程序规范的要求较高；主要重视的是找到解决方案，而不是质疑基本假设；讨论可能会集中在设计细节上，而不是在更宽泛或外部问题上；受制于设计（草案）及设计意图，以及传递给团队的范围及目标；过程对设计人员的专业知识要求较高，专业人员在寻找设计问题的过程中很难保证完全客观。

（2）HAZOP 分析程序　HAZOP 分析程序主要包括前期资料的准备，HAZOP 团队的组建以及具体的分析流程。

① 前期资料准备。

a. 工艺信息资料。设计基础信息：包括但不限于项目规模、上下游边界条件、产品和工艺技术路线以及设计采用的技术标准和规范等；工艺说明书、简要的工艺流程描述；

工艺物料平衡图（PFD）及数据表，最新版的管道及仪表流程图（PID），该工艺设计标准和规范清单；

联锁逻辑图或因果关系表，全厂总图；

设备布置图及危险区域划分图，化学品安全技术说明书（MSDS）；

反应危害评估的相关数据（包括反应矩阵、反应量热、绝热量热，以及物料、中间体的热稳定性等评估数据）；

设备选材备忘录、安全联锁及超压泄放设计备忘录；

设备数据表、管道数据表、压力容器数据表、泵等动设备的性能曲线、安全阀等压力泄放设施的设计依据和相关数据表。

工艺操作文件：操作、维修以及紧急响应程序，所有公用工程系统的条件及界区条件；

以往事故报告、变更文件、隐患台账等，国内外类似工艺装置的事故报告，操作团队目前比较关注的问题清单，包括泄漏或安全屏障缺陷等；

前阶段 PHA 分析及相关危害识别和风险评估报告；

风险评估矩阵。

b. 同类装置事故资料。

收集同类型装置过去发生的事故用于 HAZOP 分析；

事故调查报告；

工艺安全布告；

从其他工厂或行业学习相关事故的教训。

② HAZOP 团队构成。

HAZOP 主持人；

HAZOP 记录员；

项目负责人或车间主任；

工段长和班长；

工艺工程师、设备、仪表、电气、过程控制、过程安全、HSE 等专业人员；

技术开发、装置工艺优化和过程开发人员；

设计院、外购工艺包或成套工艺系统的专利商、大型设备供应商；

技术开发、过程开发、工艺、设备、仪表、电气、工艺控制等方面专家；

项目成员和操作人员；

翻译（如有需要）。

③ HAZOP 分析流程（如图 1-15）。

④ HAZOP 分析工作表。HAZOP 分析最主要的环节，是分析小组全体成员互动讨论的过程，在讨论中，需要及时将讨论结论记录在 HAZOP 分析工作表中。通常，每一个节点有一张自己独立的分析表格（如表 1-11）。

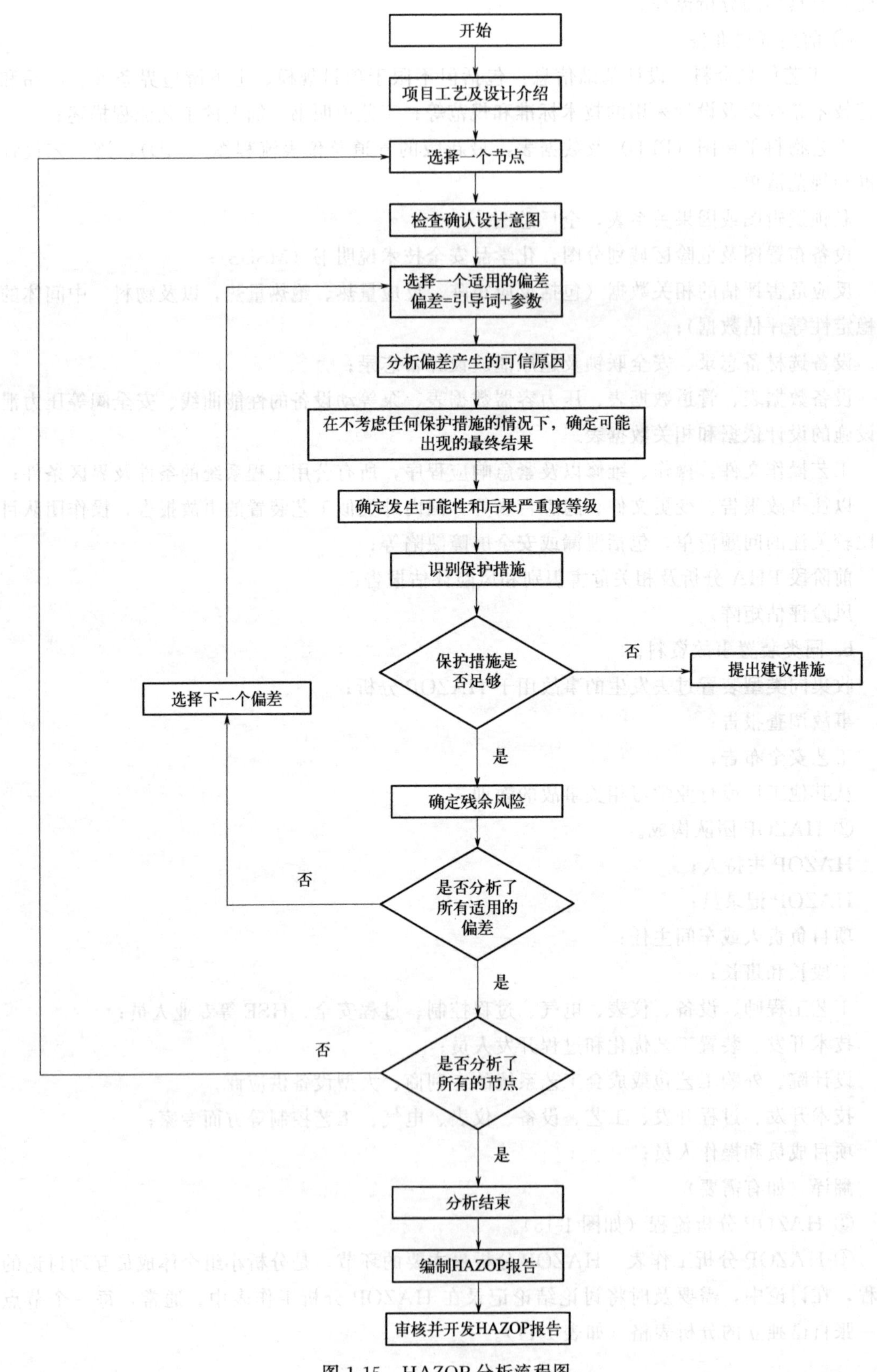

图 1-15　HAZOP 分析流程图

表 1-11　某化工企业 HAZOP 分析工作表

过程危害分析工作表 HAZOP Worksheet																	
图纸 Drawing NO.																	
节点编号 Node NO.																	
节点名称 Node																	
分析时间 Time																	
节点描述 About																	
序号	Guideword/Deviation 引导词/偏差	Detail deviation 详细偏差	Causes 原因	Consequences 可能的后果	Category 类别	风险消减前			Safeguards 现有安全保障	风险消减后			Rec# 建议编号	Recommendations 建议措施			
						S	L	RR		S	L	RR			S	L	E

在这张表中，上部是项目节点的基本情况，包括图纸编号、节点编号、节点名称、分析时间、参与人员、节点描述等：

图纸编号是指本节点涉及的 PID 图纸编号；

节点编号是指本节点的编号；

节点名称是指本节点的名称；

分析时间是指本节点开展 HAZOP 分析的日期；

节点描述是指本节点所包含的主要工艺说明。

HAZOP 分析工作表的主体部分包含若干列，以上图为例，从左到右依次为序号、引导词/偏差、详细偏差、原因、可能的后果、类别、风险削减前、现有安全保障、风险削减后、建议编号、建议措施等：

序号是指引导词的顺序号；

偏差是指偏离所期望的设计意图；

详细偏差是指具体的偏差工况；

原因是指导致事故情景的直接原因；

可能的后果是指可能造成的事故后果；

类别是指从业人员、环保、财产等；

S 是指后果的严重程度；

L 是指后果的可能性；

RR 是事故的风险等级；

现有安全保障是指已经体现在设计中的安全措施；

建议措施编号是指建议措施的编号；

建议措施是指分析小组提出的建议意见；

E 是指事故通过建议措施削减后的风险等级。

任务执行

<table>
<tr><td colspan="5">工作任务单　危险源及 HAZOP 基础认知</td><td>编号:1-2-3</td></tr>
<tr><td>装置名称</td><td></td><td>姓名</td><td></td><td>班级</td><td></td></tr>
<tr><td>考查知识点</td><td>危险源辨识
HAZOP 分析方法</td><td>学号</td><td></td><td>成绩</td><td></td></tr>
</table>

根据化工企业风险识别工作流程,梳理装置沙盘的危险源。

1. 请以小组为单位,在聚丙烯装置沙盘上进行现场危险源辨识,并填写危险源辨识记录表。

装置危险源辨识记录表

贴纸编号	位置	危险源	危险能量	可能导致的事故	防护措施/控制措施	备注
1						
2						
3						
4						
5						
6						
7						
8						

2. 如下图为某装置的产品罐的流程简图。请以小组为单位，试分析造成产品罐压力高的原因（只分析氮气和排放火炬流量的影响）。

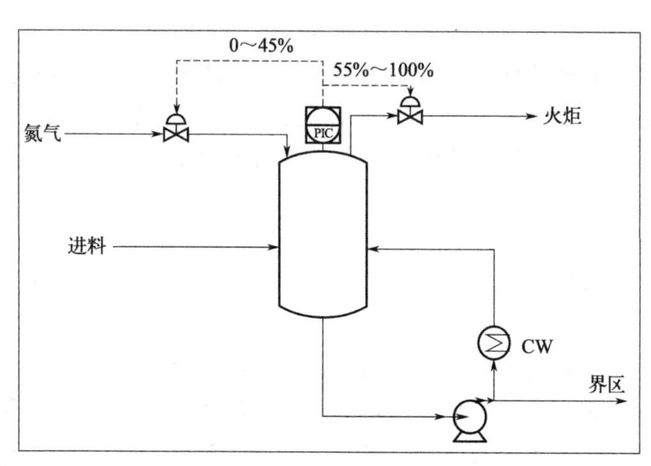

引导词/偏差	详细偏差	原因
压力高	产品罐罐顶压力高	

任务总结与评价

根据任务单的完成情况，分析自身对本任务知识掌握的不足，并在小组内进行分享。

任务四　职业卫生与防护

任务目标　① 了解职业卫生的基础知识，以及石化行业的职业危害因素；

② 了解常见防护用品的防护要点，并能够根据工作场景选取合适的个人防护用品。

任务描述　请你以新员工的身份学习职业卫生的基础知识，辨识石化行业生产过程中的危害因素，并根据工作场景选取合适的防护用品，有效预防职业病的发生。

教学模式　理实一体、任务驱动

教学资源　沙盘及工作任务单（1-2-4）

任务学习

一、职业危害与职业病

1. 职业卫生的概念

职业卫生是指人们在从事行业和工作活动中，保持符合健康、防止疾病所必需的状态以及达到这种状态所实施的行为和过程。职业病是指企业、事业单位和个体经济组织（统称用人单位）的劳动者在职业活动中因接触粉尘、放射性物质和其他有毒、有害等因素而引起的疾病。法定职业病是指国家规定并正式公布的职业病，用人单位的劳动者在职业活动中，因接触粉尘、放射性物质和其他有毒、有害物质等因素引起的疾病。

职业危害指劳动者在职业活动中，由于受不良的生产条件和工作环境的影响，给劳动者带来危险和伤害，其中包括事故和疾病等多种危害因素对人体的伤害。职业病危害因素包括：职业活动中存在的各种有害的化学、物理、生物因素以及在作业过程中产生的其他职业有害因素。

2. 职业病的特点

（1）病因明确　由职业病危害因素所致，这些人为因素被控制消除，即可防止疾病发生；

（2）病因可测　所接触的危害因素（病因）通常可以检测，过量接触造成职业病；

（3）群体性　接触相同职业病危害因素的工人经常集体发病；

（4）多无特效药　早发现，易恢复，晚发现，疗效差；

（5）职业病侵入身体的主要途径　有三类途径：呼吸道（最常见最危险的途径）；皮肤（有些毒物只要与皮肤接触，就能被吸收）；消化道（职业中毒的机会极少）。

M1-6　职业危害事故案例

二、石化行业工作环境危害因素

2013 年国务院卫生行政部门会同劳动保障行政部门重新颁布的危害因素分类职业病目录有 10 类：粉尘类，放射性物质类，化学物质类，物理因素，生物因素，导致职业性皮肤病、眼病、耳鼻喉口腔疾病、肿瘤以及其他职业病危害因素。石油化工行业的生产工艺复杂，生产类型多样，自动化程度高，多为管道化、连续生产，生产厂房多为半敞开式框架结构，空气流通；有害因素种类多，少数装置工艺落后，存在不少隐患，职业危害因素仍能从多方面影响作业人群。

1. 生产过程中产生的危害因素

① 物理性危害因素。异常气象条件：如高温、高湿等；异常气压：如高压、低压等；噪声、振动等；非电离辐射：如紫外灯、红外灯、激光等；电离辐射：如X射线、γ射线等。

② 化学性危害因素。有毒物质：如铅、汞、锰、苯、一氧化碳、硫化氢、有机磷农药等。

③ 生产性粉尘：如矽尘、石棉尘、煤尘、水泥尘、有机粉尘等。

④ 生物性危害因素：如附着于皮毛上的炭疽杆菌、甘蔗渣上的真菌、医务工作者可能接触到的生物性传染病源物。

2. 劳动过程中的有害因素

劳动组织和劳动作息安排上的不合理：如大检修或抢修期间，易发生劳动组织和制度的不合理，导致劳动者易于出现感情和劳动习惯的不适应。职业心理紧张：自动化程度高，仪表控制替代体力劳动和手工操作的同时，也带来了精神紧张的问题。生产定额不当、劳动强度过大，与劳动者生理状况不相适应。过度疲劳：个别器官或系统的过度疲劳，长期处于某种不良姿势或使用不合理的工具等。

3. 生产环境的有害因素

(1) 自然环境因素　如炎热季节中的太阳辐射（室外露天作业）：油田企业夏季野外作业。

(2) 厂房布置不合理　如有毒岗位与无毒岗位设在同一工作间内。

(3) 环境污染　不合理生产过程导致环境污染，如氯气回收、精制、液化等岗位产生的氯气泄漏，有时造成周围环境的污染（如表1-12）。

表1-12　石化行业生产环境主要职业病危害因素

项目	装置/目标产物	存在的主要职业病危害因素
炼油	炼油生产装置包括常减压蒸馏及电脱盐、催化裂化、延迟焦化、减黏、氧化沥青、脱硫、硫黄回收、脱臭、气体分馏、叠合、制氢、加氢裂化、渣油轻质化、加氢精制、石蜡加氢、丙烷脱沥青等	化学因素：脂肪烃（主要是烷烃、烯烃，碳原子数在10以下）、硫化物（二氧化硫、硫化氢及硫醇）、一氧化碳和氮氧化物、氨（常减压、丙烷脱沥青）、二硫化碳（加氢裂化）、催化剂粉尘（催化裂化）、焦炭粉尘（延迟焦化）、滑石粉尘（氧化沥青）、硫黄粉（硫黄回收） 物理因素：噪声、高温和振动
	催化重整	化学因素：苯、甲苯、二甲苯、环己烷、正己烷、丙烷、丁烷、三乙二醇醚 物理因素：高温
	电精制	汽油、煤油、氢氧化钠、硫酸、酸渣和碱渣
	烷基化	化学因素：液态烃、汽油、碳4（丁烷、丁烯、异丁烯）、硫化氢、氢氟酸（或硫酸）、硫醇等 物理因素：噪声
化工原料	乙烯、丙烯	化学因素：甲烷、乙烷、丙烷、丁烷、乙烯、丙烯、丁烯、羰基镍、硫化氢 物理因素：高温
	丁二烯	化学因素：丁烯、丁烷、二甲基甲酰胺（DMF）或乙腈 物理因素：高温
	苯、甲苯	化学因素：裂解汽油、苯、甲苯、硫化氢 物理因素：高温

续表

项目	装置/目标产物	存在的主要职业病危害因素
化工原料	二甲苯、对二甲苯	碳八芳烃：二甲苯、对二甲苯、乙苯等
	丙烯腈	丙烯、氨、乙腈、氢氰酸、硫酸、丙烯腈
	乙苯、苯乙烯	乙苯、苯、二乙苯、甲苯、苯乙烯、盐酸、三氯化铝、2,4-二硝基苯酚（DNP）、叔丁基邻苯二酚（TBC）
合成树脂与塑料	低压聚乙烯、高压聚乙烯、聚丙烯	化学因素：乙烯、丙烯、乙烷、丙烷、有机粉尘 物理因素：噪声、高温
	高抗冲聚苯乙烯	苯乙烯、乙苯、顺丁橡胶粉尘
	聚氯乙烯	氯乙烯、聚乙烯醇、偶氮二异丁腈、聚氯乙烯粉尘
	聚氨酯泡沫塑料	甲苯二异氰酸酯（TDI）、多羟基聚醚多元醇、氨、三氯一氟甲烷（F-11）、二氯甲烷、锡催化剂
	ABS树脂	丁二烯、苯乙烯、丙烯腈、ABS粉尘

4. 职业危害的防护

职业病是由职业病危害因素引起的，其危害后果是远期的，多数是人为因素造成的。职业病难以治愈，但是可以预防，不采取有效措施，必将成为严重的社会问题。用人单位须建立健全职业病防治管理措施制度，进行技术革新和落后技术、工艺、设备、材料淘汰制度，制定职业病防治规章制度、操作规程、应急救援措施、设置职业危害因素告知牌，提供必要的培训让员工掌握个人防护用品正确的使用方法。

（1）警示标识与标志　在存在危险因素的地方，设置安全警示标志，是对劳动者知情权的保障，有利于提高劳动者的安全生产意识，防止和减少生产安全事故的发生。

（2）安全色及安全标志　安全警示标志一般由安全色、几何图形和图形符号构成，其目的是要引起人们对危险因素的注意，预防生产安全事故的发生。根据现行有关规定，我国目前使用的安全色主要有四种（如图1-16）：红色，表示禁止、停止，也代表防火；蓝色，表示指令或必须遵守的规定；黄色，表示警告、注意；绿色，表示安全状态、提示或通行。

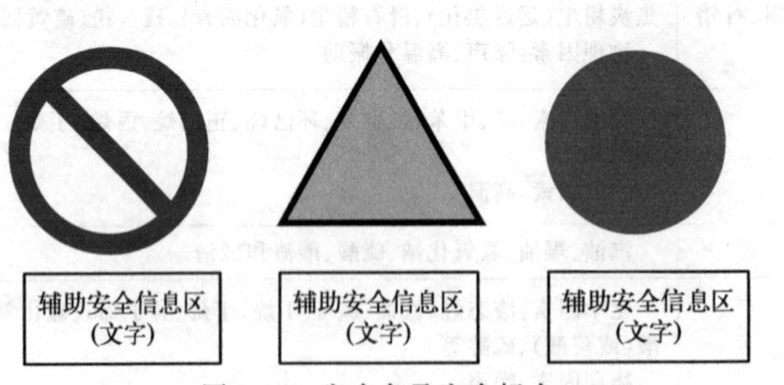

图1-16　安全色及安全标志

M1-7　安全色与安全标志

而我国目前常用的安全警示标志，根据其含义，也可分为四大类：

① 禁止标志，即圆形内画斜杠，并用红色描画成较粗的圆环和斜杠，表示“禁止”或“不允许”的含义；我国规定的禁止标志共有40个，如：禁放易燃物、禁止吸烟、禁止通行、禁止烟火、禁止用水灭火、禁带火种、禁止转动、运转时禁止加油、禁止跨越、禁止乘车、禁止攀登等（如图1-17）。

图 1-17　禁止标志图

② 警告标志，即“△”，三角的背景用黄色，三角图形和三角内的图像均用黑色描绘，警告人们注意可能发生的各种危险；我国规定的警告标志共有 39 个，如：注意安全、当心触电、当心爆炸、当心火灾、当心腐蚀、当心中毒、当心机械伤人、当心伤手、当心吊物、当心扎脚、当心落物、当心坠落、当心车辆、当心弧光、当心冒顶、当心瓦斯、当心塌方、当心坑洞、当心电离辐射、当心裂变物质、当心激光、当心微波、当心滑跌等（如图 1-18）。

图 1-18　警告标志图

③ 指令标志，即“○”，在圆形内配上指令含义的蓝色，并用白色绘画必须履行的图形符号，构成“指令标志”，要求到这个地方的人必须遵守；指令标志共有 16 个，如：必须戴安全帽、必须穿防护鞋、必须系安全带、必须戴防护眼镜、必须戴防毒面具、必须戴护耳器、必须戴防护手套、必须穿防护服等（如图 1-19）。

图 1-19　指令标志图

④ 提示标志，以绿色为背景的长方几何图形，配以白色的文字和图形符号，并标明目

标的方向，即构成提示标志，如消防设备提示标志等（如图 1-20）。

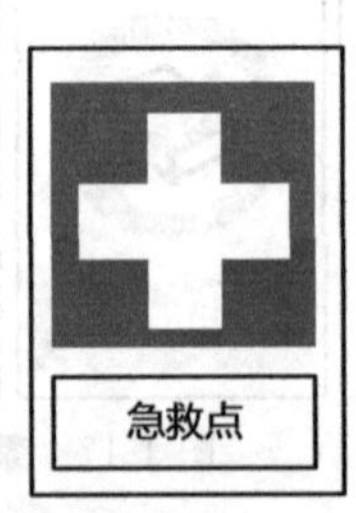

图 1-20　提示标志图

生产经营单位应当在有较大危险因素的生产经营场所和有关设施、设备上，设置明显的安全警示标志。这里的“危险因素”主要是指能对人造成伤亡或者对物造成突发性损害的各种因素。同时，安全警示标志应当设置在作业场所或有关设施、设备的醒目位置，一目了然，让每一个在该场所从事生产经营活动的劳动者或者该设施、设备的使用者，都能够清楚地看到，不能设置在让劳动者很难找到的地方。这样，才能真正起到警示作用。

（3）危险因素告知卡　职业病危害因素告知卡，简称职业病危害告知卡，是用来标明及告知工作场所中的现场工作人员，此处存在的职业病危害因素，并列明可能造成的健康危害、理化特性、应急处理、防护措施等。

职业病危害告知卡的制作没有特别的规定，但有统一的样式。图 1-21～图 1-23 为不同类型的职业病危害告知卡式样。

作业岗位可能对人体产生危害，请注意防护、确保健康		
粉尘 Dust	健康危害	理化特性
	粉尘能通过呼吸、吞咽、皮肤、眼睛或直接接触进入人体，其中呼吸系统为主要途径。长期接触或吸入高浓度的生产性粉尘，可引起尘肺、呼吸系统及皮肤肿瘤和局部刺激作用引发的病变等疾病	粉尘是指悬浮在空气中的固体微粒。在一定的温度、湿度和密度下，可能造成爆炸
注意防尘 注意防尘	应急处置	
	定期体检，早期诊断，早期治疗。发现身体状况异常时需要及时去医院查治	
	防护措施	
	采取湿式作业、密闭尘源、通风除尘，对除尘设施定期维护和检修，确保除尘设施运转正常，加强个体防护，接触粉尘从业人员穿戴工作服、工作帽，减少身体暴露部位，根据粉尘性质，佩戴多种防尘口罩，以防止粉尘从呼吸道进入，造成伤害	
火警：119　　急救：120		

图 1-21　职业病危害告知卡式样（粉尘类）

（4）个体防护　企业应组织生产、安全管理部门的人员以及其他相关人员，对企业进行全面的危险有害因素辨识，识别作业过程中的潜在危险、有害因素，确定进行各种作业危险和有害因素的存在，并为作业人员选择配备相应的劳动防护用品，且选用的劳动防护用品的防护性能与作业环境存在的风险相适应，能满足作业安全要求。个人防护作为劳动保护的最后一道防线，能够有效减少或消除危害，必须掌握个人防护的方法。减小或消除危害的方式如图 1-24。

（5）个人防护用品的分类　保护劳动者在生产过程中的人身安全与健康所必备的一种防御性装备，对于减少职业危害起着相当重要的作用。表 1-13 为个人防护用品的分类。

作业岗位可能对人体产生危害，请注意防护、确保健康	
高温	健康危害
	高温作业是指炎热季节从事接触生产性热源的作业。当温度等于或高于本地区夏季室外通风设计计算温度2℃的作业属于高温作业。从事高温作业，可对人体产生不良影响，严重者可能中暑，甚至造成死亡
注意防尘 注意防尘	应急处置
	将患者移至阴凉、通风处，同时抬高头部、解开衣服，用毛巾或冰块敷头部、腋窝等处，并及时送医院
	防护措施
	隔热、通风、个体防护、卫生保健和健康监护、合理的劳动休息
火警：119　　急救：120	

图 1-22　职业病危害告知卡式样（物理因素类）

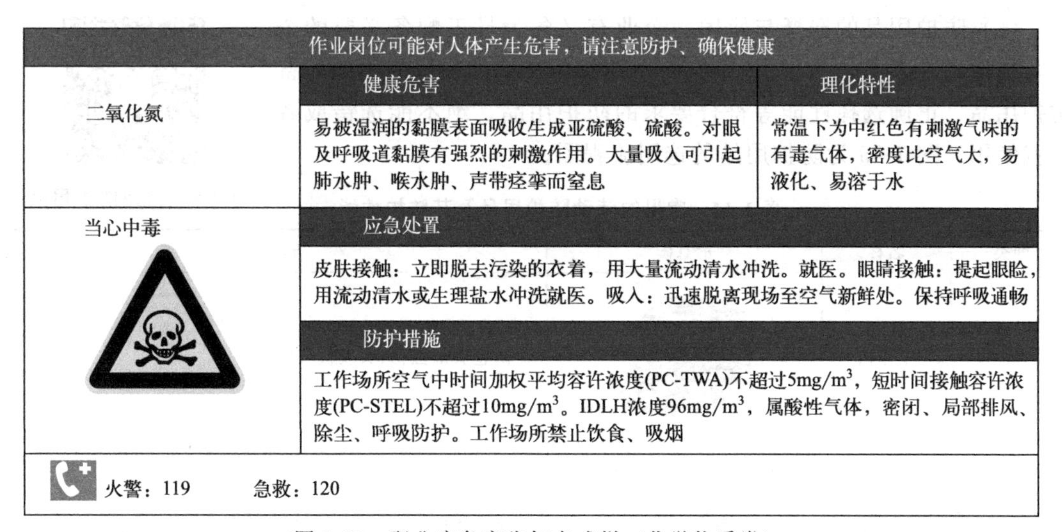

作业岗位可能对人体产生危害，请注意防护、确保健康		
二氧化氮	健康危害	理化特性
	易被湿润的黏膜表面吸收生成亚硫酸、硫酸。对眼及呼吸道黏膜有强烈的刺激作用。大量吸入可引起肺水肿、喉水肿、声带痉挛而窒息	常温下为中红色有刺激气味的有毒气体，密度比空气大，易液化、易溶于水
当心中毒	应急处置	
	皮肤接触：立即脱去污染的衣着，用大量流动清水冲洗。就医。眼睛接触：提起眼睑，用流动清水或生理盐水冲洗就医。吸入：迅速脱离现场至空气新鲜处。保持呼吸通畅	
	防护措施	
	工作场所空气中时间加权平均容许浓度(PC-TWA)不超过5mg/m^3，短时间接触容许浓度(PC-STEL)不超过10mg/m^3。IDLH浓度96mg/m^3，属酸性气体，密闭、局部排风、除尘、呼吸防护。工作场所禁止饮食、吸烟	
火警：119　　急救：120		

图 1-23　职业病危害告知卡式样（化学物质类）

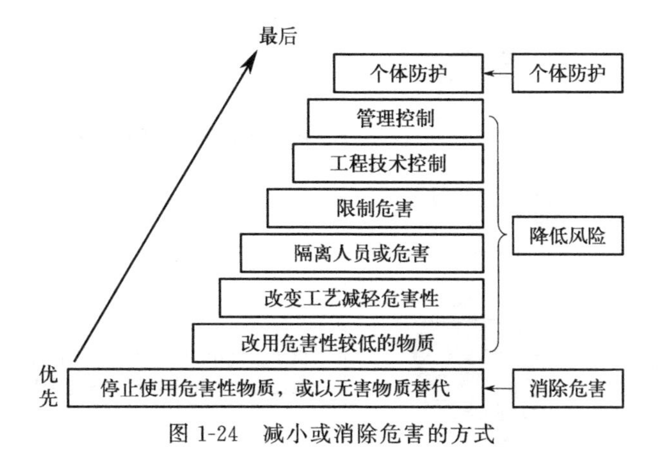

图 1-24　减小或消除危害的方式

表 1-13　个人防护用品的分类

防护部位	用品名称
头部防护用品	安全帽、工作帽
呼吸器官防护用品	空气呼吸器、防尘口罩、防毒面具
眼(面部)防护用品	防冲击护目镜、防喷溅面罩、焊接护目镜
听觉器官防护用品	耳塞、耳罩
手部防护用品	防油手套、耐酸碱手套、电绝缘手套、保护手指安全手套
躯干防护用品	防静电服、阻燃服(防火服)
足部防护用品	防静电鞋、保护足趾安全鞋
护肤用品	防晒霜、驱蚊剂
坠落及其他防护用品	安全带、生命绳、安全网；对讲机、四合一式气体检测仪

(6) 防护用品的选择与使用　企业有义务为员工配备必要的个人防护用品（表 1-14），根据不同的使用场所及工作岗位的不同配备防护用品，正确选择性能等符合要求的防护用品，绝不能选错或者将就使用。图 1-25 为防护用品的选用流程图。

M1-8　常用防护用品

表 1-14　常见的劳动防护用品及其防护性能

种类	名称	示意图	防护性能
头部防护	工作帽		防止头部擦伤、头发被绞碾
	安全帽		防御物体对头部造成冲击、刺穿、挤压等伤害
	披肩帽		防止头部、脸和脖子被散发在空气中的微粒污染
呼吸器官防护	防尘口罩		用于空气中含氧 19.5%以上的粉尘作业环境，防止吸入一般性粉尘。防御颗粒物等危害呼吸系统或眼、面部

续表

种类	名称	示意图	防护性能
呼吸器官防护	过滤式防毒面具		利用净化部件吸附、吸收、催化或过滤等作用除去环境空气中有害物质后作为气源的防护用品
	长管式防毒面具		使佩戴者呼吸器官与周围空气隔绝，并通过长管得到清洁空气供呼吸的防护用品
	空气呼吸器		防止吸入对人体有害的毒气、烟雾、悬浮于空气中的有害污染物或在缺氧环境中使用
眼、面部防护	防冲击护目镜		防御铁屑、灰砂、碎石对眼部产生的伤害
	焊接面罩		防御有害弧光、熔融金属飞溅或粉尘等有害因素对眼睛、面部的伤害
听觉器官防护	耳塞		防止暴露在强噪声环境中的工作人员的听力受到损伤
	耳罩		适用于暴露在强噪声环境中的工作人员，以保护听觉、避免噪声过度刺激，在不适合戴耳塞时使用。一般在噪声大于100 dB(A)时使用

续表

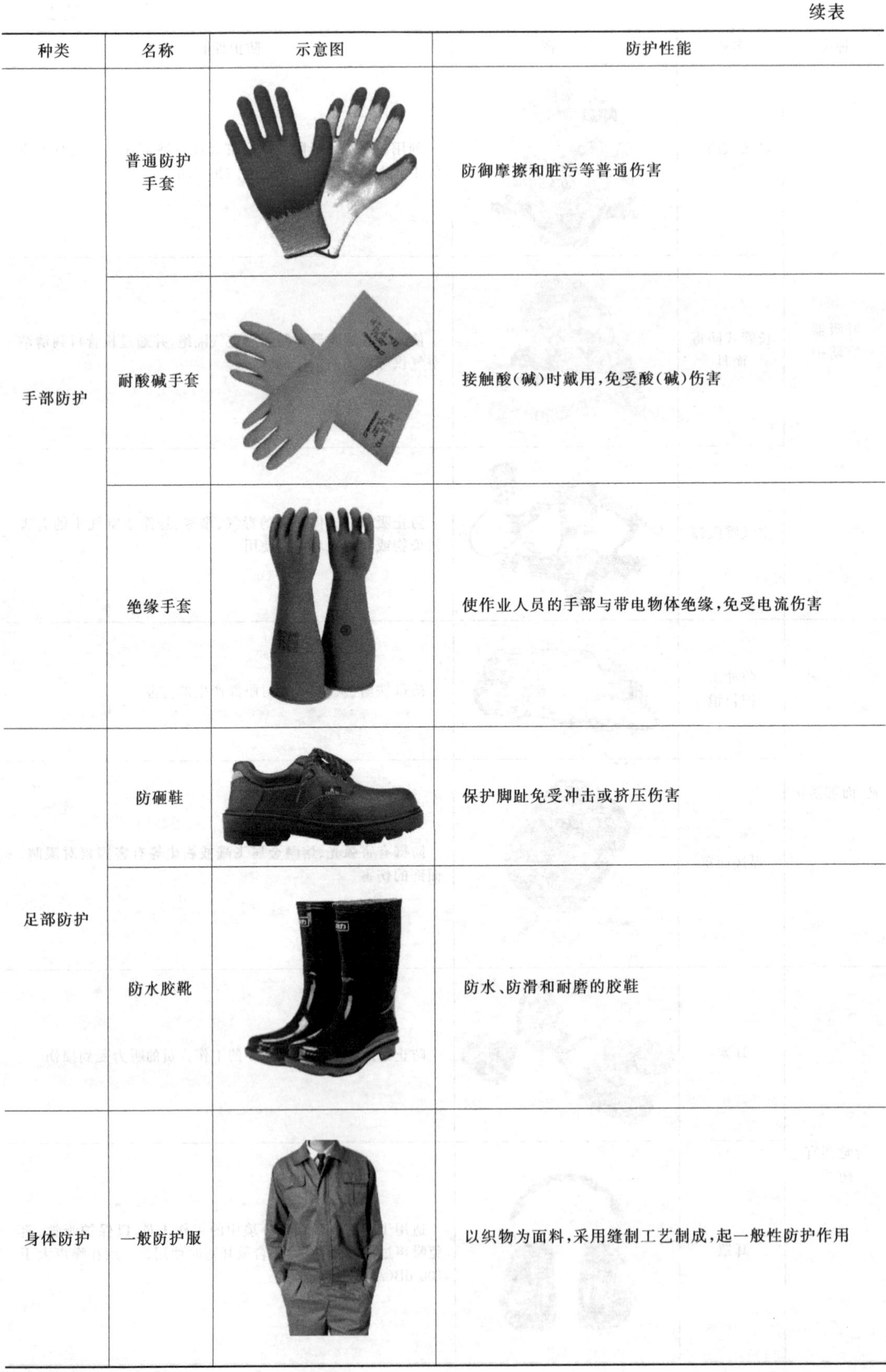

种类	名称	示意图	防护性能
手部防护	普通防护手套		防御摩擦和脏污等普通伤害
	耐酸碱手套		接触酸(碱)时戴用,免受酸(碱)伤害
	绝缘手套		使作业人员的手部与带电物体绝缘,免受电流伤害
足部防护	防砸鞋		保护脚趾免受冲击或挤压伤害
	防水胶靴		防水、防滑和耐磨的胶鞋
身体防护	一般防护服		以织物为面料,采用缝制工艺制成,起一般性防护作用

续表

种类	名称	示意图	防护性能
身体防护	防静电服		能及时消除本身静电积聚危害，用于可能引发电击、火灾及爆炸的危险场所穿用
	阻燃防护服		用于作业人员从事有明火、散发火花、在熔融金属附近操作有辐射热和对流热的场合，在有易燃物质并有着火危险的场所穿用，在接触火焰及炙热物体后，一定时间内能阻止本身被点燃、阻止有焰燃烧和阴燃
	防酸碱服		用于从事酸碱作业人员穿用，具有防酸碱性能
高处作业防护	安全带		用于高处作业、攀登及悬吊作业，保护对象为体重及负重之和最大100kg的使用者，可以减小高处坠落时产生的冲击力，防止坠落者与地面或其他障碍物碰撞，有效控制整个坠落距离
	安全网		用来防止人、物坠落，或用来避免、减轻坠落物及物击伤害

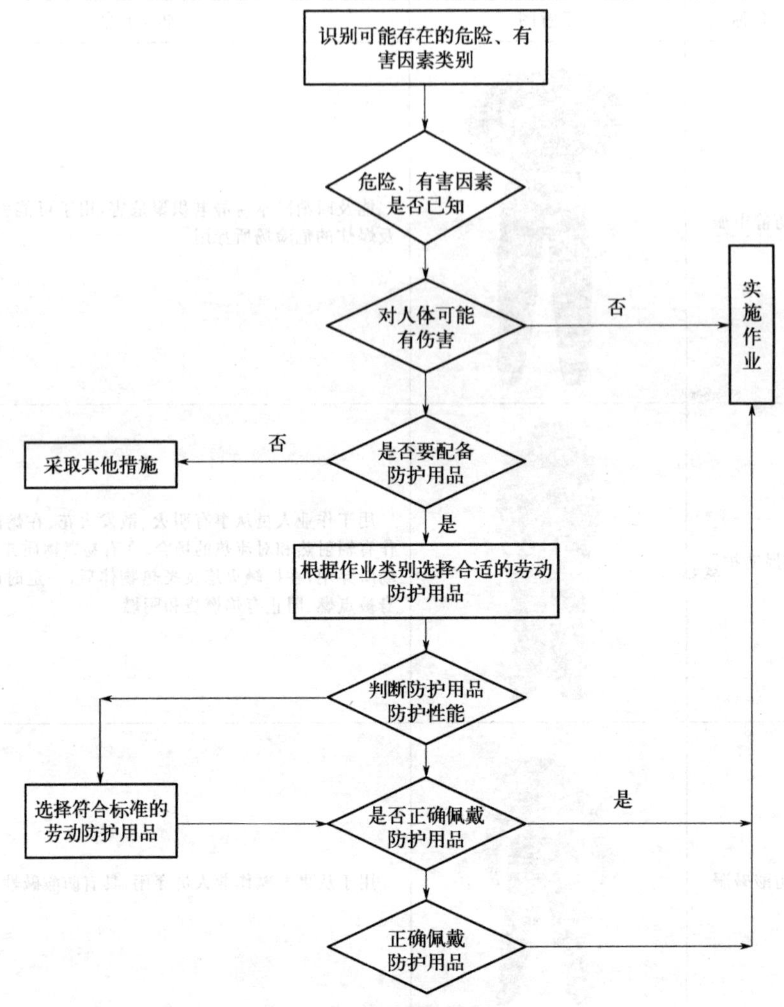

图 1-25　防护用品的选用流程图

任务执行

完成装置生产过程中的主要危险及有害因素分析，并根据装置沙盘进行安全防护用品的选择。

工作任务单　职业卫生与防护　　编号：1-2-4

装置名称		姓名		班级	
考查知识点	危害因素与防护	学号		成绩	

请按照安全防护用品的选用流程，根据工作场景选取正确的防护用品

1. 请在沙盘查找本装置的危险因素告知牌，并将乙苯、聚丙烯的危险因素告知牌补充完整。

<table>
<tr><th colspan="3">有毒易燃物品　注意防护　保障健康</th></tr>
<tr><td rowspan="2">乙苯</td><td>健康危害</td><td>理化特性</td></tr>
<tr><td></td><td></td></tr>
<tr><td rowspan="4">FLAMMABLE
易燃</td><td colspan="2">应急处置</td></tr>
<tr><td colspan="2"></td></tr>
<tr><td colspan="2">防护措施</td></tr>
<tr><td colspan="2"></td></tr>
<tr><td colspan="3">(请在此填写选取的防护用品名称)</td></tr>
<tr><td colspan="3">火警：　　　　急救：</td></tr>
</table>

<table>
<tr><th colspan="3">有毒易燃物品　注意防护　保障健康</th></tr>
<tr><td rowspan="2">聚丙烯</td><td>健康危害</td><td>理化特性</td></tr>
<tr><td></td><td></td></tr>
<tr><td rowspan="4">FLAMMABLE
易燃</td><td colspan="2">应急处置</td></tr>
<tr><td colspan="2"></td></tr>
<tr><td colspan="2">防护措施</td></tr>
<tr><td colspan="2"></td></tr>
<tr><td colspan="3">(请在此填写选取的防护用品名称)</td></tr>
<tr><td colspan="3">火警：　　　　急救：</td></tr>
</table>

2. 某员工需要在本装置进行作业，请你帮他选取合适的防护用品。

任务总结与评价

雾霾天气中的主要评价指标是什么？属于常见危险因素中的哪一类，主要会沉积在我们身体的什么部位，我们该选择何种防护（个体防护）措施呢？

任务五　班组应急处置

任务目标　了解应急管理的概念以及班组应急预案的基本内容，掌握操作人员火灾应急处置的原则和流程，并能够在桌面的沙盘上进行班组应急演练。

任务描述　以固定身份（小组模拟外操员、内操员和班长）进行沙盘演练，在学习班组应急演练的基础知识后，根据指定的应急演练流程，了解本装置的主要化学品的危险因素，选取相应的演练用品，在装置沙盘进行桌面演练（可小组间进行互评和互相监督）。

教学模式　理实一体、任务驱动

教学资源　沙盘及工作任务单（工作表单 1-2-5）

任务学习

炼化过程大多数具有高温、高压、易燃、易爆等严苛的环境，因此需要对每一个环节进行密切监督，将发生危险事故的概率控制在最低。无论是在消防演习中，还是在实际操作时，班组作为应急处理的第一消防梯队，对事态的控制起着至关重要的作用。炼化企业作为高危行业，处理应急事故是班组安全工作的一项重要内容。

一、处置应急情况的能力要求

及时扑救与及时报警：及时扑救初起火灾或堵塞毒物泄漏（学会使用灭火器、防毒设施），并及时报警（应急电话、报警人姓名、地点、时间、基本情况描述）（图 1-26 为应急处置情况图）；

正确处置：学会根据事故现场具体情况作出正确判断，关闭该关的电闸、水闸、气门或物料阀门等；

参与救援：学会遭受伤害时如何自救与互救；

组织疏散：及时告知或组织同事向安全的地方、上风方向撤离事故现场；

现场洗消：事故处理完成后帮助专业人员对事故现场进行清洗和消毒。

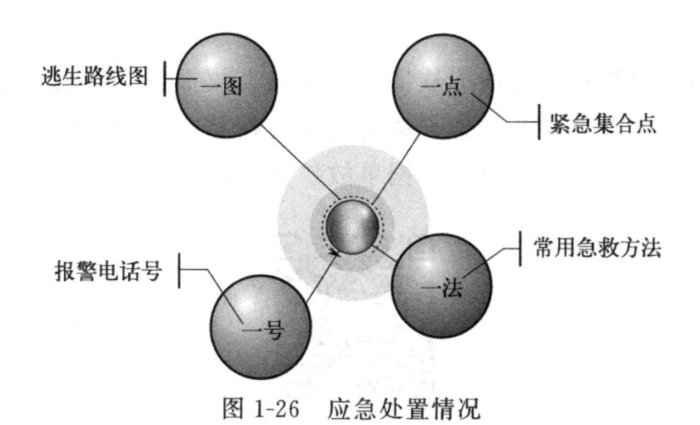

图 1-26　应急处置情况

二、班组应急处置

应急处置是一线岗位员工培训的重点，通过强化操作人员事故应急处置能力，把“一分钟应急”处置要求落实到岗位班组，明确岗位员工一分钟内“干什么、谁来干、怎么干”。确保遇突发事件能够在一分钟以内进行处置的能力得到提升，切实保障生产装置的安全平稳长周期运行。一般生产企业会根据不同事故类别，针对具体的场所、装置或设施制定应急处置措施，形成现场应急处置方案，如人身伤害事故、火灾、中毒（化学品和食物等）、化学品泄漏等，本小节以现场火灾爆炸应急处置为例进行介绍。

1. 处置的流程

处置的流程如图 1-27。

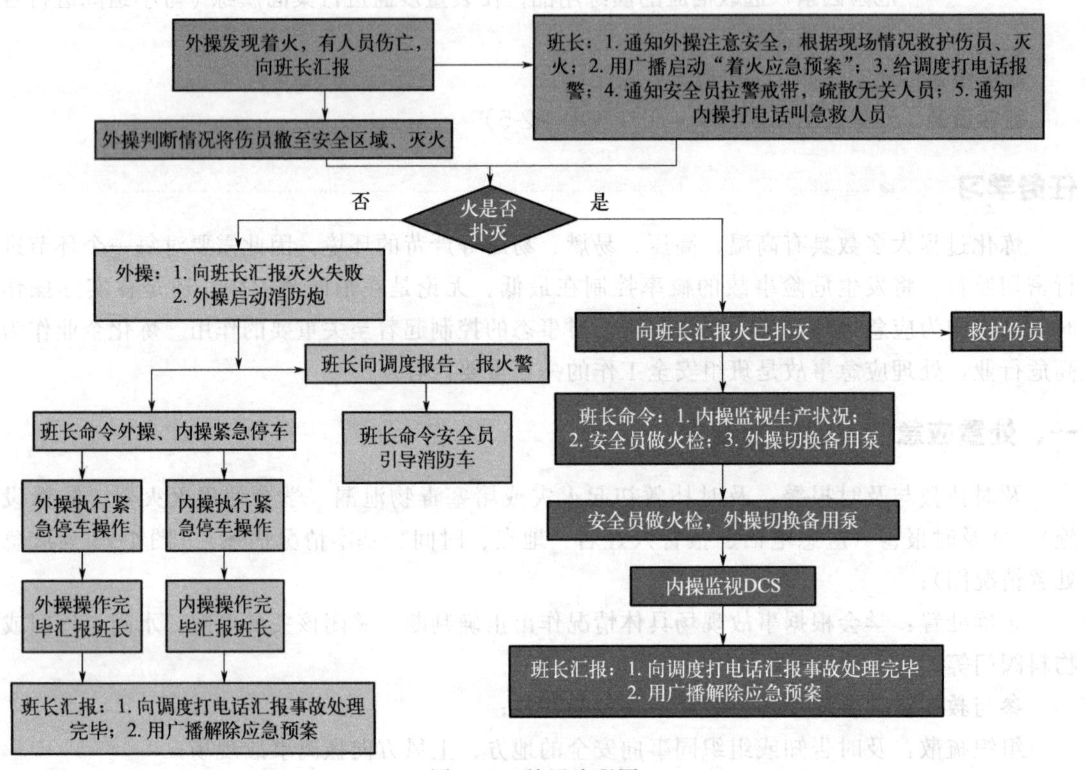

图 1-27 处置流程图

2. 应急处置方案

根据现场发生的事故类别及现场事故情况，明确事故报警、各项应急措施启动、应急救护人员的引导、事故扩大及同企业应急预案的衔接的程序。由事故现场发现人立即通知当班班长，进行救援的同时逐级上报，分别根据事故扩大情况启动相应的应急程序。

M1-9 事故应急救援预案

任务执行

在学习相关知识后，补充完整某装置泵的法兰泄漏着火应急预案，并在沙盘上根据此方案进行桌面演练。

工作任务单　应急与预防措施基础认知				编号：1-2-5	
装置名称		姓名		班级	
考查知识点	班组级应急处置流程	学号		成绩	

该装置泵法兰泄漏，物料流出后遇到高热、明火、静电火花等导致着火事故的发生，着火事故扩大蔓延会导致爆炸等恶性事件，造成人身伤害并污染环境。请班组在沙盘上演练完成本次灭火。

1. 人员分配及职责

班　长：

副班长(安全员)：

内操员工：

外操员工：

2. 现场处置方案

事故的位置及事故风险描述：

事故处置方案梳理(补充完整)：

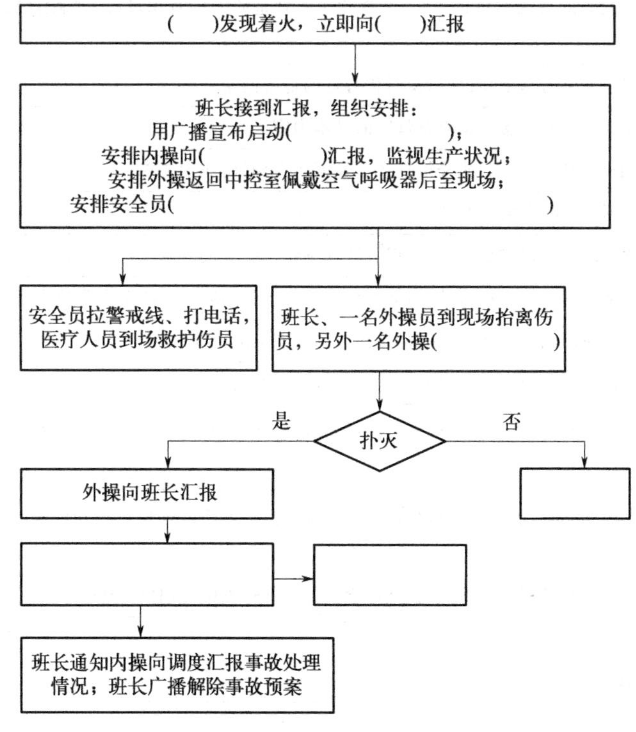

3. 按照处置方案，完成本次演练

任务总结与评价

在事故处置过程中你担任了什么角色？你觉得班组事故处置成功的关键因素有哪些？(从人和管理制度简要说明即可)

【项目综合评价】

<table>
<tr><td>姓名</td><td></td><td>学号</td><td></td><td>班级</td><td></td></tr>
<tr><td>组别</td><td></td><td>组长及成员</td><td colspan="3"></td></tr>
<tr><td colspan="4">项目成绩</td><td colspan="2">总成绩：</td></tr>
<tr><td>任务</td><td>任务一</td><td>任务二</td><td>任务三</td><td>任务四</td><td>任务五</td></tr>
<tr><td>成绩</td><td></td><td></td><td></td><td></td><td></td></tr>
<tr><td colspan="6">自我评价</td></tr>
<tr><td>维度</td><td colspan="4">自我评价内容</td><td>评分(1～10)</td></tr>
<tr><td rowspan="7">知识</td><td colspan="4">1. 了解HSE的相关法律法规和管理体系，掌握操作人员的HSE职责</td><td></td></tr>
<tr><td colspan="4">2. 掌握三级安全教育的内容，理解安全培训和特种作业培训的重要性</td><td></td></tr>
<tr><td colspan="4">3. 了解化工生产对环境影响</td><td></td></tr>
<tr><td colspan="4">4. 掌握化工生产常见的火灾的类型、危险性及特点，掌握灭火器的使用方法</td><td></td></tr>
<tr><td colspan="4">5. 了解危险源的概念及辨识方法，掌握化工企业危险源的辨识过程，熟悉HAZOP分析方法</td><td></td></tr>
<tr><td colspan="4">6. 了解职业卫生的基础知识，以及石化行业的危害因素</td><td></td></tr>
<tr><td colspan="4">7. 了解应急管理的概念以及应急预案的基本内容</td><td></td></tr>
<tr><td rowspan="5">能力</td><td colspan="4">1. 根据HSE的职责要求，能分析具体工作属于HSE的职责要求</td><td></td></tr>
<tr><td colspan="4">2. 能够根据不同的火灾类型选择合适的灭火器</td><td></td></tr>
<tr><td colspan="4">3. 根据危险源的辨识方法，能够辨识装置现场(沙盘)的危险源</td><td></td></tr>
<tr><td colspan="4">4. 在了解常见的防护要点基础上，能够根据工作场景选取合适的个人防护用品</td><td></td></tr>
<tr><td colspan="4">5. 能够根据演练流程在沙盘上进行泵的法兰处着火应急演练</td><td></td></tr>
<tr><td rowspan="4">素质</td><td colspan="4">1. 在执行任务过程中具备较强的沟通能力，严谨的工作态度</td><td></td></tr>
<tr><td colspan="4">2. 遵守安全生产要求，在完成任务过程中，主动思考周边潜在危险因素，时刻牢记安全生产的意识</td><td></td></tr>
<tr><td colspan="4">3. 面对生产事故时，服从班级指令，注重班组配合，具备团队合作意识和沉着冷静的心理素质</td><td></td></tr>
<tr><td colspan="4">4. 主动思考学习过程的重难点，积极探索任务执行过程中的创新方法</td><td></td></tr>
<tr><td rowspan="4">我的反思</td><td>我的收获</td><td colspan="4"></td></tr>
<tr><td>我遇到的问题</td><td colspan="4"></td></tr>
<tr><td>我最感兴趣的部分</td><td colspan="4"></td></tr>
<tr><td>其他</td><td colspan="4"></td></tr>
</table>

项目三

交接班与巡检

【学习目标】

知识目标

① 掌握石油化工生产基本知识；

② 掌握化工装置交接班主要流程，了解交接班表格填写；

③ 掌握化工装置巡检基本流程，了解巡检方法和注意事项；

④ 了解信息化和智能化在巡检中的运用，了解前沿发展现状、趋势。

技能目标

① 能够应用所学知识选择适当资源和文献资料，完成活动并给出科学分析；

② 具备在化工及相关领域从事生产运行工作的能力。

素质目标

① 获得化工工程师基本训练，具有宽阔的视野；

② 培养工匠精神、培养爱岗敬业精神；

③ 具备良好的行为规范。

【项目导言】

炼化行业作为高危行业之一，交接班及巡检工作始终贯穿于日常工作之中，同时“交接班及巡检工作”的好坏关系到企业的安全生产。在学习之前，先看下面一个案例。

某化学公司双氧水车间两名操作员像往常一样，在完成交接班后一起到现场例行检查，当他们巡检完毕准备离开操作间时突然听到外面传来“呲呲”声，接着传来一声巨大的爆炸声，顿时车间内浓烟滚滚，情急之下，两名操作工从窗户跳下，经过雨棚落到地下。事发当时，有两名工艺设备安装公司人员正在车间内拆除脚手架，他们在逃离现场过程中，一人被大火烧死，一人被烧伤。该事故使整个车间所有设备厂房全部报废，直接经济损失 300 万元以上。

按照操作规程，车间氧化残液分离器在完成排液操作后，罐顶的放空阀必须打开。而事发时罐顶的放空阀是关闭的，造成残液罐内双氧水分解后产生的气体不能及时有效地排出，容器在极度超压下发生爆炸。爆炸产生的碎片击中旁边的氢化液气分离器，氧化塔下进料管及储槽管线，使氢化液罐内的氢气和氢化液发生爆炸燃烧，继而形成车间的大面积火灾。

调查组询问得知，交班操作员刘某交给接班操作员许某和张某之前，未按规定将氧化残液分离器罐顶的放空阀打开，而是准备交给接班后的人员处理，但又没有交代清楚。接过工作后，接班操作员许某和张某又想当然地认为刘某肯定已将氧化残液分离器罐顶的放空阀打开而没有进一步确认，最终导致了悲剧的发生。

【项目实施任务列表】

任务名称	总体要求	工作任务单	课时
任务一 化工装置交接班认知	以新员工的身份学习化工装置交接班制度、交接班记录，对于化工装置的交接班原则、内容形成基本认知	1-3-1-1 1-3-1-2	1
任务二 化工装置巡检认知	以新员工的身份学习化工装置巡检相关知识，对巡检路线的设计、巡检内容进行辨识，模拟进行现场巡检活动，加深对化工巡检的认知	1-3-2-1 1-3-2-2	1

任务一 化工装置交接班认知

任务目标 ① 通过对交接班制度、交接班记录的学习，初步认识化工装置的交接班原则、内容。

② 通过交接班活动的模拟，能够进行简单的化工交接班。

任务描述 教师进行化工生产交接班介绍。教师清晰下发任务，要求学生以班组为单位，按照交接班的要求、完成表单填写。学生查找交接班制度、交接班记录本，以班组为单位梳理出化工生产交接班的内容、要求，学生代表展示。班组模拟交接班。课程复盘，学生代表分享。教师点评、给分。

教学模式 理实一体、任务驱动

教学资源 交接班制度、交接班记录本及工作任务单（1-3-1-1、 1-3-1-2）

任务学习

交接班指的是有些需要轮班的岗位，前一个值班的人与接下来值班的人之间对于工作情况、物品等的一个交接。

化工厂往往都是连续化生产的，连续化生产可以产生良好的效益，但也决定了化工人工作需要倒班。倒班一般以四班三倒，每班上 8 小时休息 24 小时为主。还有三班两倒，就是每班上 12 小时休息 24 小时，按每月四周计算。因为涉及倒班，所以对交接班就需要做出相应规定。

一、交接班的目的

交接班（图 1-28）是为了规范生产班组的交接班管理，确保所有信息、现场状态、生产状况等工作能准确地交接，保障生产安全稳定运行。

二、化工装置交接班制度

交接班工作是化工企业连续稳定生产的重要环节，交接班工作做好、做到位，才能确保生产环节顺利交接。但在日常工作及实际工作中，在交接班环节存在诸多问题，从而影响到生产，甚至因交接班工作不到位，危及企业的安全。因此就要对交接班制定相应的制度和规定。

M1-10 某公司交接班视频

1. 交接班制度

两个运行班组的一个正常衔接，是上一个班组全面详尽地向下一个班组交代与传达生产状况的一个很重要的环节。以下为某实际化工厂交接班制度。

图 1-28 交接班图

《班组交接班管理制度》

提前20分钟进入装置，由班长组织班前会，听取上班班长交代情况，布置本班具体工作并提出要求和注意事项。

操作人员进入装置后，按岗位巡检制要求进行认真、全面、仔细的检查，主操巡回检查后再去操作室检查，最后统一在外操室接班。发现问题，接班者及时向交班者提出，交班者应积极处理，如短时间内处理不完，可由交接双方班长请示值班人员协商决定。

接班班长确认各岗位已同意在交接班日记上接班签字后，方可在班长交接班日记上签字，接班同时交班班长下令本班离岗，离岗命令下达之前不得提前更衣。开好班后会，及时总结经验，听取教训。交接双方都要坚持提高标准、严要求，认真执行“十交五不接”的原则。

十交是：

交安全生产及任务完成情况。

交设备运行及缺陷情况。

交工艺指标执行情况。

交产品质量情况。

交仪表、计算机使用情况。

交事故处理情况。

交岗位卫生清洁情况。

交消防器材及工具。

交记录齐全准确情况。

交车间及调度指示。

五不接是：

设备润滑不好，设备缺陷情况不清不接。

操作波动，控制参数不在工艺指标范围内不处理好不接。

操作记录不完整不接。

岗位卫生情况不好，润滑油用具不清洗不接。

工具不全不接。

2. 交接班的规定

除了上面的厂级制定的交接班制度，在车间级还需要结合具体装置及人员安排制定交接班的具体规定，方便班组执行。以下为某实际化工厂交接班规定。

《班组交接班交接规定》

为提高交接班效率，避免交接班产生的矛盾，经车间主任会议研究决定，对交接班规定如下。

交接班时间为早：8：10；中：16：45；晚：0：45之前。

交接班讲评时间一般控制在3～5分钟。交接班讲评时间应以班组为主，车间讲评应简明扼要。

凡接班提出的问题，交班必须给予明确、充分、肯定的答复，杜绝不清不白的交班。

除开停工、事故处理及个别经值班人员同意等特殊情况外，不得带问题交接班。否则对交班班组的处罚自然发生，对接班班组视具体情况进行奖励。

凡交班内容与事实不符，特别是对外联系方面的，将加倍考核。

3. 交接班中的HSE

HSE是当前国际石油、石油化工大公司普遍认可的管理模式，具有系统化、科学化、规范化、制度化等特点。在交接班中同样有HSE的制度。以下为某化工厂交接班HSE制度。

《交接班HSE制度》

必须穿戴劳动保护着装进入现场。

交接班应在各岗位职责范围内进行，交接人员必须做到本岗位负责的各种设备、物品齐全、状态良好，场地整洁卫生方可交接。

严格按照公司有关规章制度要求填写交接班记录，不得省略、涂改。所有生产运营，销售等基础资料填写必须真实、准确、清晰、完整，并在记录上签字。

交接班时，交接班人员应对本岗位负责的生产系统及设备一道巡回检查，逐点逐线进行交接，做到交接清晰、记录完整、责任明确。

交接班记录由资料室负责统一保存，保存期一年。

4. 交接班中的表格

各岗位必须按要求设置交接班记录本，为方便管理，交接班记录本的格式及纸张大小，由生产技术部统一规定和配置。各岗位的交接班记录本应放置在岗位较明显或固定的地方。

岗位交接班记录本应认真按要求填写，格式力求简洁，仿宋体书写、文字表达力求清楚、详尽，以免产生歧义，各交接班员工不得敷衍塞责，马马虎虎。

以下为某实际化工厂交接班记录表，同学们可通过扫描二维码查看。

M1-11　某装置运行经理交接班日志

三、如何做好交接班

交接班既然这么重要，那么在实际工作中如何将交接班做好？下面将以某个实际工厂的交接班工作流程、主要内容和注意事项等做简要介绍。

1. 交班

图 1-29 为交班流程图。

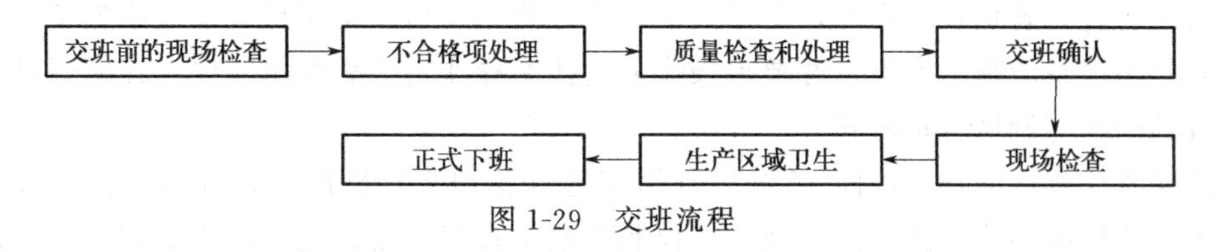

图 1-29 交班流程

在交班前 30 分钟交班班长会对车间的生产线进行巡视，一经发现问题，及时调试，遇到自己处理不了的立即通知上级或维修人员，做到无故障交接。

若交班班长休息，同班人员跟随接班班长逐条交接。交班操作工待接班操作工进入岗位后，与接班操作工进行现场面对面的交接，交代当班生产线整体运行情况。接班班组对于场地遗留问题进行确认，要求当班处理，特殊情况上报车间管理人员确定是否滞留。

交班检查内容主要有，所管辖生产线的计划完成情况；生产区域卫生、车间公用工具及班组工具、设备完整性的检查；工艺表单及生产工艺的检查；产品质量状况、设备运行状况、上游原材料数量；下游产品数量及质量；生产日报表填写是否正确，交接班记录表填写是否详细。

交班班长在交接班完成后，在交接班记录表中对于交接班存在问题签字确认。操作记录表必须记录清晰、完整，并要求操作人员按照工艺记录表的填写要求详细记录当班所负责生产线的问题、调试时间与维修人员。

交班需要注意，操作工下班整点时需对产品订单数量进行记录，主动与接班人员进行生产稳定情况的交接；四不交：现场不干净不交班，接班人员未到岗不交班，质量问题未处理完不交班，接班人员未确认不交班；因交班人员未对接班人员交接清楚而造成的事故，由交班人员负责；交班过程中有疑义应及时通知上级领导。

2. 接班

图 1-30 为接班流程。

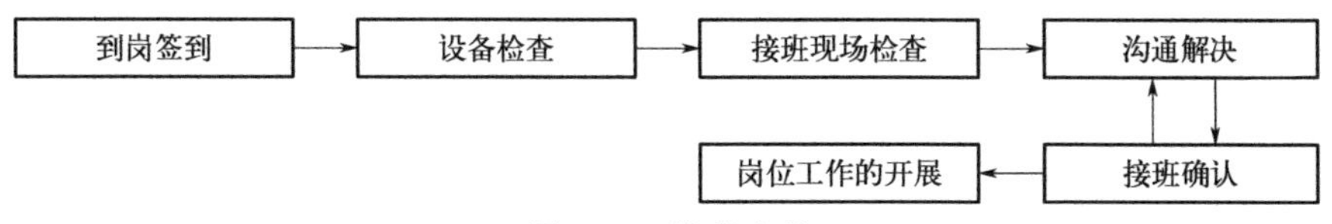

图 1-30 接班流程

班长不在时，被帮带人员提前 20 分钟到岗，对于车间的整体生产情况进行了解，与交班班长沟通上一班生产运行情况以及生产安排，依据当日生产安排确定当日人员任务安排情况；被帮带人员跟随生产交班班长一同对装置进行交接；提前 15 分钟进行接班列队，安排生产任务，交代注意事项；对交班班组整个现场进行检查，有遗留问题要求交班班组整改处理。若其拒绝处理，向车间管理人员报告。

班长在时，提前 15 分钟到岗，对整个现场进行检查；进入工作岗位后，检查交接班记录表，核对生产线各参数是否正常工作；与交班班长确认生产线运行情况，询问原因；对责任生产线的现场卫生进行检查（包括机器内部卫生、地面卫生、设备卫生等）。与交班班长的沟通内容包括上一班的生产稳定情况及处理方法；产品质量及设备隐患；现场检查后不合格项的沟通。若其拒绝处理，报到车间管理人员处理。生产确认无误后在交接班记录表上签字确认。

记录填写时，若班长不在时，帮带人员在交接班结束后在交接班记录表中签字确认；操作记录表必须记录清晰、完整，并要求操作人员按照操作记录表的填写要求详细记录当班所负责装置的问题与调试合格时间。

接班需要注意，操作工提前 15 分钟到指定地点参加交接班例会；五不接：设备润滑不好，设备缺陷情况不清不接；操作波动，控制参数不在工艺指标范围内不处理好不接；操作记录不完整不接；岗位卫生情况不好，润滑油用具不清洗不接；工具不全不接；交接班有疑义应及时通知上级。接班确认后一切质量问题及现场事故由接班人员负责。

任务执行

根据教材内容与教师讲解完成工作任务单。

工作任务单 1　化工装置交接班制度认知（编号：1-3-1-1）；

工作任务单 2　化工装置交接班流程认知（编号：1-3-1-2）。

要求：时间在 30min，成绩在 90 分以上。

工作任务单 1　化工装置交接班制度认知		编号:1-3-1-1
考查内容:交接班规章制度		
姓名:	学号:	成绩:

交接班目的＿＿＿＿＿＿＿＿＿＿＿＿＿＿＿＿＿＿＿＿＿＿＿＿＿＿＿＿＿＿＿＿＿＿＿＿＿

＿＿＿

＿＿＿

将交接班制度补充完整

交接内容——十交五不接

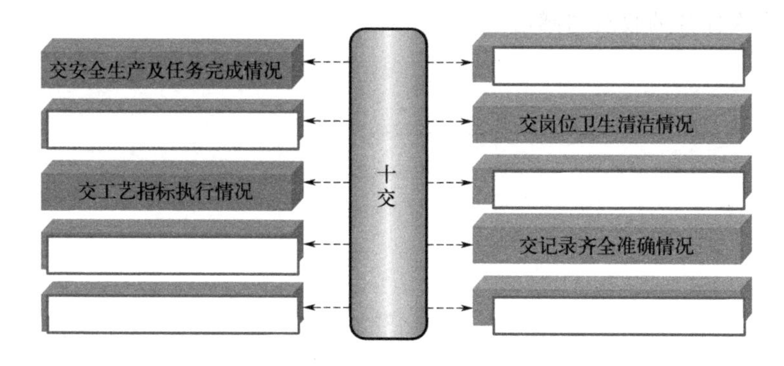

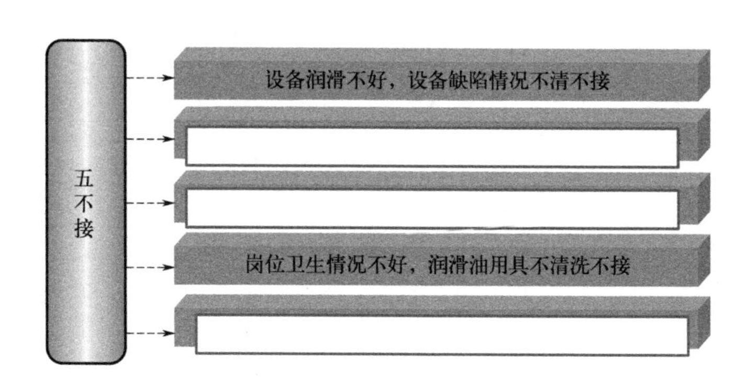

工作任务单 2　化工装置交接班流程认知		编号:1-3-1-2
考查内容:交接班流程		
姓名:	学号:	成绩:

续表

工作任务单 2　化工装置交接班流程认知	编号：1-3-1-2
交接班流程梳理　　交接班流程	

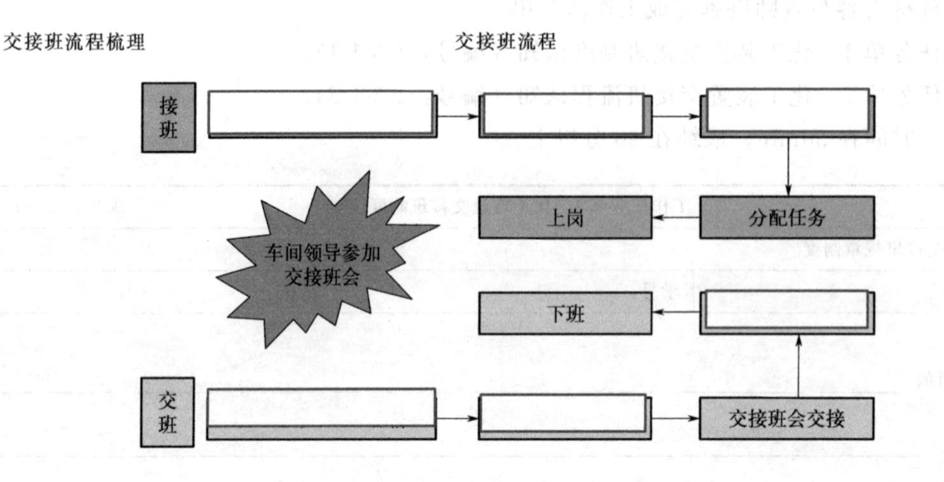

任务总结与评价

简要说明本次任务的收获与感悟。

任务二　化工装置巡检认知

任务目标　通过对巡检路线的设计、巡检内容辨识，对于现场巡检形成直观认识。

通过模拟现场巡检活动，进一步加深对于化工巡检的认知。

任务描述　教师进行化工生产巡检介绍。

教师清晰下发任务，以班组为单位，完成现场巡检的相关任务。

请你查找巡检点标识，并在设备布置图上标识清楚。以班组为单位设计现场的巡检路线、梳理巡检内容，并选出代表进行展示。

课程复盘，学生代表分享。教师点评、给分。

教学模式　理实一体、任务驱动

教学资源　沙盘、巡检点标识、巡检记录表、设备布置图及工作任务单（1-3-2-1、1-3-2-2）

任务学习

一、化工装置巡检概述

化工装置巡检能及时发现设备的异常情况，避免系统停车和事故的发生。而实际生产中，因行业和工艺的差别而有所不同，但总的要求应该是：能发现生产现场的异常情况，并能简单处理。这就包括设备、管道、仪表、控制点等。目的就是为了保证生产安全稳定运行。

化工设备与岗位布局方式决定了必须进行巡回检查。化工设备往往是设备连着设备，一个岗位集中管理和控制相邻的十几台甚至几十台设备。化工生产具备连续性大生产的特点，除开停车或检修中需要操作人员到设备现场对设备进行操作外，正常生产中，操作人员的大部分工作时间是通过岗位控制台对设备运行情况进行监测与调节。控制室的监控参数不能完全反映设备状况（如设备局部的泄漏、振动等），这就要求通过巡回检查来弥补监控上的不足。

巡检的术语与定义如下：

科学巡检：以提高人的素质和强化“三基”建设为基础，提高巡检质量为核心，采用创新管理理念和科学管理方法，借助高科技巡检监控工具，及时发现和消除生产安全隐患，确保生产装置安全、稳定、长周期运行。

常规巡检点：影响装置正常生产运行的设备或部位。

关键巡检点：影响装置安全运行的重要设备或部位。

特护巡检点：随时会出现非正常工况，对安全生产产生重大影响的重要设备或部位。

二、化工装置巡回检查制度

化工介质的高危害性、生产的连续性对设备的可靠性提出了更高要求。要保证设备运行可靠，必须随时了解设备状态，对设备异常及时发现并做出调节或修理，防止设备状况的进一步恶化，要实现这一点也必须进行巡回检查。

建立生产装置的巡回检查制度，并完善和建立相应的记录。同时也要求巡检人员必须“四懂三会”：懂原理、懂构造、懂用途、懂性能，会操作、会维护、会排除故障。要做到不容易，首先必须经过系统的理论培训，然后要有比较丰富的现场经验。对于系统关联性、工艺指标变动的敏感性、设备的运行状况等的熟悉和掌握是一个渐进的过程，这对以后的巡检工作至关重要。

最主要的还是对生产工艺熟悉，对生产设备了解，经常深入现场观察设备的使用以及运行情况。熟悉操作规程，具体设备具体对待。重点在于巡检要仔细，多动手勤动脑，积累经验。在装置的巡回检查中，先要保护好自己，劳保用品要戴好，与中控多联系，特别是发现重大泄漏点或有毒等物质泄漏时。

三、如何做好巡检

1. 巡检方法

在巡检过程中，巡检人员应做到"五到位"，即"听、摸、查、看、闻"；管道、设备、阀门、法兰的跑、冒、滴、漏等问题在巡检过程中发现后要有相应的解决办法，并做好记录；巡检人员在设备巡检过程中，严格按照安全规程，用高度的责任感和"望、闻、问、切"的巡检方法，可以及时发现、并消除事故隐患。

任何事故的发生，都有一个从量变到质变的过程，都要经历从设备正常、事故隐患出现再到事故发生这三个阶段。出现事故隐患的渐变过程，是一个量变的集聚过程，在这个过程中，设备的量变都由具体特征表现出来。

M1-12 巡检

例如高压管道爆裂，必定有一个泄漏、变形的过程，表现是漏气、外形改变、振动，同时发出异常声响，气慢慢地越漏越大，响声越来越响，管壁变薄、鼓包，这是个量变的过程，此时如果巡检人员视而不见，不以为意，或发现、处理不及时，管道就会爆破，事故就可能发生。

用"望、闻、问、切"办法来进行巡检，就可以及时发现量变过程中出现的这些必然反映出来的特征，在设备事故发生质变前进行处理，积极预防质变，防止事故的发生。

望，就要做到眼勤。

在巡检设备时，巡检人员要眼观八路，充分利用自己的眼睛，从设备的外观发现跑、冒、滴、漏，通过设备甚至零部件的位置、颜色的变化，发现设备是否处在正常状态。防止事故苗头在你眼皮底下跑掉。

闻，要做到耳、鼻勤。

巡检人员要耳听四方，充分利用自己的鼻子和耳朵，发现设备的气味变化，声音是否异常，从而找出异常状态下的设备，进行针对性的处理。

问，要做到嘴勤。

巡检人员要多问，其一是多问自己几个为什么，问也是个用脑的过程，不用脑就会视而不见。其二是在交接班过程中，对前班工作和未能完成的工作，要问清楚，要进行详细的了解，做到心中有数；交班的人员要交代清楚每个细节，防止事故出现在交接班的间隔中。

切，要做到手勤。

巡检人员对设备只要能用手或通过专门的巡检工具接触的，就应通过手或专用工具来感觉设备运行中的温度变化、震动情况；在操作设备前，要空手模拟操作动作与程序。手勤切忌乱摸乱碰，引起误操作。

“望、闻、问、切”巡检四法，是通过巡检人员的眼、鼻、耳、嘴、手的功能，对运行设备的形状、位置、颜色、气味、声音、温度、震动等一系列方面，进行全方位监控，从上述各方面的变化，发现异常现象，做出正确判断。“望、闻、问、切”四法，是一个系统判断的方法，不应相互隔断，时常是综合使用。巡检人员只要充分做到五勤，调动人的感官功能，合理利用“望、闻、问、切”的巡检四法，就可以发现事故前的设备量变，及时处理，保证设备的安全运行。

2. 设备巡检重点

化工厂设备巡检重点是：发现危及安全的苗头及隐患，并及时处理和报告。这里的“安全”包括三个方面，即人身安全、设备安全、产品安全。

① 关键设备重点巡检。一般的“跑”“冒”“滴”“漏”问题，检查设备的基本仪表参数是否正常，如：压力，温度，流量，振动，油位等。重要设备的连接部分检查：如减速机的联轴器，以及减速机的声音，润滑油的位置和润滑油的老化情况，减速机的底脚等，有无违规操作情况。设备交接班情况了解，采取一看、二听、三触摸等检查手段。一看：看其运行状况及相关指示仪表的状态显示（压力、温度、油位等）；二听：听其运转噪声，是否有异常的声响；三触摸：感觉设备运转的振动情况是否异常，可结合相关的测量仪器等（测振仪）的检查。

② 有设备缺陷的设备重点巡检。设备发生缺陷，岗位操作和维护人员能排除的应立即排除，并在日志中详细记录。岗位操作人员无力排除的设备缺陷要详细记录并逐级上报，同时精心操作，加强观察，注意缺陷发展。未能及时排除的设备缺陷，必须在每天生产调度会上研究决定如何处理。在安排处理每项缺陷前，必须有相应的措施，明确专人负责，防止缺陷扩大。

③ 带病运行但未处理的设备重点巡检。通过一定的手段，使各级维护与管理人员能牢牢掌握住设备的运行情况，依据设备运行的状况制订相应措施。

④ 需要检修的设备重点巡检。发现异常噪声或振动，尤其注意热设备：以听或触摸的方式，发觉噪声和振动的差异，并报告。

3. 巡检误区

加强巡检，及时发现隐患，消除事故于萌芽状态是保证长周期稳定运行的关键，这就要求巡检人员必须保证巡检质量。而在巡检过程中常常有许多误区。

重视动设备、重要设备的巡检，忽视静设备、次要设备的巡检。平常巡检中，常常只关心运转设备的工况，而忽视静设备，特别是高处和偏远地方的静设备。这是因为主观上认为只要动设备运行正常，重要设备不出故障，装置就无大碍。这样，就会使静设备、高处设备、次要设备的小隐患不能被及时发现处理，导致隐患的危险性扩大。

对已存在的无法在线处理的漏点和隐患，产生麻痹心理，熟视无睹。在装置运行中，有许多漏点和隐患无法在线处理，但对装置运行又不存在太大威胁，这些隐患在巡检人员的控制范围之内。对这些长期存在的隐患时间一久常会产生麻痹心理，反而减少了对其重视程度。

重视巡检形式，忽视巡检质量。要做到有效巡检，必须要用心，要做到眼到、耳到、手到、鼻到、心到，也就是要看、听、摸、闻、想。一次细心全面的巡检，胜过无数次走马观花的巡检。巡检时巡检人员必须了解装置当时的工况，才能有所对照及时发现差异，发现问题。

4. 巡检注意事项

M1-13　设备巡检

装置中存在着各种各样的隐患，在危险区域巡检时，必须有自我保护的心理准备和能力。这就要求巡检人员巡检时，按要求着装、戴好安全帽，佩戴需用的保护仪器（如对讲机、防护眼镜、四合一报警仪等）。掌握装置的安全状态，如果发现安全隐患及时汇报，能自己处理则自己处理并做好记录，自己处理不了的及时上报。确定必检路线，必须执行双人制，同时注意风向，不要在蒸汽云中行走，注意高空悬置的物件，巡检时注意在沟渠格筛板上行走，避免踩在油类物质或化学喷溅物上，不要随意进入限制区域，不要在管道上行走。危险区域必须两人一组，前后成列，按规定正确佩戴防护用品，这样遇到突发事故时就能从容应对，保障人身安全。

四、巡检中信息化与智能化的应用

员工岗位巡检是化工企业强化现场安全管理的有效手段。通过员工认真细致检查，可以及时发现设备泄漏、参数异常波动等事故隐患，将隐患消灭在萌芽状态。因此，化工企业要将安全管理工作的重心放在现场，特别是组织员工采用智能巡检系统进行高效巡检，及时发现和处理各类事故隐患，降低安全风险。图 1-31 为日常巡检的仪器。

图 1-31　日常巡检的仪器

过去日常巡检工作主要通过借助简单的测量仪器测量填表方式进行，易造成巡检时提前抄表、延后抄表、多抄表、抄假表等造假应付现象，使巡检质量得不到保证。

现在化工厂设备巡检管理系统是借助近距离通信协议（NFC）、无线通信（或 GPRS 网络）等技术，针对化工企业厂区内设备的巡检开发的一套管理系统。化工厂设备巡检管理系统是基于移动手持终端和管理平台，利用 GPRS 无线传输技术，实现的一个实时化、可视化的管理平台，不仅能确保巡检人员到位，还能方便巡检人员的巡检和提交设备运行参数，隐患故障现场采集、实时上报处理，减少人为错误的概率，自动巡检任务的生成和高效的数据分析统计功能，自动比对设备运行参数是否正常，超标设备自动报警提示，派发维修工单，能有效提高巡检班组的管理效率和管理人员处理缺陷的效率，将设备隐患故障消除在萌芽状态，保障巡检质量和设备的安全生产运行。

图 1-32 为自动巡检设备与传统点检仪的对比。

随着物联网快速的发展，传统的巡检模式会变更为智能巡检机器人，可以代替人工实现远程例行巡检（如图 1-33 为某石油化工公司智能巡检机器人）。在事故和特殊情况下，可以实现专项巡检和定制巡检任务，实现远程在线监控，在减少人工的同时大大提高运维水平和频率，改变传统运维方式，实现智能运维。可在无轨导航和轨迹导航之间自由切换，定制携带摄像头，定制多个检测传感器，智能巡检机器人通过测温热像仪，采用视觉识别技术，可自主完成巡检任务，并在本地存储大容量视频内容，无缝同步云存储，智能检测分析。

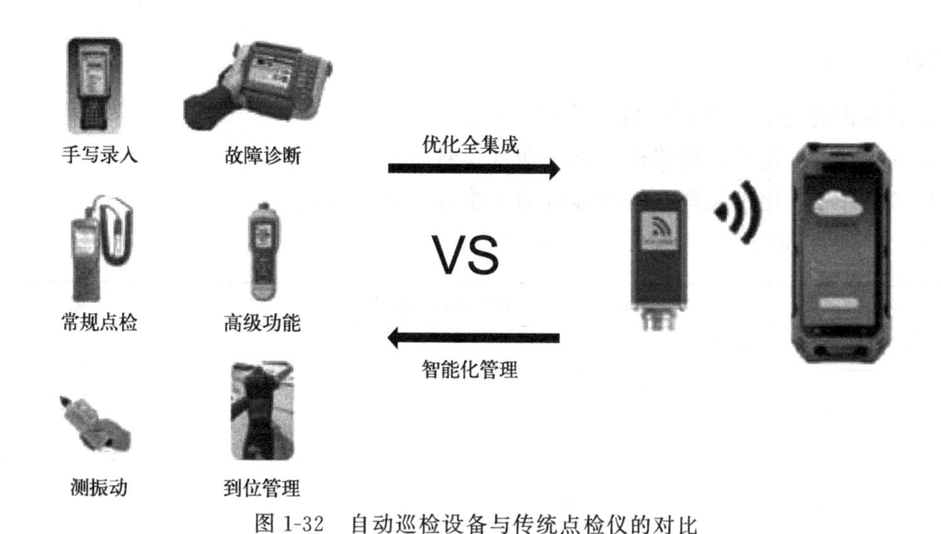

图 1-32　自动巡检设备与传统点检仪的对比

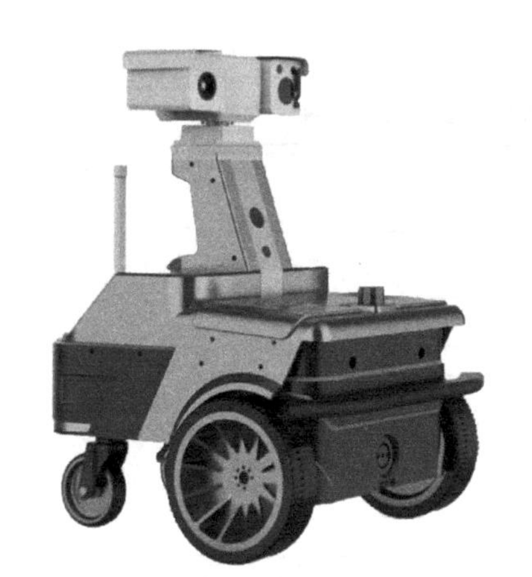
图 1-33　某石油化工公司智能巡检机器人

M1-14　防爆巡检机器人简介

任务执行

根据教材内容与教师讲解完成工作任务单。

工作任务单 1　化工装置巡检基础认知（编号：1-3-2-1）

工作任务单 2　化工装置巡检流程认知（编号：1-3-2-2）

要求：时间在 30min，成绩在 90 分以上。

工作任务单 1　化工装置巡检基础认知		编号：1-3-2-1
考查内容：化工装置巡检基础知识		
姓名：	学号：	成绩：
巡检目的＿＿＿＿＿＿＿＿＿＿＿＿＿＿＿＿＿＿＿＿＿＿＿＿		
巡检方法： 望：观察设备是否跑、冒、滴、漏 闻： 问： 切： 关键设备重点巡检方法： 一看： 二听： 三触摸：		

工作任务单 2　化工装置巡检流程认知		编号：1-3-2-2
考查内容：化工装置巡检流程与内容		
姓名：	学号：	成绩：
观看巡检视频，总结视频中工人巡检的主要流程和主要工作内容。以班组为单位，合作完成。 限时：15 分钟 要求：完成后由教师随机选择班组人员分享。		

任务总结与评价

简要说明本次任务的收获与感悟。

【项目综合评价】

<table>
<tr><td>姓名</td><td></td><td>学号</td><td></td><td>班级</td><td></td></tr>
<tr><td>组别</td><td></td><td>组长及成员</td><td colspan="3"></td></tr>
<tr><td colspan="6">项目成绩　　　　总成绩：________</td></tr>
<tr><td>任务</td><td colspan="2">任务一</td><td colspan="3">任务二</td></tr>
<tr><td>成绩</td><td colspan="2"></td><td colspan="3"></td></tr>
<tr><td colspan="6">自我评价</td></tr>
<tr><td>维度</td><td colspan="4">自我评价内容</td><td>评分(1～10)</td></tr>
<tr><td rowspan="4">知识</td><td colspan="4">1. 掌握石油化工生产基本知识</td><td></td></tr>
<tr><td colspan="4">2. 掌握化工装置交接班主要流程，了解交接班表格填写</td><td></td></tr>
<tr><td colspan="4">3. 掌握化工装置巡检基本流程，了解巡检方法和注意事项</td><td></td></tr>
<tr><td colspan="4">4. 了解信息化和智能化在巡检中的运用，了解前沿发展现状、趋势</td><td></td></tr>
<tr><td rowspan="2">能力</td><td colspan="4">1. 能够应用所学知识选择适当资源和文献资料，完成活动并给出科学分析</td><td></td></tr>
<tr><td colspan="4">2. 具备在化工及相关领域从事生产运行工作的能力</td><td></td></tr>
<tr><td rowspan="3">素质</td><td colspan="4">1. 获得化工工程师基本训练，具有宽阔的视野</td><td></td></tr>
<tr><td colspan="4">2. 培养工匠精神</td><td></td></tr>
<tr><td colspan="4">3. 具备良好的行为规范</td><td></td></tr>
<tr><td rowspan="4">我的反思</td><td>我的收获</td><td colspan="4"></td></tr>
<tr><td>我遇到的问题</td><td colspan="4"></td></tr>
<tr><td>我最感兴趣的部分</td><td colspan="4"></td></tr>
<tr><td>其他</td><td colspan="4"></td></tr>
</table>

模块二
催化裂化装置生产操作

项目一
催化裂化装置生产运行认知

【学习目标】

知识目标

① 了解催化裂化发展简介，掌握催化裂化反应类型、原料和产品特点；

② 掌握反应再生系统工艺流程，了解主要设备的结构及作用；

③ 掌握分馏系统工艺流程，了解分馏塔的基本特征；

④ 掌握吸收稳定系统工艺流程，了解系统中各个设备的主要作用；

⑤ 掌握干气及液态烃脱硫系统工艺流程及脱硫剂的基本性质；

⑥ 掌握液态烃脱硫醇系统的工艺流程。

技能目标

① 能够分析催化裂化原料的特征；

② 能够正确分析催化裂化系统中各个工艺参数的影响因素；

③ 能正确识图，绘制工艺流程原理图，能叙述流程并找出对应的管路，能够说出关键设备的特点及作用。

素质目标

① 通过学习，了解石油化工生产技术专业的发展现状和趋势，通过先进生产技术的学习，树立民族自豪感，同时具有初步的创新意识；

② 结合工厂实际情况学习工艺流程，培养质量安全意识，环保意识，增强岗位责任意识及创业意识；

③ 通过叙述工艺流程，培养良好的语言组织、语言表达能力；

④ 通过生产过程中对工艺参数影响因素的分析，培养严谨勤奋、精益求精的工作作风。

【项目导言】

原油经过常减压蒸馏可以获得汽油、煤油及柴油等轻质油品，但收率只有 10%～40%。而且某些轻质油品的质量也不高，例如直馏汽油的马达法辛烷值一般只有 40～60。随着工业的发展，内燃机不断改进，对轻质油品和液态烃的收率和质量提出了更高的要求。这种供需矛盾促使炼油工业向原油二次加工方向发展，进一步提高原油的加工深度，获得更多的轻质油品并提高其质量。而催化裂化是炼油工业中最重要的一种二次加工过程，在炼油工业中占有重要的地位。

1936 年世界上第一套固定床催化裂化工业化装置问世，揭开了催化裂化工艺发展的序幕。20 世纪 40 年代相继出现了移动床催化裂化装置和流化床催化裂化装置。流化催化裂化技术的持续发展是工艺改进和催化剂更新互相促进的结果。60 年代中期，随着分子筛催化剂的研制成功，出现了提升管反应器，以适应分子筛的高活性。70 年代以来，分子筛催化剂进一步向高活性、高耐磨、高抗污染的性能发展，还出现了如一氧化碳助燃剂、重金属钝化剂等助剂，使流化催化裂化从只能加工馏分油到可以加工重油，重油催化裂化装置的投用，迎来了催化裂化技术发展的新高潮。

催化裂化工艺技术已经取得了巨大进步，工艺生产方案灵活多样，但随着加工原料的重质劣质化逐渐成为常态，并且新的国Ⅵ车用汽油标准的出台，这将对产品的加工提出更严格的要求（烯烃含量小于15%，芳烃含量小于35%，苯含量小于0.8%），而常规催化裂化的工艺技术烯烃含量约30%，单纯依靠催化汽油和重整汽油将难以生产出符合国Ⅵ标准的车用汽油，而现有的催化裂化工艺技术已达瓶颈，这也从近两年石油系统内烷基化、醚化等调和汽油组分装置的改造升级增多的趋势可见一斑。因此催化裂化工艺需要不断的发展和进步，既要生产低烃的清洁产品，又需改善自身的清洁生产，以满足不同产品结构的需求和日趋严格的环保要求。

通过多年的技术攻关和生产实践，我国掌握了原料高效雾化、重金属钝化、直连式提升管快速分离、催化剂多段汽提、催化剂预提升以及催化剂多种形式再生、内外取热、高温取热、富氧再生、新型多功能催化剂制备等一整套重油催化裂化技术，同时积累了丰富的操作经验。

【项目实施任务列表】

任务名称	总体要求	工作任务单	建议课时
任务一 催化裂化产业认知	通过该任务，了解催化裂化产业链和装置整体概况	2-1-1	1
任务二 催化裂化反应-再生系统认知	通过该任务，了解反应再生工段的工艺原理，掌握工艺流程，熟知关键参数与控制方案	2-1-2-1 2-1-2-2	2
任务三 催化裂化分馏系统认知	通过该任务，了解分馏工段的工艺原理，掌握分馏工段的工艺流程，熟知关键参数与控制方案	2-1-3	1
任务四 吸收稳定系统认知	通过该任务，了解吸收稳定工段的工艺原理，掌握吸收稳定工段的工艺流程，熟知关键参数与控制方案，理解吸收稳定工段开车步骤和关键点	2-1-4	2
任务五 干气及液化气脱硫系统认知	通过该任务，了解干气及液化气脱硫系统的工艺原理，掌握干气及液化气脱硫系统的工艺流程，熟知关键参数与控制方案	2-1-5	1
任务六 液化气脱硫醇系统认知	通过该任务，了解液化气脱硫醇系统的工艺原理，掌握液化气脱硫醇系统的工艺流程，熟知关键参数与控制方案	2-1-6	1

任务一　催化裂化产业认知

任务目标　① 了解催化裂化工艺发展概况，原料及产品的种类及特点；
② 掌握催化裂化反应类型及特点；
③ 掌握催化剂的组成及使用要求。

任务描述　请你以操作人员的身份学习并掌握相关知识，完成任务单。

教学模式　理实一体、任务驱动

教学资源　沙盘、仿真软件及工作任务单（2-1-1）

任务学习

一、催化裂化概述

催化裂化过程是原料在催化剂存在时，在 470～530℃和 0.1～0.3MPa 的条件下，发生以裂解反应为主的一系列化学反应，转化成气体、汽油、柴油、重质油（可循环作原料或出澄清油）及焦炭的工艺过程。其主要目的是将重质油品转化成高质量的汽油和柴油等产品。该工艺具有轻质油收率高，汽油辛烷值高，柴油安定性好的特点。一般包括反应-再生、分馏、吸收稳定、干气液态烃脱硫、液态烃脱硫醇及烟气能量回收系统。

催化裂化工艺的发明人是法国工程师兼工业家尤金·胡德利。1922 年，一位名叫普鲁多姆的同事向胡德利展示了一种催化装置，可以用低级褐煤生产高质量汽油。胡德利很受启发，于 1927 年在实验里取得了突破，发明了对重质原油进行催化裂化的新工艺，可以比热裂化得到更高的汽油收率。1936 年 6 月 6 日，世界第一座半商业化的催化裂化装置在美国新泽西州投产了。第一代催化裂化工艺是固定床催化裂化。第一套装置还没有实现自动化，所有阀门都是手动开关。后来才加上自动阀和自动切换定时器。所谓固定床是，几个反应器并联，油先进一个反应器，反应一段时间后再改进另一反应器。精馏切完油的反应器先用蒸汽吹扫，然后再用风烧掉积炭对催化剂进行再生。胡德利公司乘胜前进，经过三年努力，这一固定床模式经过攻关革新，把催化剂由固定在反应器中改成在反再系统循环成为移动床。进一步开发出了移动床催化裂化技术。第一座半商业化的移动床催化裂化装置于 1941 年 1 月进料投产。流化催化裂化技术的持续发展是工艺改进和催化剂更新互相促进的结果。60 年代中期，随着分子筛催化剂的研制成功，出现了提升管反应器，以适应分子筛的高活性。70 年代以来，分子筛催化剂进一步向高活性、高耐磨、高抗污染的性能发展，还出现了如一氧化碳助燃剂、重金属钝化剂等助剂，使流化催化裂化从只能加工馏分油到可以加工重油，重油催化裂化装置的投用，迎来了催化裂化技术发展的新高潮。

1965 年我国建成了第一套同高并列式流化床催化裂化工业装置，1974 年我国建成投产了第一套提升管催化裂化工业装置，1998 年由石油化工科学研究院和北京设计院开发的大庆减压渣油催化裂化技术（VRFCC）就集成了富氧再生、旋流式快分（VQS）、DVR-1 催化剂等多项新技术。2002 年世界上第一套多功能两段提升管反应器已在中国石油大学（华东）胜华炼厂年加工能力 10 万吨催化裂化工业装置上改造成功。通过多年的技术攻关和生产实践，我国掌握了原料高效雾化、重金属钝化、直连式提升管快速分离、催化剂多段汽提、催化剂预提升以及催化剂多种形式再生、内外取热、高温取热、富氧再生、新型多功能催化剂制备等一整套重油催化裂化技术，同时积累了丰富的操作经验。

我国第一套移动床装置于 1958 年在兰州投产，80 年代改成了流化床。1965 年同高并列流化催化装置在抚顺投产，这是中国炼油技术的一个飞跃。为适应沸石催化剂，国内第一套带提升管的催化裂化装置于 1974 年在玉门炼厂改造后开车成功。1977 年，洛阳院设计的 5 万吨同轴式流化催化裂化建成投产。1978 年，武汉石化、镇海炼化都相继建成了高低并列提升管催化裂化。到 1984 年我国共有 39 套催化裂化装置。如前所述，采用的大部分是国外技术。90 年代，我国开始致力于重油催化裂化技术的研究，1998 年，由石油化工科学研究院和北京设计院开发的大庆减压渣油催化裂化技术（VRFCC）就集成了富氧再生、旋流式快分（VQS）、DVR-1 催化剂等多项新技术，真正实现了中国制造。

在现代催化裂化技术基础上发展起来了催化裂化的“家族工艺”。这些工艺是经过中石化石油化工科学研究院（石科院）长期研究积累，通过各学科各研究部门的通力合作，以市场为导向从实验室研究直到工业化开发成功的。催化裂化家族工艺主要包括以重质油为原料多产丙烯的催化裂解（DCC，即 DCC-Ⅰ）技术、多产丙烯兼顾生产优质汽油的催化裂解（DCC-Ⅱ）技术、最大量生产优质汽油和液化气（MGG）技术、用常压渣油最大量生产优质汽油和液化气（ARGG）技术、以重质油为原料最大量生产乙烯和丙烯的催化热裂解（CPP）技术、提高柴油并多产气体烯烃和液化气（MGD）技术以及重油催化裂化提高异构 C_4 和 C_5 气体烯烃产率（MIO）技术等。随着催化裂化原料和市场的变化，石科院催化裂化家族工艺成员不断扩充，近年来相继开发出选择性催化裂解（MCP）技术、增强型催化裂解（DCC-plus）技术、高效催化裂解（RTC）技术等。这些工艺不仅推动了催化裂化技术的进步，也不断满足了炼油厂新的产品结构和产品质量的需求。有的专利技术已出口到国外，如 DCC 工艺技术，受到国外同行的重视（见表 2-1）。

表 2-1　DCC 系列技术在国内外应用情况

序号	装置位置	处理量/(kt/a)	开工时间	工艺类型	原料
1	中国石化济南分公司	150	1990-06	DCC-Ⅰ	VGO+DAO
2	中国石化安庆分公司	650	1995-03	DCC-Ⅰ	VGO+HTVGO
3	中国石油大庆炼化分公司	120	1995-05	DCC-Ⅰ	VGO+ATB
4	泰国 IRPC 公司	900	1997-05	DCC-Ⅰ	VGO+蜡+ATB
5	中国石化荆门分公司	800	1998-09	DCC-Ⅱ	VGO+VTB
6	中国蓝星沈阳化工集团有限公司	400	1998-10	DCC-Ⅱ	VGO+VTB
7	中国石油锦州石化分公司	300	1999-09	DCC-Ⅰ	ATB
8	蓝星石油大庆分公司	500	2006-10	DCC-Ⅰ	ATB
9	沙特阿拉伯 Petro-Rabigh 公司	4600	2009-05	DCC-Ⅰ	HTVGO
10	印度 HMEL 公司	2200	2012-05	DCC-Ⅰ	HTVGO
11	印度 MRPL 公司	2200	2014-07	DCC-Ⅰ	HTVGO
12	印度 BPCL 公司	2200	2017-09	DCC-Ⅰ	HTVGO
13	中国石化扬州石化有限公司	250	2011-09	MCP	ATB
14	中国海油东方石化公司	1200	2014-02	DCC-plus	ATB
15	泰国 IRPC 公司	1400	2016-03	DCC-plus	ARDS
16	中国海油大榭石化公司	2200	2016-06	DCC-plus	ATB+UHCO
17	黑龙江省龙油石油化工公司	1500	2021-01	DCC-plus	HTVGO
18	山东汇丰石化集团有限公司	2200	设计中	DCC-plus	HTVGO
19	印度 HRRL 公司	2900	设计中	DCC-plus	HTVGO

续表

序号	装置位置	处理量/(kt/a)	开工时间	工艺类型	原料
20	山东裕龙石化有限公司	4000	设计中	DCC-plus	ARDS
21	中国海油大榭石化公司	3200	设计中	DCC-plus	ATB+HTVGO

中国海油东方石化公司1.20Mt/a DCC-plus装置于2014年2月一次开车成功。2015年标定结果显示，以涠洲的常压渣油为原料，丙烯产率为13.97%，干气产率为4.34%，汽油产率为35.10%，汽油辛烷值（RON）为96。为适应市场需求的变化，在2017年，通过催化剂配方和操作条件的调整，丙烯产率达到18.22%，汽油产率降至25.87%。

中国海油大榭石化公司2.20Mt/a DCC-plus装置使用的原料为常压渣油和加氢裂化尾油的混合原料油。2016年6月大榭石化DCC-plus装置一次开车成功。工业运转及标定结果表明，使用50%石蜡基常压渣油与50%中压加氢裂化尾油的混合原料，装置的乙烯产率为5.16%，丙烯产率为21.55%。

中国石油研发的柴油催化转化工艺（DCP）技术，开辟了一种新型柴油催化转化反应模式，可将各种类型的重质柴油通过现有的催化裂化装置转化为高辛烷值汽油和液化气，柴油转化率可达90%（质量分数）。该技术进行工业应用时，在显著降低柴汽比的同时可以明显提高催化汽油的辛烷值。

DCP技术可根据每家炼厂的装置现状及需求、原料油性质以及可掺炼柴油的性质，选择适宜的技术方案，主要技术方案分为DCP-Ⅰ型和DCP-Ⅱ型。

DCP-Ⅰ型：柴油和催化原料在提升管反应器中分区反应，柴油组分优先进行裂化反应，有利于裂化生成汽油馏分，且促进重油大分子的催化转化反应，进一步提高汽油收率。

DCP-Ⅱ型：柴油和催化原料混合反应技术，柴油的掺入降低了催化原料掺渣比，增加了原料中的氢含量，有利于生成汽油馏分。其中，DCP-Ⅰ型已在中国石油兰州石化公司1.2×10^6t/a重油催化裂化装置、庆阳石化1.85×10^6t/a两段提升管重油催化裂化装置成功应用。2019年4月底，又在中国石油辽河石化公司8×10^5t/a两段提升管催化装置成功实现工业应用，应用试验结果显示：回炼约7%加氢改质柴油后，汽油、液化气产率分别增加1%以上，柴油收率明显下降，干气、焦炭产率分别下降1%以上，干气中H_2/CH_4大幅降低，增产汽油、降柴汽比效果明显。

DCP技术实现了将重质柴油转化增产汽油和低碳烯烃，不仅可以解决加工负荷低的问题，也可以使催化装置产品结构实现灵活多样。

二、催化裂化的原料及产品

1. 原料油来源

催化裂化原料范围很广，有350～500℃直馏馏分油、常压渣油及减压渣油，也有二次加工馏分如焦化蜡油、润滑油脱蜡的蜡膏、蜡下油、脱沥青油等。

（1）直馏馏分油　一般为常压重馏分和减压馏分。直馏馏分催化原料油有以下几个特点：原油中轻组分少，大都在30%以下，因此催化裂化原料充足；含硫低，含重金属少，大部分催化裂化原料硫含量在0.1%～0.5%，镍含量一般为0.1～1.0μg/g，只有孤岛原油馏分油硫含量及重金属含量高；主要原油的催化裂化原料，如大庆、任丘等，含蜡量高，因此特性因数K也高，一般为12.3～12.6。以上说明，我国催化裂化原料量大、质优，轻质油收率和总转化率也较高，是理想的催化裂化原料。

(2) 二次加工馏分油　酮苯脱蜡的蜡膏和蜡下油是含烷烃较多、易裂化、生焦少的理想的催化裂化原料；焦化蜡油、减黏裂化馏出油是已经裂化过的油料，芳烃含量较多，裂化性能差，焦炭产率较高一般不能单独作为催化裂化原料；脱沥青油、抽余油含芳烃较多，易缩合，难以裂化，因而转化率低，生焦量高，只能与直馏馏分油掺和一起作催化裂化原料。

(3) 常压渣油和减压渣油　我国原油大部分为重质原油，减压渣油收率占原油的40%左右，常压渣油占65%～75%，渣油量很大。十几年来，我国重油催化裂化有了长足进步，开发出重油催化裂化工艺，提高了原油加工深度，有效地利用了宝贵的石油资源。

常规催化裂化原料油中的残炭和重金属含量都比较低，而重油催化裂化则是在常规催化原料油中掺入不同比例的减压渣油或直接用全馏分常压渣油。由于原料油的改变，胶质、沥青质、重金属及残炭值的增加，特别是族组成的改变，对催化裂化过程的影响极大。因此，对重油催化裂化来说，首先要解决高残炭值和高重金属含量对催化裂化过程的影响，才能更好地利用有限的石油资源。

2. 产品及特点

(1) 气体产品　在一般工业条件下，气体产率约为10%～20%，其中所含组分有氢气、硫化氢、C_1～C_4烃类。氢气含量主要决定于催化剂被重金属污染的程度。H_2S则与原料的硫含量有关。C_1即甲烷，C_2为乙烷、乙烯，以上物质称为干气。

催化裂化气体中大量的是C_3、C_4（称为液态烃或液化气），其中C_3为丙烷、丙烯，C_4包括6种组分（正、异丁烷，正丁烯，异丁烯和顺、反-2-丁烯）。

气体产品的特点如下：气体产品中C_3、C_4占绝大部分，约90%（质量分数），C_2以下较少，液化气中C_3比C_4少，液态烃中C_4含量约为C_3含量的1.5～2.5倍；烯烃比烷烃多，C_3中烯烃约为70%左右，C_4中烯烃约为55%左右；C_4中异丁烷多，正丁烷少，正丁烯多，异丁烯少。

上述特点使催化裂化气体成为石油化工很好的原料，催化裂化的干气可以作燃料也可以作合成氨的原料。由于其中含有部分乙烯，所以经次氯酸酸化又可以制取环氧乙烷，进而生产乙二醇、乙二胺等化工产品。

液态烃，特别是其中烯烃可以生产各种有机溶剂，合成橡胶、合成纤维、合成树脂等三大合成产品以及各种高辛烷值汽油组分如叠合油、烷基化油及甲基叔丁基醚等。

(2) 液体产品　催化裂化汽油产率为40%～60%（质量分数）。由于其中有较多烯烃、异构烷烃和芳烃，所以辛烷值较高，一般为80左右（MON）。因其所含烯烃中α烯烃较少，且基本不含二烯烃，所以安定性也比较好。

柴油产率为20%～40%（质量分数），因其中含有较多的芳烃（为40%～50%），所以十六烷值较直馏柴油低得多，只有35左右，常常需要与直馏柴油等调和后才能作为柴油发动机燃料使用。

渣油中含有少量催化剂细粉，一般不作产品，可返回提升管反应器进行回炼，若经澄清除去催化剂也可以生产部分（3%～5%）澄清油，因其中含有大量芳烃是生产重芳烃和炭黑的好原料。

(3) 焦炭　催化裂化的焦炭沉积在催化剂上，不能作产品。常规催化裂化的焦炭产率约为5%～7%，当以渣油为原料时可高达10%以上，视原料的质量不同而异。

三、催化裂化反应类型

催化裂化产品的数量和质量，取决于原料中的各类烃在催化剂上所进行的反应，为了更好地控制生产，以达到高产优质的目的，就必须了解催化裂化反应的实质、特点以及影响反应进行的因素。

石油馏分是由各种烷烃、环烷烃、芳烃所组成。在催化剂上，各种单体烃进行着不同的反应，有分解反应、异构化反应、氢转移反应、芳构化反应等，其中，以分解反应为主，催化裂化这一名称就是因此而来。各种反应同时进行，并且相互影响。为了更好地了解催化裂化的反应过程，首先应了解单体烃的催化裂化反应。

1. 分解反应

烷烃主要发生分解反应（烃分子中C—C键断裂的反应），生成较小分子的烷烃和烯烃，例如：

$$C_{16}H_{34} \longrightarrow C_8H_{16}+C_8H_{18}$$

生成的烷烃又可以继续分解成更小的分子。因为烷烃分子的C—C键能随着其由分子的两端向中间移动而减小，因此，烷烃分解时都从中间的C—C键处断裂，而分子越大越容易断裂。碳原子数相同的链状烃中，异构烷烃的分解速度比正构烷烃快。

烯烃的主要反应也是分解反应，分解为两个较小分子的烯烃，烯烃的分解速度比烷烃高得多，且大分子烯烃分解反应速度比小分子快，异构烯烃的分解速度比正构烯烃快。例如：

$$C_{16}H_{32} \longrightarrow C_8H_{16}+C_8H_{16}$$

环烷烃的环可断裂生成烯烃，烯烃再继续进行上述各项反应；环烷烃带有长侧链，则侧链本身会发生断裂生成环烷烃和烯烃；环烷烃也可以通过氢转移反应转化为芳烃；带侧链的五元环烷烃可以异构化成六元环烷烃，并进一步脱氢生成芳烃。例如：

$$\text{(环戊基)}—CH_2—CH_2—CH_3 \longrightarrow CH_3—CH_2—CH_2—CH=CH—CH_2—CH_2—CH_3$$

$$\text{(环戊基)}—CH_3 \longrightarrow \text{(环己烷)} \longrightarrow \text{(苯)} + 3H_2$$

芳香烃核在催化裂化条件下十分稳定，连在苯核上的烷基侧链容易断裂成较小分子烯烃，断裂的位置主要发生在侧链同苯核连接的键上，并且侧链越长，反应速度越快。多环芳烃的裂化反应速度很低，它们的主要反应是缩合成稠环芳烃，进而转化为焦炭，同时放出氢使烯烃饱和。

2. 异构化反应

（1）双键移位异构　烯烃的双键向中间位置转移，称为双键移位异构。例如：

$$CH_3—CH_2—CH_2—CH_2—CH=CH_2 \longrightarrow CH_3—CH_2—CH=CH—CH_2—CH_3$$

（2）骨架异构　分子中碳链重新排列。例如：

$$CH_3—CH_2—CH=CH_2 \longrightarrow CH_3—\underset{\displaystyle CH_3}{\underset{|}{C}}=CH_2$$

（3）几何异构　烯烃分子空间结构的改变，如顺烯变为反烯，称为几何异构。

3. 氢转移反应

某烃分子上的氢脱下来立即加到另一烯烃分子上使之饱和的反应称为氢转移反应。如：二个烯烃分子之间发生氢转移反应，一个获得氢变成烷烃，另一个失去氢转化为多烯烃乃至芳烃或缩合程度更高的分子，直至最后缩合成焦炭。氢转移反应是烯烃的重要反应，是催化裂化汽油饱和度较高的主要原因，但反应速度较慢，需要较高活性催化剂。

4. 芳构化反应

所有能生成芳烃的反应都称为芳构化反应，它也是催化裂化的主要反应。如下式烯烃环化再脱氢生成芳烃，这一反应有利于汽油辛烷值的提高。

$$CH_3-CH_2-CH_2-CH_2-CH=CH-CH_3 \longrightarrow \text{(环己基)}-CH_3 \longrightarrow \text{(苯基)}-CH_3 + 3H_2$$

5. 叠合反应

它是烯烃与烯烃合成大分子烯烃的反应。

6. 烷基化反应

烯烃与芳烃或烷烃的加合反应都称为烷基化反应。

以上列举的是裂解原料中主要烃类物质所发生的复杂交错的化学反应，我们从中可以看到：在催化裂化条件下，烃类进行的反应除了有大分子分解为小分子的反应，而且还有小分子缩合成大分子的反应（甚至缩合至焦炭）。与此同时，还进行异构化、氢转移、芳构化等反应。正是由于这些反应，我们得到了气体、液态烃，以及汽油、柴油乃至焦炭。

7. 催化裂化反应的特点

① 烃类催化裂化是一个气-固非均相反应。原料进入反应器首先汽化成气态，然后在催化剂表面上进行反应。

反应步骤：

原料分子自主气流向催化剂扩散；

接近催化剂的原料分子向微孔内表面扩散；

靠近催化剂表面的原料分子被催化剂吸附；

被吸附的分子在催化剂的作用下进行化学反应；

生成的产品分子从催化剂上脱附下来；

脱附下来的产品分子从微孔内向外扩散；

产品分子从催化剂外表面再扩散到主气流中。然后离开反应器。

各类烃被吸附的顺序。对于碳原子数相同的各类烃，它们被吸附的顺序为：

稠环芳烃＞稠环环烷烃＞烯烃＞单烷基侧链的单环芳烃＞环烷烃＞烷烃

同类烃则分子量越大越容易被吸附。

化学反应速率的顺序：

烯烃＞大分子单烷基侧链的单环芳烃＞异构烷烃与烷基环烷烃＞小分子单烷基侧链的单环芳烃＞正构烷烃＞稠环芳烃

综合上述两个排列顺序可知，石油馏分中的芳烃虽然吸附能力强，但反应能力弱，它首先吸附在催化剂表面上占据了相当的表面积，阻碍了其他烃类的吸附和反应，使整个石油馏分的反应速率变慢。对于烷烃，虽然反应速率快，但吸附能力弱，从而对原料反应的总效应不利。从而可得出结论：环烷烃有一定的吸附能力，又具有适宜的反应速率，因此可以认为，富含环烷烃的石油馏分应是催化裂化的理想原料，然而，实际生产中，这类原料并不多见。

② 石油馏分的催化裂化反应是复杂的平行-顺序反应。平行-顺序反应，即原料在裂化时，同时朝着几个方向进行反应，这种反应称为平行反应。同时随着反应深度的增加，中间

产物又会继续反应，这种反应叫作顺序反应。所以原料油可直接裂化为汽油或气体，汽油又可进一步裂化生成气体，如图 2-1 所示。

平行顺序反应的一个重要特点是反应深度对产品产率的分布有着重要影响。随着反应时间的增长，转化深度的增加，最终产物气体和焦炭的产率会一直增加，而汽油、柴油等中间产物的产率会在开始时增加，经过一个最高阶段而又下降。这是因为达到一定反应深度后，再加深反应，中间产物将会进一步分解成为更轻的馏分，其分解速率高于生成速率。习惯上称初次反应产物再继续进行的反应为二次反应。

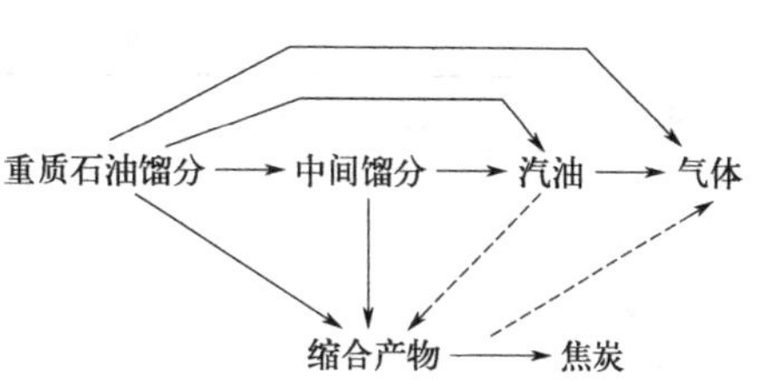

图 2-1　石油馏分的催化裂化反应
（虚线表示不重要的反应）

催化裂化的二次反应是多种多样的，有些二次反应是有利的，有些则不利。例如，烯烃和环烷烃氢转移生成稳定的烷烃和芳烃是我们所希望的，中间馏分缩合生成焦炭则是不希望的。因此在催化裂化工业生产中，对二次反应进行有效的控制是必要的。另外，要根据原料的特点选择合适的转化率，这一转化率应选择在汽油产率最高点附近。如果希望有更多的原料转化成产品，则应将反应产物中的沸程（沸点范围）与原料油沸程相似的馏分与新鲜原料混合，重新返回反应器进一步反应。这里所说的沸点范围与原料相当的那一部分馏分，工业上称为回炼油或循环油。

四、催化裂化催化剂

由于催化剂可以改变化学反应速率，并且有选择性地促进某些反应。因此，它对目的产品的产率和质量起着决定性的作用。

在工业催化裂化的装置中，催化剂不仅影响生产能力和生产成本，还对操作条件、工艺过程、设备型式都有重要的影响。流化催化裂化技术的发展和催化剂技术的发展是分不开的，尤其是分子筛催化剂的发展促进了催化裂化工艺的重大改进。

1. 催化裂化催化剂类型、组成及结构

工业上所使用的裂化催化剂虽品种繁多，但归纳起来不外乎三大类：天然白土催化剂、无定型合成催化剂和分子筛催化剂。早期使用的无定形硅酸铝催化剂孔径大小不一、活性低、选择性差早已被淘汰，现在广泛应用的是分子筛催化剂。下面重点讨论分子筛催化剂的种类、组成及结构。

分子筛催化剂是二十世纪六十年代初发展起来的一种新型催化剂，它对催化裂化技术的发展起了划时代的作用。目前催化裂化所用的分子筛催化剂由分子筛（活性组分）、担体以及黏结剂组成。

（1）活性组分-分子筛

① 结构。分子筛也称泡沸石，它是一种具有一定晶格结构的铝硅酸盐。早期硅酸铝催化剂的微孔结构是无定形的，即其中的空穴和孔径是很不均匀的，而分子筛则是具有规则的晶格结构，它的孔穴直径大小均匀，好像是一定规格的筛子一样，只能让直径比它孔径小的分子进入，而不能让比它孔径更大的分子进入。由于它能像筛子一样将直径大小不等的分子分开，因而得名分子筛。不同晶格结构的分子筛具有大小不同直径的孔穴，相同晶格结构的分子筛，所含金属离子不同时，孔穴的直径也不同。

分子筛按组成及晶格结构的不同可分为 A 型、X 型、Y 型及丝光沸石，它们的孔径及化学组成见表 2-2。

表 2-2　分子筛的孔径和化学组成

类型	孔径/10^{-1}nm	单元晶胞化学组成	硅铝原子比
4A	4	$Na_{12}[(AlO_2)_{12}(SiO_2)_{12}]\cdot 27H_2O$	1∶1
5A	5	$Na_{2.6}Ca_{4.7}[(AlO_2)_{12}(SiO_2)_{12}]\cdot 31H_2O$	1∶1
13X	9	$Na_{86}[(AlO_2)_{86}(SiO_2)_{106}]\cdot 264H_2O$	(1.5～2.5)∶1
Y	9	$Na_{56}[(AlO_2)_{56}(SiO_2)_{136}]\cdot 264H_2O$	(2.5～5)∶1
丝光沸石	平均 6.6	$Na_8[(AlO_2)_8(SiO_2)_{40}]\cdot 24H_2O$	5∶1

② 作用。人工合成的分子筛是含钠离子的分子筛，这种分子筛没有催化活性。分子筛中的钠离子可以被氢离子、稀土金属离子（如铈、镧、镨等）等取代，经过离子交换的分子筛的活性比硅酸铝的高出上百倍。近年来研究发现，当用某些单体烃的裂化速率来比较时，某些分子筛的催化活性比硅酸铝竟高出万倍。这样过高活性不宜直接用作裂化催化剂。作为裂化催化剂时，一般将分子筛均匀分布在基质（也称担体）上。目前工业上所采用的分子筛催化剂一般含 20%～40%的分子筛，其余的是主要起稀释作用的基质。

（2）担体（基质、载体）　基质是指催化剂中沸石之外具有催化活性的组分。催化裂化通常采用无定形硅酸铝、白土等具有裂化活性的物质作为分子筛催化剂的基质。基质除了起稀释作用外，还有以下作用：在离子交换时，分子筛中的钠不可能完全被置换掉，而钠的存在会影响分子筛的稳定性，基质可以容纳分子筛中未除去的钠，从而提高了分子筛的稳定性；在再生和反应时，基质作为一个庞大的热载体，起到热量储存和传递的作用；可增强催化剂的机械强度；重油催化裂化进料中的部分大分子难以直接进入分子筛的微孔中，如果基质具有适度的催化活性，则可以使这些大分子先在基质的表面上进行适度的裂化，生成的较小的分子再进入分子筛的微孔中进行进一步的反应；基质还能容纳进料中易生焦的物质如沥青质、重胶质等，对分子筛起到一定的保护作用。这对重油催化裂化尤为重要。

（3）黏结剂　黏结剂作为一种胶将沸石、基质黏结在一起。黏结剂可能具有催化活性，也可能无活性。黏结剂提供催化剂的物理性质（密度、抗磨强度、粒度分布等），提供传热介质和流化介质。对于含有大量沸石的催化剂，黏结剂更加重要。

2. 催化裂化催化剂的评价

一种良好的催化剂，在使用中有较高的活性及选择性以便能获得产率高、质量好的目的产品，而其本身又不易被污染、被磨损、被水热失活，并且还应有很好的流化性能和再生性能。

（1）一般理化性质

① 密度。对催化裂化催化剂来说，它是微球状多孔性物质，故其密度有几种不同的表示方法。

真实密度：又称催化剂的骨架密度，即颗粒的质量与骨架实体所占体积之比，其值一般是 2～2.2g/cm^3。

颗粒密度：把微孔体积计算在内的单个颗粒的密度，一般是 0.9～1.2g/cm^3。

堆积密度：催化剂堆积时包括微孔体积和颗粒间的孔隙体积的密度，一般是 0.5～0.8g/cm^3。

对于微球状（粒径为 20～100μm）的分子筛催化剂，堆积密度又可分为松动状态、沉降状态和密实状态三种状态下的堆积密度。催化剂的堆积密度常用于计算催化剂的体积和质量，催化剂的颗粒密度对催化剂的流化性能有重要的影响。

② 筛分组成和机械强度。流化床所用的催化剂是大小不同的混合颗粒。大小颗粒所占的百分数称为筛分组成或粒分布。微球催化剂的筛分组成是用气动筛分分析器测定的，流化催化裂化所用催化剂的粒度范围主要是 20～100μm 之间的颗粒，其对筛分组成的要求有三方面考虑：易于流化；气流夹带损失小；反应与传热面积大。

颗粒越小越易流化，表面积也越大，但气流夹带损失也会越大。一般称小于 40μm 的颗粒为“细粉”，大于 80μm 的为“粗粒”，粗粒与细粉含量的比称为“粗度系数”。粗度系数大时流化质量差，通常该值不大于 3。设备中平衡催化剂的细粉含量在 15%～20%时流化性能较好，在输送管路中的流动性也较好，能增大输送能力，并能改善再生性能，气流夹带损失也不太大；但小于 20μm 的颗粒过多时会使损失加大，粗粒多时流化性能变差，对设备的磨损也较大，因此对平衡催化剂希望其基本颗粒组分 40～80μm 的含量保持在 70%以上。

催化剂的机械强度用磨损指数表示。磨损指数是将大于 15μm 的混合颗粒经高速空气流冲击 100 小时后，测经磨损生成小于 15μm 颗粒的质量分数，通常要求该值为 3%～5%。催化剂的机械强度过低，催化剂的耗损大，过高则设备磨损严重，应保持在一定范围内为好。

③ 结构特性。孔体积也就是孔隙度，它是多孔性催化剂颗粒内微孔的总体积，以 mL/g 表示。比表面积是微孔内外表面积的总和，以 m^2/g 表示。孔径是微孔的直径。硅酸铝（分子筛催化剂的载体）的微孔大小不一，通常是指其平均直径，由孔体积与比表面积计算而得。

分子筛催化剂的结构特性是分子筛与载体性能的综合体现。半合成分子筛催化剂由于在制备技术上有重大改进，致使这种催化剂具有大孔径、低比表面积、小孔体积、大堆积密度、结构稳定等特点，工业装置上使用时，活性、选择性、稳定性和再生性能都比较好，而且损失少并有一定的抗重金属污染能力。

（2）催化剂的使用性能　对裂化催化剂的评价，除要求一定的物理性能外，还需有一些与生产情况直接关联的指标，如活性、选择性、筛分组成、机械强度等。

五、催化裂化系统构成

催化裂化装置主要由反应-再生系统、分馏系统、吸收稳定系统、主风及烟气能量回收、干气液态烃脱硫及液态烃脱硫醇系统等组成。

1. 反应-再生系统

反应-再生系统是催化裂化装置的核心，其任务是使原料油通过反应器或提升管，与催化剂接触反应变成反应产物。反应产物送至分馏系统处理。反应过程中生成的焦炭沉积在催化剂上，催化剂不断进入再生器，用空气烧去焦炭，使催化剂得到再生。烧焦放出的热量，经再生催化剂转送至反应器或提升管，供反应时耗用。

2. 分馏系统

催化裂化分馏系统主要由分馏塔、柴油汽提塔、原料油缓冲罐、回炼油罐以及塔顶油气冷凝冷却系统、各中段循环回流及产品的热量回收系统组成，其主要任务是将来自反应系统的高温油气脱过热后，根据各组分沸点的不同切割为富气、汽油、柴油、回炼油和油浆等馏分，通过工艺因素控制，保证各馏分质量合格；同时可利用分馏塔各循环回流中高温位热能作为稳定系统各重沸器的热源。部分装置还合理利用了分馏塔顶油气的低温位热源。

3. 吸收稳定系统

吸收稳定系统主要包括吸收塔、解吸塔、稳定塔、再吸收塔以及相应的冷换设备等。

该系统的主要任务是将来自分馏系统的粗汽油和来自气压机的压缩富气分离成干气、合格的稳定汽油和液态烃。一般控制液态烃 C_2 以下组分不大于 2%（体积）、C_5 以上组分不大于 1.5%（体积）。对于稳定汽油，按照我国现行车用汽油标准 GB 17930—2016，应控制其雷氏蒸气压夏季不大于 74kPa、冬季不大于 88kPa。

4. 主风及烟气能量回收系统

该系统的设备主要包括主风机、增压机、高温取热器、烟气轮机以及余热锅炉等，其主要任务：为再生器提供烧焦用的空气及催化剂输送提升用的增压风、流化风等；回收再生烟气的能量，降低装置能耗。

5. 干气、液化气脱硫

干气及液化气脱硫采用醇胺法脱硫。醇胺法脱硫工艺，脱硫剂为复合型甲基二乙醇胺（MDEA）溶剂，溶剂再生采用常规蒸汽再生。净化干气去 PSA 装置或瓦斯系统，脱后液化气进入脱硫醇系统经与催化剂碱液反应脱除硫醇后出装置，碱液再生后循环使用。

6. 液态烃脱硫醇

采用碱液预碱洗及催化剂碱液脱硫醇的方法。

M2-1 催化裂化工艺流程介绍

任务执行

完成工作任务单 2-1-1。

要求：时间在 30min，成绩在 90 分以上。

工作任务单　催化裂化产业认知		编号:2-1-1
考查内容:催化裂化工艺认知		
姓名:	学号:	成绩:

1. 催化裂化工艺的原料和产品有哪些?

2. 催化裂化的定义及反应类型?

3. 催化裂化催化剂的组成部分有哪些?

4. 催化裂化反应特点是什么?

5. 反应再生系统包括哪些主要系统?

任务总结与评价

简要说明本次任务的收获与感悟。

任务二 催化裂化反应-再生系统认知

任务目标 ① 了解反应-再生工段的工艺原理、典型设备和关键参数，能够正确分析反应-再生工段各参数的影响因素；

② 掌握反应-再生工段的工艺流程，能够绘制 PFD 流程图；

任务描述 请你以操作人员的身份进入催化裂化装置反应-再生工段，了解反应-再生工段的工艺原理，掌握工艺流程，熟知关键参数与控制方案。

教学模式 理实一体、任务驱动

教学资源 沙盘、仿真软件及工作任务单（2-1-2-1、2-1-2-2）

任务学习

一、催化裂化装置概况

本套智能化模拟工厂的沙盘为某石化公司催化裂化装置，是由洛阳院设计，处理能力为 1.2×10^{6} t/a，反应系统采用石科院的 MIP 工艺技术并辅以催化剂降温技术进一步优化产品分布，再生系统采用洛阳工程公司（LPEC）开发的快速床高效再生成套技术。年开工时数为 8400h，由催化裂化、产品精制两大部分组合而成。催化裂化包括反应-再生、烟气脱硫脱硝、余热锅炉、分馏、吸收稳定、烟气能量回收系统。产品精制包括催化干气和催化液化气脱硫，催化液化气脱硫醇。

反应部分采用石油化工科学研究院 MIP 工艺技术，反应提升管采用二段串联、内置方式，以满足催化生产高辛烷值低烯烃汽油组分的要求。采用石科院开发的降低干气、焦炭产率（MIP-DCR）工艺，以达到改善产品分布提高装置总液收的目的，由洛阳石化工程公司承担改造设计。MIP-DCR 工艺是在 MIP 工艺（多产异构烷烃的催化裂化工艺）基础上对二次反应进行强化，该工艺技术设置两个反应区，采用串联提升管反应器和适宜的工艺条件，在不同的反应区实现裂化、氢转移、异构化及芳构化反应达到降低汽油烯烃含量的目的。在降低催化汽油烯烃含量的同时，维持汽油的辛烷值基本不变。该技术最大的特征在于通过引外取热器冷再生剂至提升管预提升段，与热再生剂在预混合器内混合均匀，控制高温再生催化剂和原料油的接触温度差，即一方面尽可能地提高原料油预热温度，同时另一方面降低和催化原料油接触前的高温再生催化剂温度，从而减少催化裂化反应过程中单分子质子化裂化反应的比例，最终实现在基本相同的反应深度下，通过干气和焦炭产率的降低来提高产品总液收，达到从石油资源中获取更多高价值产品的目的。

采用串联提升管反应器，优化催化裂化的一次反应和二次反应。串联提升管反应器分为两个反应区。第一反应区的特点：高温（515℃）、接触时间较短（3.3s）、催化剂裂化能力强，以强化单分子裂化，从而生成更多的液化气，第一反应区出口的汽油组分中富含低碳（C_5/C_6）烯烃。第二反应区通过扩径、补充待生催化剂等措施，降低油气和催化剂的流速满足低重时空速要求，以增加氢转移、异构化及芳构化反应，使汽油中的烯烃转化为丙烯和异构烷烃，大幅降低汽油中的烯烃，同时芳烃的增加使汽油的辛烷值略有增加。其中第二反应区的特点：适宜的反应温度（505℃），适宜的反应时间（～5s）、催化剂具有较好的氢转移反应和裂化反应能力，以强化双分子裂化和氢转移反应，在双重作用下，汽油烯烃下降幅度更大，并且丙烯产率更高。

MIP 工艺主要特点：

采用新型串联提升管反应器，优化催化裂化的一次反应和二次反应，从而减少干气和焦炭产率，有利于产物分布的改善。

串联提升管反应器分为两个反应区：第一反应区以一次裂化反应为主，采用较高的反应强度，经较短的停留时间后进入扩径的第二反应区下部，第二反应区通过扩径、补充待生催化剂等措施，降低油气和催化剂的流速、降低该区的反应温度、满足低重时空速要求，以增加氢转移和异构化反应，适度控制二次裂化反应。在二次裂化反应和氢转移反应的双重作用下，汽油中的烯烃转化为丙烯和异构烷烃，使汽油中的烯烃大幅度下降，而汽油的辛烷值保持不变或略有增加。

专用催化剂具有不同的孔结构和活性组元，强化不同反应区的功能，满足工艺的要求。通过调节催化剂的裂化反应活性和氢转移反应活性，增加液化气产率和液化气中的丙烯含量，从而提高丙烯产率以及降低汽油中的烯烃含量。

MIP 技术生产的汽油中烯烃含量比常规催化裂化工艺低，同时其研究法辛烷值 RON，马达法辛烷值 MON 有所提高，符合汽油新标准和清洁燃料的发展方向。

再生采用 LPEC 开发的烧焦罐高效再生技术，最大限度地恢复和保护催化剂活性，为进一步优化 MIP 的产品收率和质量创造条件；烧焦罐高效再生独有的高烧焦效率、低压降的特性，为装置进一步优化用能奠定基础。第一段采用快速床（烧焦罐）再生，由于烧焦罐流化状况改善了气体传质条件，使其具有很高的烧焦强度。第二段利用一段再生后的富氧烟气通过低压降倒 L 型快速分离器（简称快分）形成湍流床，大大改善了二段再生床层的气体扩散，从而提高了二段的烧焦强度，这样使总的烧焦强度达到很高。高的烧焦强度意味着低的系统催化剂藏量和高的催化剂置换率，即高的平衡催化剂活性。在较低的再生温度和藏量下不仅满足了定碳要求，而且为降低催化剂水热失活及提高剂油比创造了有利的条件。由于采用完全燃烧，主风量可以不随处理量及原料变化而调整，使再生器及主风机组总处于最佳工况下运行，操作简单。正常生产时的控制参数最少，开工最容易，事故恢复快。

二、反应-再生系统工艺流程

反应再生系统的主要任务是完成原料油的转化及催化剂的再生。反再系统是催化裂化装置的核心所在，由反应器、再生器以及相应的其他设备如提升管反应器、外取热器、催化剂输送管线、辅助燃烧室等组成。

流化催化裂化装置的反应和再生是连续的，经过预热后的原料油进入反应器，与由再生器来的高温催化剂一起在提升管内进行裂化反应，反应后进入反应沉降器经由旋风分离器使反应油气分离出催化剂，油气进入后部分馏系统，分离后的催化剂因表面在裂化反应过程中积焦，而送入再生器，在再生器内烧掉催化剂表面的焦炭，再生催化剂经过催化剂输送管线重新返回反应器，开始新的裂化反应。

原料油（加氢重油、加氢裂化尾油、罐区冷蜡、常减压热蜡）自各上游装置送至本装置的原料油罐，由原料油泵抽出后经与原料换热器、轻柴油、循环油浆换热至 220℃左右与回炼油、罐区渣油混合后，分六路经原料油雾化喷嘴进入提升管反应器，与高温催化剂接触完成原料的升温、汽化及反应，在第一反应区反应生成富含

M2-2 高低并列式催化裂化反应再生系统流程

丙烯的气体和烯烃含量较高的高辛烷值汽油。

反应后的油气和催化剂经提升管出口的 3 组粗旋式快速分离器（简称粗旋快分）将催化剂和油气快速分离，以终止以热裂化反应为主的二次反应，降低干气产率，待生催化剂经粗旋料腿进入下部设置的汽提段。出粗旋的反应油气和夹带的催化剂细粉经沉降器单级旋分器进一步分离催化剂细粉后的反应油气经沉降器顶的大油气管线进入分馏塔下部。

待生催化剂在汽提段与汽提蒸汽逆流接触以置换催化剂所携带的油气。汽提后的待生催化剂在汽提段下部分两路：一路经待生催化剂循环管进入提升管第二反应区，以满足 MIP 对第二反应区催化剂重时空速的要求；另一路经待生斜管进入再生器烧焦罐下部与主风混合完成烧焦再生，同时温度升至 690℃。再生好的催化剂和烧焦产生的烟气通过烧焦罐顶部稀相管出口 8 组倒 L 型快分进行气-固分离，再生催化剂进入二密相；烟气通过设置在再生器稀相的 8 组两级旋分器除尘后离开再生器进入三级旋分器进一步分离催化剂细粉后进入烟气轮机。

再生器二密相的催化剂分三路离开二密相，一路经再生外循环管返回烧焦罐下部补充一密相藏量；另一路经外取热器取出多余热量后返回烧焦罐下部；剩余一路是经再生斜管进入提升管反应器的预提升段，在预提升干气的推动下，完成催化剂加速、分散过程，然后与雾化原料接触。

再生器烧焦所需的大部分主风由主风机提供，主风自大气进入 AV45-14 主风机，升压至 0.34MPa（绝）后经主风管道、辅助燃烧室及主风分布板进入再生器。小主风机为外取热器流化供风并可补充再生器各催化剂分配器输送风。

再生器产生的烟气经 8 组两级旋风分离器分离催化剂后，再经三级旋风分离器进一步回收催化剂细粉后进入烟气轮机膨胀做功，驱动 AV45-14 主风机。从烟气轮机出来的烟气进入余热锅炉进一步回收烟气的热能，并脱除烟气中的 NO_x，同时使烟气温度降到 190℃以下，最后经烟气脱硫系统脱除 SO_2 和粉尘后达标排入大气。

反应再生系统的主要控制手段有：用气压机入口压力调节汽轮机转速控制富气流量以维持沉降器顶部压力恒定。以两器压差作为调节信号由双动滑阀控制再生器顶部压力。由提升管反应器出口温度控制再生滑阀开度来调节催化剂循环量。由待生滑阀开度根据系统压力平衡要求控制汽提段料面高度。依据再生器稀密相温差调节主风放空量（称为微调放空），以控制烟气中的氧含量，预防发生二次燃烧。除此之外还有一套比较复杂的自动保护系统以防发生事故。反应-再生系统工艺流程见图 2-2。

三、催化裂化催化剂再生影响因素分析

再生过程所追求的目的是：烧焦速度快（它意味着一定尺寸的再生器处理能力高），再生效果好（即再生催化剂含碳量低）。而再生器的烧焦速率是再生温度、氧分压、催化剂藏量、催化剂上的含碳量以及流化床效率等因素的函数。

1. 再生温度

再生温度是影响烧焦速率的最重要的因素之一。提高温度，可大大提高烧焦速率，在 600℃左右时每提高 10℃，烧焦速率可提高约 20%，但是提高再生温度受到催化剂热温度性和设备结构以及材料的限制。

对于常规再生来说，若使用铝催化剂时再生温度一般低于 600℃，采用热稳性较好的分子筛催化剂后，再生温度提高到 650～700℃，特别是使用高温完全再生技术的装置其再生温度达 720℃以上，使再生催化剂含碳量降到 0.02%～0.05%。

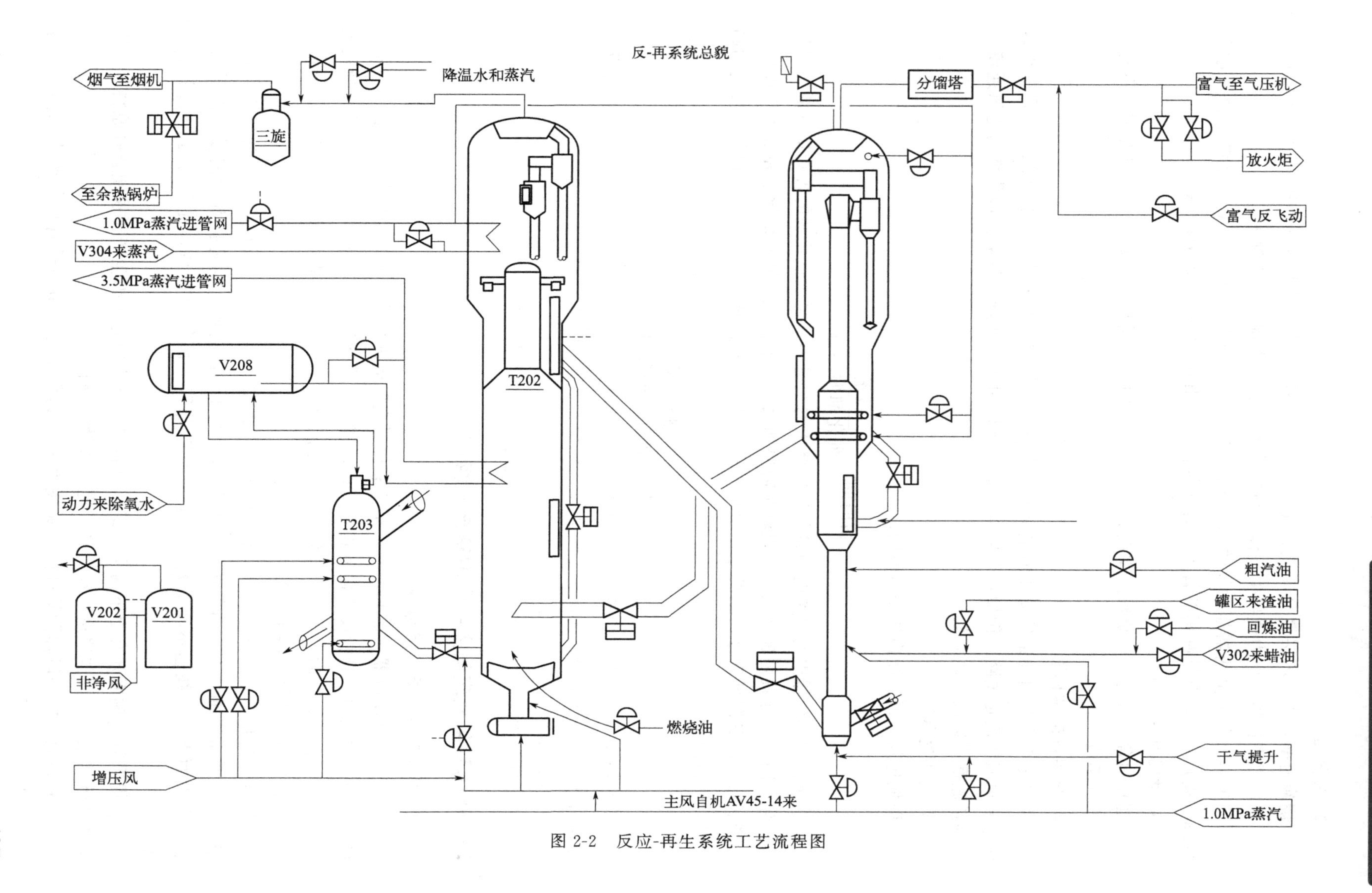

图 2-2　反应-再生系统工艺流程图

2. 氧分压

烧炭速率与再生床层氧分压成正比。氧分压是操作压力与再生气体中氧分子浓度的乘积。因此提高再生器压力或再生气体中氧的浓度都有利于提高烧炭速率。

再生器压力是由两器压力平衡确定的。平时不作为调节手段。Ⅳ型装置压力一般为0kPa（表）左右，分子筛提升管催化裂化装置多采用0.14～0.23MPa（表）。

3. 催化剂含碳量

催化剂含碳量越高则烧炭速率越高，但是再生的目的是要把炭烧掉，所以此因素不是调节操作的手段。

4. 再生器的结构形式

主要是考虑如何保证使流化质量良好，空气分布均匀并与催化剂充分接触，尽量减少返混，避免催化剂走短路。例如：采取待生催化剂以切线方向进再生器，催化剂与主风逆流接触等措施都可以改善烧炭效果。

5. 再生时间

即催化剂在再生器内的停留时间。

$$停留时间=\frac{藏量}{催化剂循环量}$$

催化剂在再生器内的停留时间越长所能烧去的炭越多，再生催化剂的含碳量越低。但延长再生时间，实际就是提高藏量，也就是需要加大再生器体积。同时催化剂在高温下停留时间增长会促使其降低活性。因此采用增加藏量的办法来提高烧焦速率是不可取的，目前的趋势是设法提高烧焦强度。

$$烧焦强度=\frac{烧焦量}{催化剂循环量}$$

即采用提高再生温度、氧分压和改善气固接触等手段降低藏量。30年前再生器的设计停留时间为20～30min，现在已经降低到3～5min，甚至更少。

6. 主风量

再生器的空气量应调整到再生器出口烟道气中氧含量约为1.5%。

四、催化裂化反应再生主要设备结构特征

1. 提升管反应器及沉降器

（1）提升管反应器　提升管反应器是催化裂化反应进行的场所，是催化裂化装置的关键设备之一。常见的提升管反应器型式有两种，即直管式和折叠式。前者多用于高低并列式提升管催化裂化装置，后者多用于同轴式和由床层反应器改为提升管的装置。如图2-3是直管式提升管反应器及沉降器示意图。

提升管反应器是一根长径比很大的管子，长度一般为30～36m，直径根据装置处理量决定，通常以油气在提升管内的平均停留时间1～4s为限，确定提升管内径。由于提升管内自下而上油气线速不断增大，为了不使提升管上部气速过高，提升管可作成上下异径形式。

在提升管的侧面开有上下两个（组）进料口，其作用是根据生产要求使新鲜原料、回炼油和回炼油浆从不同位置进入提升管，进行选择性裂化。

进料口以下的一段称预提升段（见图2-4），其作用是：由提升管底部收入水蒸气（称

预提升蒸汽），使由再生斜管来的再生催化剂加速，以保证催化剂与原料油相遇时均匀接触。这种作用叫预提升。

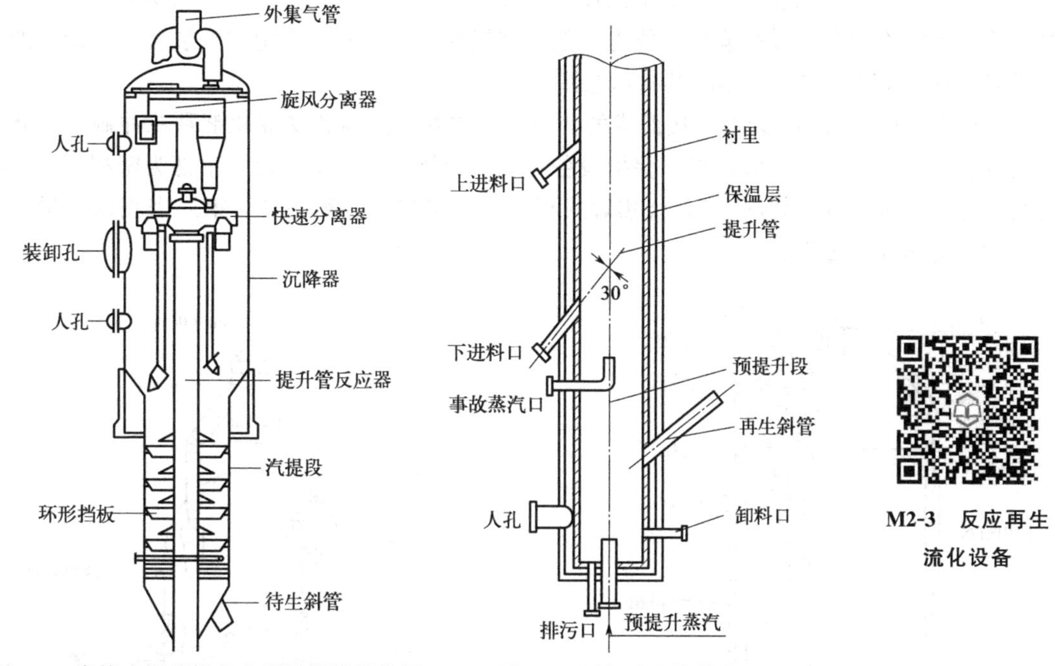

图 2-3　直管式提升管反应器及沉降器简图　　图 2-4　预提升段结构简图

M2-3　反应再生流化设备

为使油气在离开提升管后立即终止反应，提升管出口均设有快速分离装置，其作用是使油气与大部分催化剂迅速分开。快速分离器的类型很多，常用的有：伞幅型、倒 L 型、T 型、粗旋风分离器、弹射快速分离器和垂直齿缝式快速分离器，分别如图 2-5 快速分离装置类型中（a）、（b）、（c）、（d）、（e）、（f）所示。

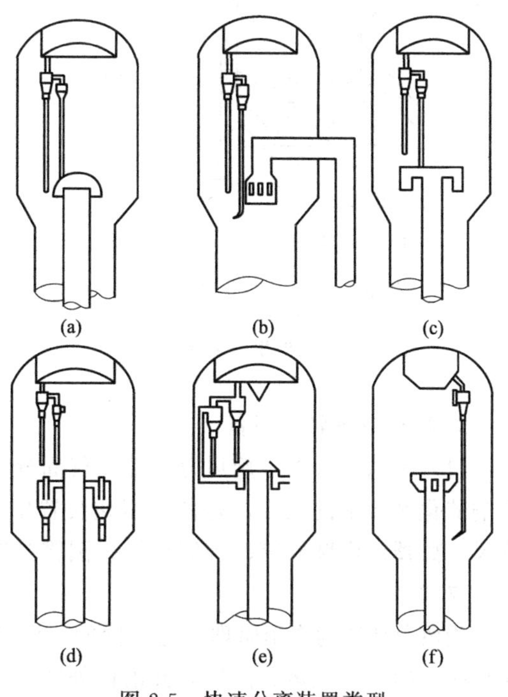

图 2-5　快速分离装置类型

为进行参数测量和取样，沿提升管高度还装有热电偶管、测压管、采样口等。除此之外，提升管反应器的设计还要考虑耐热、耐磨以及热膨胀等问题。

（2）沉降器　沉降器是用碳钢焊制成的圆筒形设备，上段为沉降段，下段是汽提段。沉降段内装有数组旋风分离器，顶部是集气室并开有油气出口。沉降器的作用是使来自提升管的油气和催化剂分离，油气经旋风分离器分出所夹带的催化剂后经集气室去分馏系统；由提升管快速分离器出来的催化剂靠重力在沉降器中向下沉降落入汽提段。汽提段内设有数层人字挡板和蒸汽吹入口，其作用是将催化剂夹带的油气用过热水蒸气吹出（汽提），并返回沉

降段，以便减少油气损失和减小再生器的负荷。

2. 再生器

再生器是催化裂化装置的重要工艺设备，其作用是为催化剂再生提供场所和条件。它的结构形式和操作状况直接影响烧焦能力和催化剂损耗。再生器是决定整个装置处理能力的关键设备。图 2-6 是常规再生器的结构示意图。

再生器筒体是由 A3 碳钢焊接而成的，由于经常处于高温和受催化剂颗粒冲刷，因此筒体内壁敷设一层隔热、耐磨衬里以保护设备材质。筒体上部为稀相段，下部为密相段，中间变径处通常叫过渡段。如图 2-7，烧焦罐式再生器由烧焦罐、稀相管、第二密相床、稀相空间和催化剂循环管等组成。

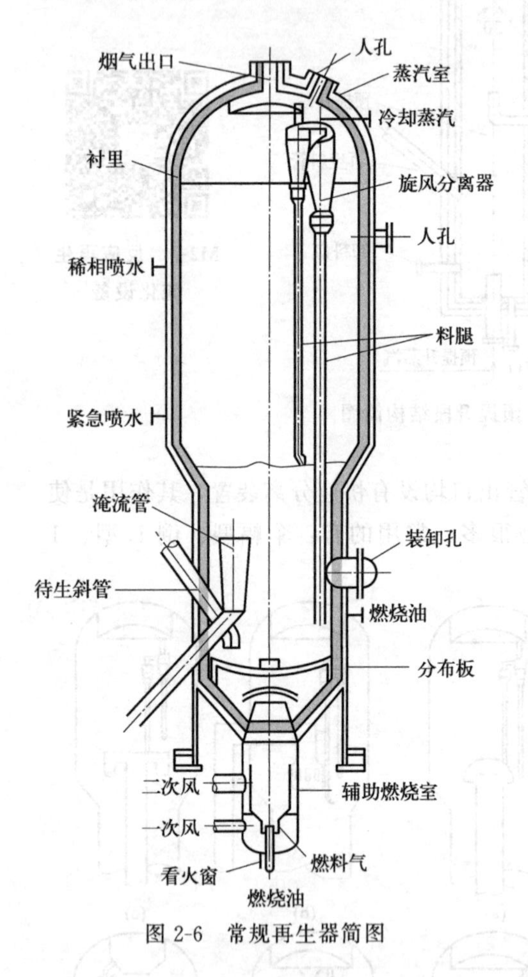

图 2-6　常规再生器简图

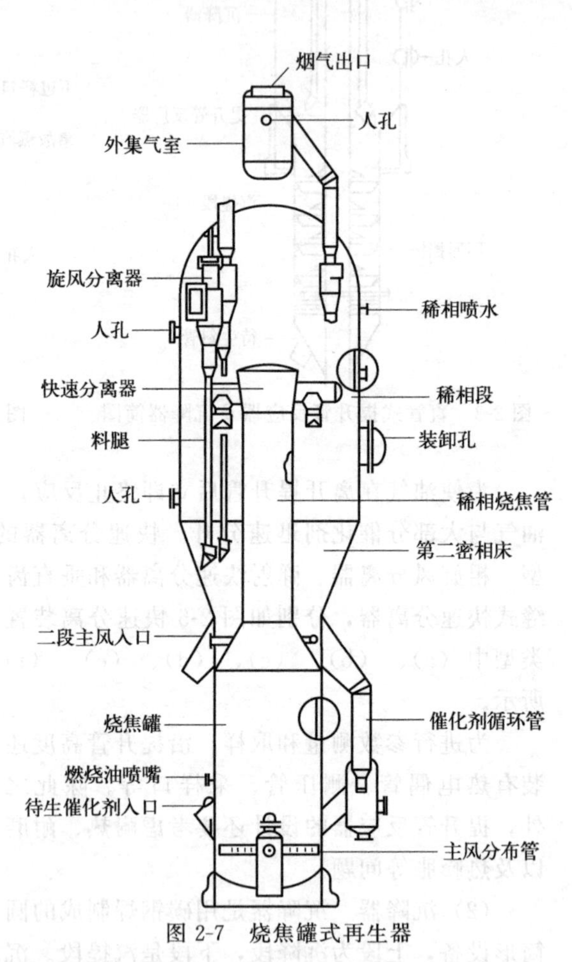

图 2-7　烧焦罐式再生器

3. 反再系统特殊设备

(1) 旋风分离器　旋风分离器是气固分离并回收催化剂的设备，它的操作状况好坏直接影响催化剂耗量的大小，是催化裂化装置中非常关键的设备。图 2-8 是旋风分离器示意图。旋风分离器由内圆柱筒、外圆柱筒、圆锥筒以及灰斗组成。灰斗下端与料腿相连，料腿出口装有翼阀。

旋风分离器的作用原理都是相同的，携带催化剂颗粒的气流以很高的速度（15～25m/s）从切线方向进入旋风分离器，并沿内外圆柱筒间的环形通道做旋转运动，使固体颗粒产生离心力，造成气固分离的条件，颗粒沿锥体下转进入灰斗，气体从内圆柱筒排出。灰斗、料腿和翼阀都是旋风分离器的组成部分。灰斗的作用是脱气，即防止气体被催化剂带入料腿；料腿的作用是将回收的催化剂输送回床层，为此，料腿内催化剂应具有一定的料面高度以保证催化剂顺利下流，这也就是要求一定料腿长度的原因；翼阀的作用是密封，即允许催化剂流出而阻止气体倒窜。

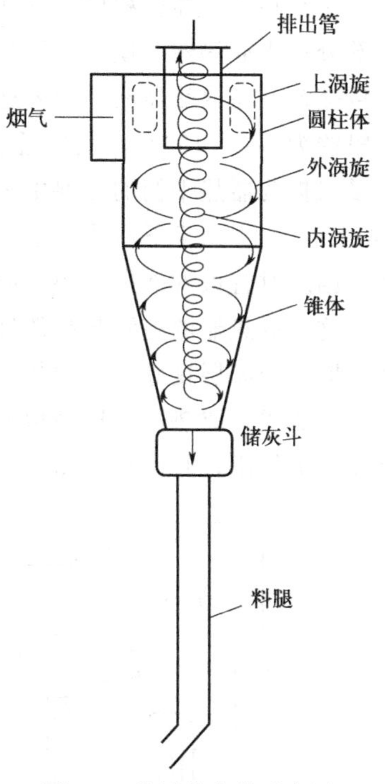

图 2-8 旋风分离器示意图

(2) 主风分布管和辅助燃烧室　主风分布管是再生器的空气分配器，作用是使进入再生器的空气均匀分布，防止气流趋向中心部位，以形成良好的流化状态，保证气固均匀接触，强化再生反应。

辅助燃烧室是一个特殊形式的加热炉，设在再生器下面（可与再生器连为一体，也可分开设置），其作用是开工时用以加热主风使再生器升温，紧急停工时维持一定的降温速率，正常生产时辅助燃烧室只作为主风的通道。

(3) 取热器　随着分子筛催化剂的使用，对再生催化剂的含碳量提出新的要求，为了充分发挥分子筛催化剂高活性的特点，需要强化再生过程以降低再生催化剂含碳量，近年来各厂多采用 CO 助燃剂，使 CO 在床层完全燃烧，这样就会使得再生热量超过两器热平衡的需要，发生热量过剩现象，特别是加工重质原料，掺炼或全炼渣油的装置这个问题更显得突出，因此再生器中过剩热的移出便成为实现渣油催化裂化需要解决的关键之一。

再生器的取热方式有内外两种，各有特点。内取热投资少，操作简便，但维修困难，热管破裂只能切断不能抢修，而且对原料品种变化的适应性差，即可调范围小。外取热具有热量可调，操作灵活，维修方便等特点，对发展渣油催化裂化技术具有很大的实际意义。

① 内取热器。内取热管的布置有垂直均匀布置和水平沿器壁环形布置两种型式。如兰州炼油厂 50×10^{4} t/a 的同轴催化裂化装置采用水平式内取热器，洛阳及九江炼油厂也采用水平式内取热器（与外取热器联合）。石家庄炼油厂采用垂直式内取热器。

垂直布管的优点是取热均匀，管束作为流化床内部构件可以起限制和破碎气泡的作用，改善流化质量，管子可以垂直伸缩热补偿简便，但施工安装不方便，排管支承吊梁跨度大，承受高温易变形，如果取热负荷允许，取热管也可以垂直沿壁布置，这样布置支撑也较方便。

水平环形布置的优点是施工方便，盘管靠近器壁支吊容易，但老装置改造时，水平管与一级旋风分离器料腿碰撞必须移动料腿位置，则不如垂直管方便。它的缺点是取热管与烟气及催化剂流动方向互相垂直受催化剂颗粒冲刷严重。为防止汽水分层，管内应保持较高的质量流速，另外管子的热膨胀要仔细处理，安排不当会影响流化质量。

② 外取热器。外取热器是在再生器外部设置催化剂流化床，取热管浸没在床层中，按催化剂的移动方向外取热器又分为上流式和下流式两种。

下流式外取热器。国内首先使用的是牡丹江炼油厂的催化裂化装置，效果良好。下流式外取热系统的流程如图 2-9 所示。

它是将再生器密相床上部或二密（烧焦罐式再生器）700℃左右的高温再生催化剂引出一部分进入取热器，使其在取热器列管间隙中自上而下流动，列管内走水。在取热器内进行热量交换，在取热器底部通入适量空气，维持催化剂很好地流化，通过换热后的催化剂温降一般约为100～150℃，然后通过斜管返回再生器下部（或烧焦罐的预混合管）。催化剂的循环量根据两器热平衡的需要由斜管上的滑阀控制，气体自取热器顶部出来返回再生器密相段（或烧焦罐）。由于下流式外取热器的催化剂颗粒与气体的流动方向相反所以其表观速度均较小，因之对管束的磨损很小，而且床层的温度均匀。

这种取热器的布置与高效烧焦罐式再生器及常规再生器均能配套，通入少量空气就能维持外取热器床层良好的流化状态，动力消耗小，特别是对老装置改造更为适宜。

上流式外取热器。这种型式的取热设备国内于1985年分别在九江及洛阳炼油厂催化裂化装置上使用，其流程如图2-10所示。

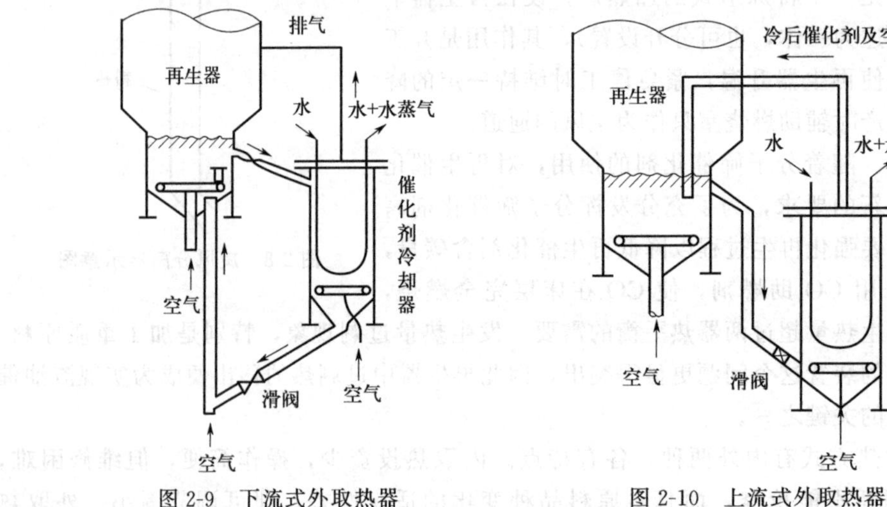

图2-9 下流式外取热器

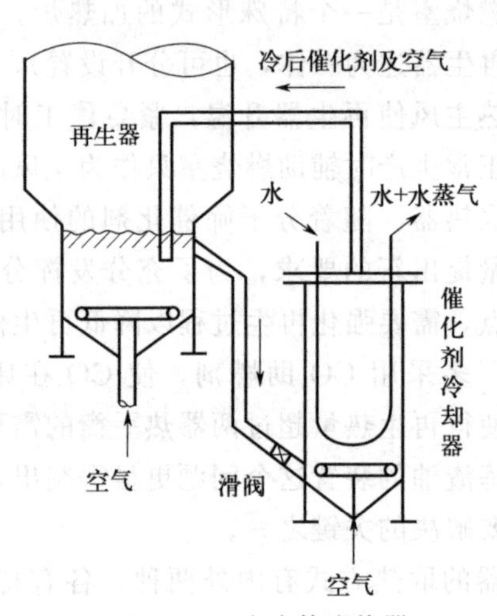

图2-10 上流式外取热器

它是将部分700℃左右的高温再生催化剂自再生器密相床底部引出，再由外取热器下部送入。取热器底部用增压风使其沿列管间隙自下而上流动，应注意催化剂入口管线避免水平布置，并要通入适量松动空气以适应高堆比催化剂输送的要求。气体在管间的流速为1.0～1.6m/s，列管无严重磨损，催化剂与气体一起自外取热器顶部流出返回再生器密相床。催化剂循环量由滑阀调节。

水在管内循环受热后部分汽化进入汽包，水汽分离得到饱和蒸汽。取热用水需经软化除去盐分或用回收的冷凝水。

M2-4 单动滑阀

(4) 特殊阀门

① 单动滑阀。单动滑阀用于床层反应器催化裂化和高低并列式提升管催化裂化装置。对提升管催化裂化装置，单动滑阀安装在两根输送催化剂的斜管上，其作用是：正常操作时用来调节催化剂在两器间的循环量，出现重大事故时用以切断再生器与反应沉降器之间的联系，以防造成更大事故。运转中，滑阀的正常开度为40%～60%。单动滑阀结构见图2-11。

M2-5 双动滑阀

② 双动滑阀。双动滑阀是一种两块阀板双向动作的超灵敏调节阀，

安装在再生器出口管线上（烟囱），其作用是调节再生器的压力，使之与反应沉降器保持一定的压差。设计滑阀时，两块阀板都留一缺口，即使滑阀全关时，中心仍有一定大小的通道，这样可避免再生器超压。图 2-12 是双动滑阀结构示意图。

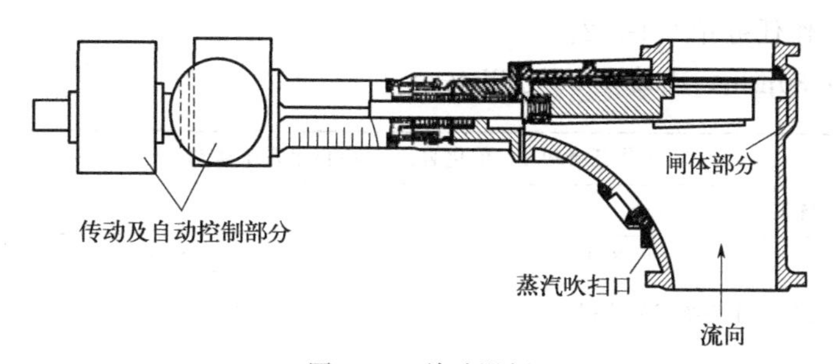

图 2-11 单动滑阀

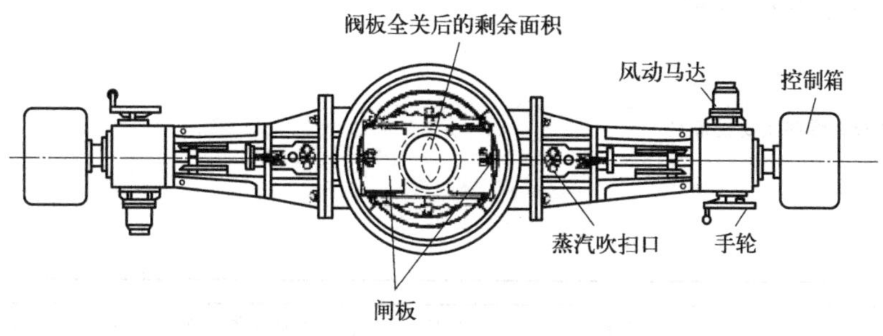

图 2-12 双动滑阀结构示意图

任务执行

通过催化裂化装置反应-再生系统的现场（沙盘）查找流程完成工作任务单 2-1-2-1、学习主要设备完成工作任务单 2-1-2-2。

要求：时间在 30min，成绩在 90 分以上。

工作任务单 1　催化裂化反应-再生系统认知		编号：2-1-2-1
考查内容：反应-再生系统工艺		
姓名：	学号：	成绩：
1. 简述催化裂化工艺反应-再生系统工艺流程。 2. 反应再生系统的基本任务是什么？ 3. 反应再生系统包括哪些主要设备？		

工作任务单 2　催化裂化反应-再生系统主要设备认知		编号：2-1-2-2
考查内容：催化裂化反应-再生主要设备认知		
姓名：	学号：	成绩：
1. 预提升段的作用是什么？ 2. 再生器的主要类型有哪些，由哪些部分组成？ 3. 旋风分离器的作用及主要结构部件有哪些？ 4. 辅助燃烧室的作用是什么？ 5. 单动滑阀的作用是什么？		

任务总结与评价

简要说明本次任务的收获与感悟。

任务三 催化裂化分馏系统认知

任务目标 ① 了解分馏工段的工艺原理、典型设备和关键参数，能够正确分析分馏工段各参数的影响因素；

② 掌握分馏工段的工艺流程，能够绘制 PFD 流程图。

任务描述 请你以操作人员的身份进入催化裂化装置分馏工段，了解分馏工段的工艺原理，掌握工艺流程，熟知关键参数与控制方案。

教学模式 理实一体、任务驱动

教学资源 沙盘、仿真软件及工作任务单（2-1-3）

任务学习

一、分馏系统工艺流程

分馏系统的主要任务是根据反应油气中各组分沸点的不同，将它们分离成富气、粗汽油、轻柴油、重柴油、回炼油、油浆。并保证汽油干点、轻柴油凝固点和闪点合格。分馏塔采用 30 层双溢流浮阀塔盘加 7 层人字挡板，由沉降器来的反应油气进入分馏塔（T301）底部的脱过热段，通过人字形挡板与上返塔循环油浆逆流接触，洗涤反应油气中催化剂并脱除过剩热量，使油气呈“饱和状态”进入分馏塔进行分馏，依次得到富气、粗汽油、轻柴油、重柴油、回炼油和油浆等馏分。

M2-6 催化裂化分馏塔

分馏塔顶油气经分馏塔顶冷凝器（E310/1-6）、分馏塔顶空冷器（E301/1-12）、分馏塔顶后冷器（E302/1-6）冷却至 40℃，进入分馏塔顶油气分离器（V301）进行气、液相分离。富气进入气压机；粗汽油经粗汽油泵（P301/1,2）抽出，进入吸收塔顶部作为吸收剂；酸性水经分顶注水泵（P310/1,2）加压，部分酸性水回注到分馏塔顶油气管线高点作为洗涤水、另一路作稳定系统富气水洗、其余外送至污水汽提。

轻柴油自分馏塔第十四或第十二层抽出，自流至轻柴油汽提塔（T302），经蒸汽汽提后，汽提塔顶气相返回分馏塔，轻柴油由轻柴油泵（P303/1,2）抽出后经轻柴油-原料油换热器（E307/1,2）、轻柴油-热媒水换热器（E303）、轻柴油-除盐水换热器（E304/4，5）换热至 60℃后，一路作为产品送至电精制；另一路经再吸收油冷却器（E306）冷却至 40℃，送至再吸收塔（T402）顶部作吸收剂。也可通过换热后出装置线直接送至柴油加氢装置作为加氢热进料。重柴油流程与轻柴油相似，重柴油换热后送出装置。

回炼油自分馏塔第二十九层自流至回炼油罐，经回炼油泵升压后一路经原料油混合器（MI301）与原料油混合后进入提升管反应器回炼，另一路返回分馏塔第二十九层。

分馏塔过剩热量分别由顶循环回流、一中段循环回流及油浆循环回流取走。顶循环回流自分馏塔第四层塔盘抽出，用顶循环回流泵（P302/1,2）升压，经顶循环油-热媒水换热器（E305/1,2）、催化塔顶回流空冷器（E303/1,2）使温度降至 90℃后返回分馏塔第一层。一中段回流油自分馏塔第十七层抽出，用一中回流泵（P304/1,2）升压，作为稳定塔底重沸器（E403）和解吸塔底重沸器（E401）的热源，再经催化一中段空冷器（E304/1-3）使温度降至 200℃返回分馏塔十四层。油浆自分馏塔底由油浆泵（P309/1-3）抽出后，经原料油-油浆换热器（E306/1,2）、油浆-一中油换热器（E302/1,2），然后经油浆蒸汽发生器

(E304/1-3) 发生 3.5MPa 蒸汽，使温度降至 280℃后，一路返回分馏塔；一路与原料油混合后进入提升管反应器回炼；另一路经外甩油浆泵（P309/4，5）升压，经 FIC364 送至常减压油浆拔头装置，必要时可经油浆正常外甩线（紧急外甩）经冷却水箱（E309）冷却至 120℃送至七罐区（如图 2-13 分馏系统工艺流程图）。

分馏系统主要过程在分馏塔内进行，与一般精馏塔相比，催化裂化分馏塔具有如下技术特点：分馏塔进料是过热气体，并带有催化剂细粉，所以进料口在塔的底部，塔下段用油浆循环以冲洗挡板和防止催化剂在塔底沉积，并经过油浆与原料换热取走过剩热量。油浆固体含量可用油浆回炼量或外排量来控制，塔底温度则用循环油浆流量和返塔温度进行控制。塔顶气态产品量大，为减少塔顶冷凝器负荷，塔顶也采用循环回流取热代替冷回流，以减少冷凝冷却器的总面积。由于全塔过剩热量大，为保证全塔气液负荷相差不过于悬殊，并回收高温位热量，除塔底设置油浆循环外，还设置中段循环回流取热。

二、分馏系统操作影响因素

一个生产装置，要做到高处理量、高收率、高质量和低消耗，除选择合理的工艺流程和先进的设备外，主要靠操作的好坏，其中包括在生产条件和生产任务不变时，如何保持平稳操作以及在生产条件改变时，如何在新的条件下，建立新的平稳操作。

平稳操作是指在生产中充分发挥设备潜力，生产高收率、高质量产品和降低消耗指标的前提下，做到各设备和全装置的物料平衡和热平衡。它们表现在操作中各工艺条件，包括流量、温度、压力和液面等的相对平稳上面；为此，必须首先讨论影响分馏操作的主要工艺因素，从而找出关键的经常对操作起作用的因素。

分馏塔分离效能的好坏的主要标志是分馏精确度。分馏精确度的高低，除与分馏塔的结构（塔板型式、板间距、塔板数等）有关外，在操作上的主要影响因素是温度、压力、回流量、塔内蒸汽线速、水蒸气吹入量及塔底液面等。

1. 温度

油气入塔温度，特别是塔顶、侧线温度都应严加控制。要保持分馏塔的平稳操作，最重要的是维持反应温度恒定。处理量一定时，油气入口温度高低直接影响进入塔内的热量，相应地塔顶和侧线温度都要变化，产品质量也随之变化。当油气温度不变时，回流量、回流温度、各馏出物数量的改变也会破坏塔内热平衡状态，引起各处温度的变化，其中最灵敏地反映出热平衡变化的是塔顶温度。

2. 压力

油品馏出所需温度与其油气分压有关，油气分压越低，馏出同样的油品所需的温度越低。油气分压是设备内的操作压力与油品分子摩尔分率的乘积；当塔内水蒸气量和惰性气体量（反应带入）不变时，油气分压随塔内操作压力的降低而降低。因此，在塔内负荷允许的情况下，降低塔内操作压力，或适当地增加入塔水蒸气量都可以使油气分压降低。

3. 回流量和回流返塔温度

回流提供气、液两相接触的条件，回流量和回流返塔温度直接影响全塔热平衡，从而影响分馏效果的好坏。对催化分馏塔，回流量大小、回流返塔温度的高低由全塔热平衡决定。随着塔内温度条件的改变，适当调节塔顶回流量和回流温度是维持塔顶温度平衡的手段，借以达到调节产品质量的目的。一般调节时以调节回流返塔温度为主。

4. 塔底液面

塔底液面的变化反映物料平衡的变化，物料平衡又取决于温度、流量和压力的平稳。反应深度对塔底液面影响较大。

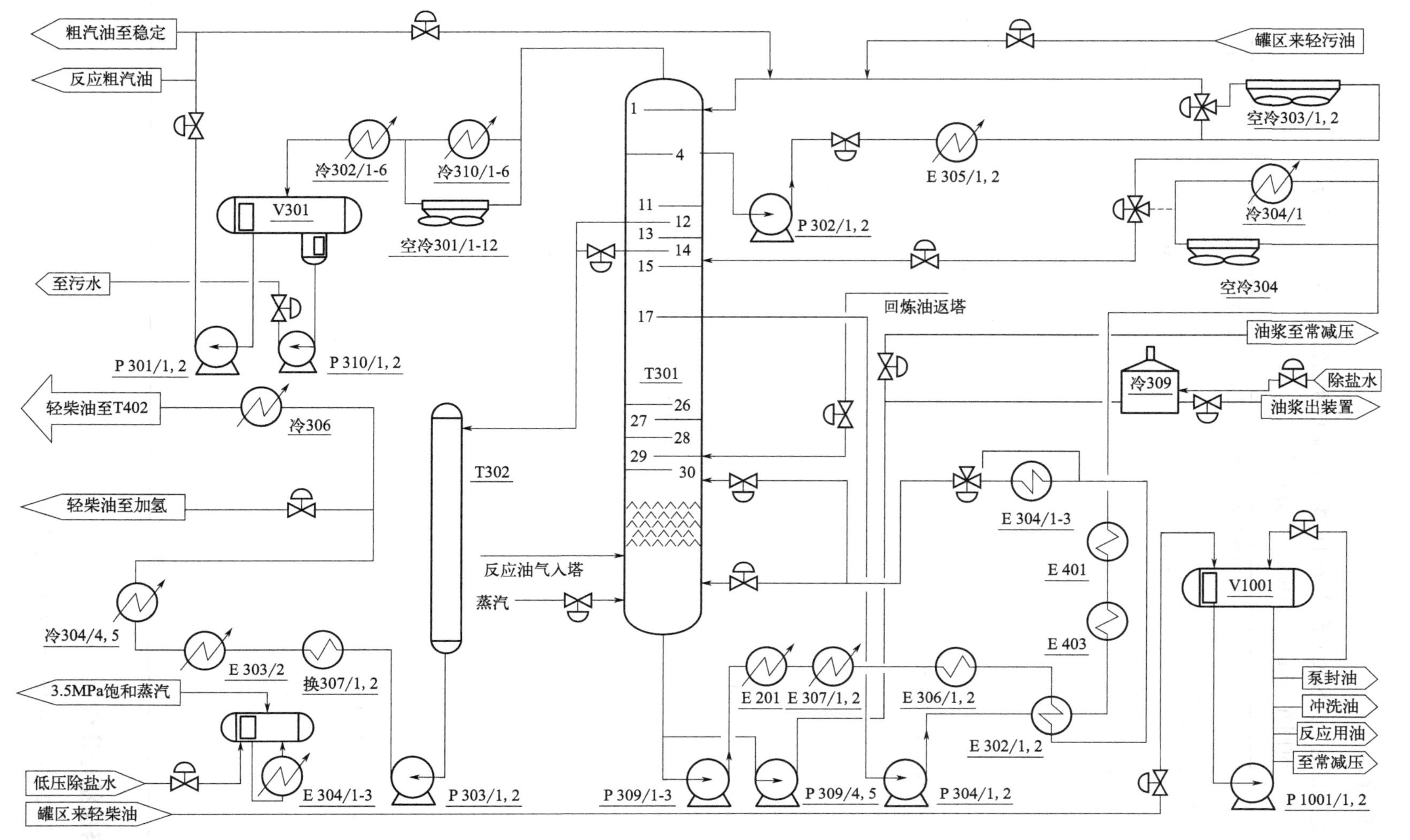

图 2-13　分馏系统工艺流程图

任务执行

通过催化裂化装置分馏系统的现场（沙盘）查找流程完成工作任务单 2-1-3

要求：时间在 30min，成绩在 90 分以上。

工作任务单　催化裂化分馏系统认知		编号：2-1-3
考查内容：分馏系统工艺		
姓名：	学号：	成绩：

1. 简述分馏系统的工艺流程。

2. 分馏系统的主要任务是什么？

3. 分馏塔脱过热段的作用是什么？

4. 分馏塔与常压塔相比有何异同？

5. 分馏系统主要操作影响因素有哪些？

任务总结与评价

简要说明本次任务的收获与感悟。

任务四 吸收稳定系统认知

任务目标 ① 了解吸收稳定工段的工艺原理和关键参数，能够正确分析吸收稳定工段各参数的影响因素；

② 掌握吸收稳定工段的工艺流程，能够绘制 PFD 流程图。

任务描述 请你以操作人员的身份进入催化裂化装置吸收稳定工段，了解吸收稳定工段的工艺原理，掌握工艺流程，熟知关键参数与控制方案。

教学模式 理实一体、任务驱动

教学资源 沙盘、仿真软件及工作任务单（2-1-4）

任务学习

一、吸收稳定系统工艺流程

吸收稳定系统的目的是将自分馏塔顶油气分离器出来的富气和粗汽油重新分离成干气（C_2 以下组分）、液化气（C_3、C_4 组分）和蒸气压合格的稳定汽油。

稳定塔采用 52 层双溢流 ADV 浮阀塔板，再吸收塔采用 30 层单溢流浮阀塔板，吸收塔采用 40 层双溢流浮阀塔盘。

M2-7 吸收稳定工段工艺流程

从分馏塔顶油气分离器（V301）来的富气经气压机入口油气分离器进入气压机一段进行压缩，然后由气压机中间冷却器冷至 40℃，进入气压机中间气液分离器进行气、液分离。分离出的富气再进入气压机二段，二段出口压力为 1.4MPa（绝）。气压机二段出口富气与解吸塔解吸气及富气洗涤水汇合一起至气压机出口空冷器（E405/1-3）冷却，然后和吸收塔底富吸收油混合经气压机出口冷却器（E401/1-3）冷却至 40℃，进入气压机出口油气分离器（V401）进行气、液分离。分离后的不凝气进入吸收塔（T401/1）下部，用粗汽油及稳定汽油作吸收剂进行吸收，吸收过程放出的热量由两个中段回流取走。塔顶贫气至再吸收塔（T402），用轻柴油作吸收剂进一步吸收后，干气自塔顶分出，一路作预提升干气，另一路送至干气及液化石油气脱硫装置脱硫，塔底富吸收油返回分馏塔。

凝缩油由凝缩油泵（P401/1,2）从 V401 抽出后分两路：一路经稳定汽油-凝缩油换热器（E404）加热进入解吸塔中部两段填料之间；另一路直接进入解吸塔顶部。解吸塔底重沸器（E401）由一中循环回流油提供热源，以解吸出凝缩油中的 C_2 组分。解吸塔顶的解吸气返回气压机出口分离器，解吸塔底的脱乙烷汽油由塔底自流或经稳定塔进料泵（泵 403/1,2）升压，经稳定塔进料换热器（E402/1,2）与稳定汽油换热后送至稳定塔（T403）进行多组分分馏，稳定塔底重沸器（E403）由分馏塔一中循环回流油提供热量。液化石油气从塔顶馏出，经稳定塔顶冷却器（E403/1-6）冷至 40℃后进入稳定塔顶回流罐。液化石油气经稳定塔顶回流油泵（P404/1,2）抽出后，一部分作稳定塔回流，其余作为液化石油气产品送至干气及液化石油气脱硫装置脱硫及脱硫醇。稳定汽油从稳定塔底流出，经稳定塔进料换热器（E402/1,2）、稳定汽油-凝缩油换热器（E404）、稳定汽油冷却器（E404/1-4）冷却至 40℃后，一部分送至汽油加氢装置，另一部分由稳定汽油泵（P405/1,2）升压送至吸收塔作补充吸收剂（如图 2-14 吸收-稳定系统工艺流程图）。

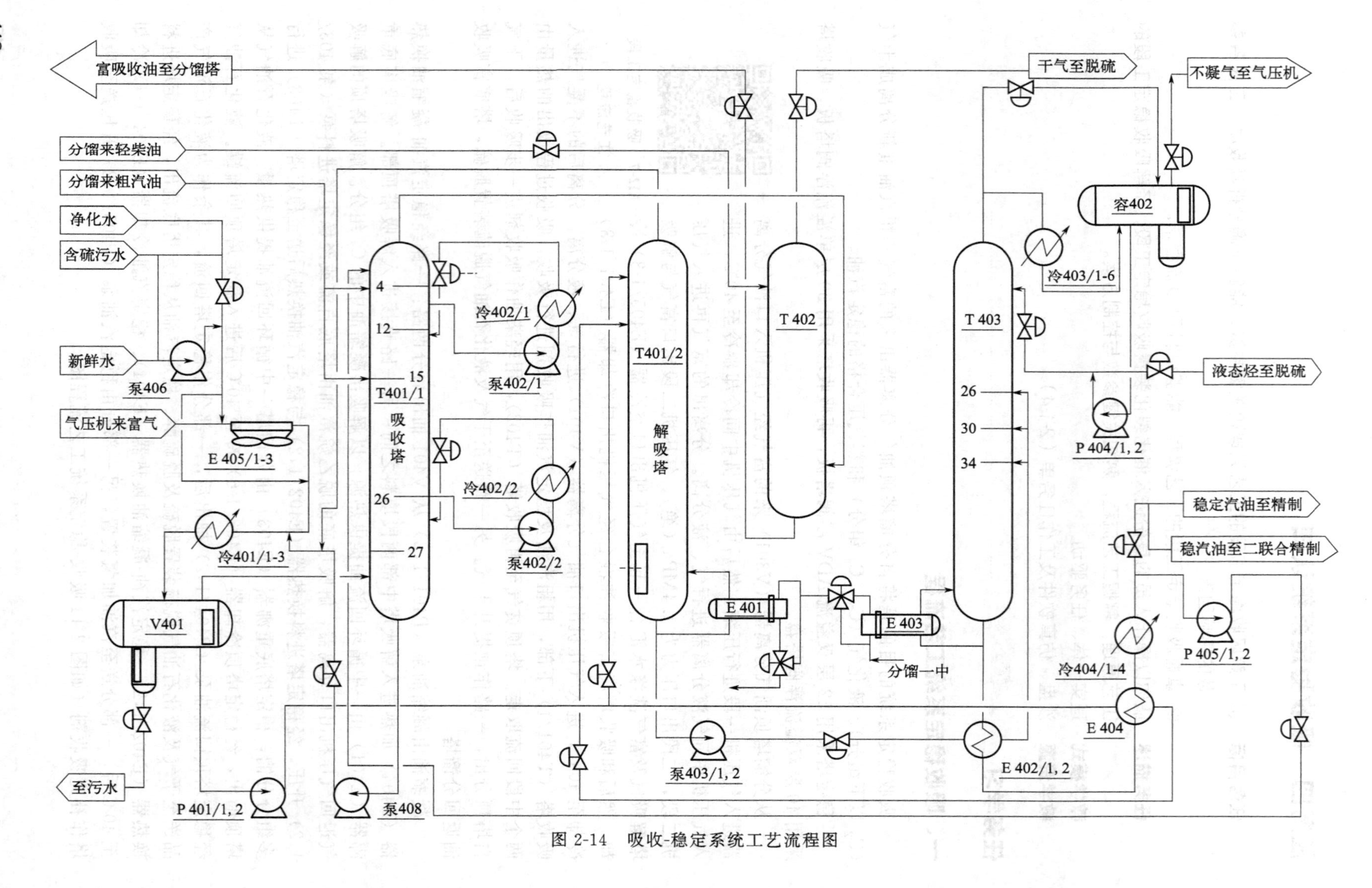

图 2-14　吸收-稳定系统工艺流程图

二、影响吸收稳定系统操作因素

1. 吸收操作影响因素

影响吸收的因素很多，主要有：油气比，操作温度、操作压力、吸收塔结构、吸收剂和溶质气体的性质等。对具体装置，吸收塔的结构、吸收剂和气体性质等因素都已确定，吸收效果主要靠适宜的操作条件来保证。

（1）油气比　油气比是指吸收油用量（粗汽油与稳定汽油）与进塔的压缩富气量之比。当催化裂化装置的处理量与操作条件一定时，吸收塔的进气量也基本保持不变，油气比大小取决于吸收剂用量的多少。增加吸收油用量，可增加吸收推动力。从而提高吸收速率，即加大油气比，利于吸收完全。但油气比过大，会降低富吸收油中溶质浓度，不利于解吸；会使解吸塔和稳定塔的液体负荷增加，塔底重沸器热负荷加大、回循环输送吸收油的动力消耗也要加大；同时，补充吸收油用量越大，被吸收塔顶贫气带出的汽油量也越多，因而再吸收塔吸收柴油用量也要增加，又加大了再吸收塔与分馏塔负荷。从而导致操作费用增加。另外，油气比也不可过小，它受到最小油气比限制。当油气比减小时，吸收油用量减小，吸收推动力下降，富吸收油浓度增加。当吸收油用量减小到使富吸油操作浓度等于平衡浓度时，吸收推动力为零，是吸收油用量的极限状况，称为最小吸收油用量，其对应的油气比即为最小油气比。实际操作中采用的油气比应为最小油气比的 1.1～2.0 倍。一般吸收油与压缩富气的质量比大约为 2。

（2）操作温度　由于吸收油吸收富气的过程有放热效应，吸收油自塔顶流到塔底，温度有所升高。因此，在塔的中部设有两个中段冷却回流，经冷却器用冷却水将其热量带走，以降低吸收油温度。

降低吸收油温度，对吸收操作是有利的。因为吸收油温度越低，气体溶质溶解度越大，这样，就加快吸收速率，有利于提高吸收率。然而，吸收油温度的降低，要靠降低入塔富气、粗汽油、稳定汽油的冷却温度和增加塔的中段冷却取热量。这要过多地消耗冷剂用量，使费用增大。而且这些都受到冷却器能力和冷却水温度的限制，温度不可能降得太低。

对于再吸收塔，如果温度太低，会使轻柴油黏度增大，反而降低吸收效果。一般控制在 40℃左右较为合适。

（3）操作压力　提高吸收塔操作压力，有利于吸收过程的进行。但加压吸收需要使用大压缩机，使塔壁增厚，费用增大。实际操作中，吸收塔压力已由压缩机的能力及吸收塔前各个设备的压降所决定，多数情况下，塔的压力很少是可调的。催化裂化吸收塔压力一般在 0.78～1.37MPa（绝）(8～14kg/cm^2)，在操作时应注意维持塔压，不使降低。

2. 影响再吸收塔操作因素

再吸收塔吸收温度为 50～60℃，压力一般在 0.78～1.08MPa（绝）(8～11kg/cm^2)。用轻柴油作吸收剂，吸收贫气中所带出的少量汽油。由于轻柴油很容易溶解汽油，所以，通常给定了适量轻柴油后，不需要经常调节，就能满足干气质量要求。

M2-8　吸收塔

再吸收塔操作主要是控制好塔底液面，防止液位失控，造成燃料气管线堵塞憋压，影响干气利用。另外要防止液面压空，瓦斯压入分馏塔影响压力波动。

3. 影响解吸的操作因素

解吸塔的操作要求主要是控制脱乙烷汽油中的乙烷含量。要使稳定塔停排不凝气，解吸塔的操作是关键环节之一，需要将脱乙烷汽油中乙烷解吸到0.5%以下。

与吸收过程相反，高温低压对解吸有利。但在实际操作上，解吸塔压力取决于吸收塔或其气液平衡罐的压力，不可能降低。对于吸收解吸单塔流程，解吸段压力由吸收段压力来决定；对于吸收解吸双塔流程，解吸气要进入气液平衡罐，因而解吸塔压力要比吸收塔压力高50kPa（$0.5kg/cm^2$）左右，否则，解吸气排不出去。所以，要使脱乙烷汽油中乙烷解吸率达到规定要求，只有靠提高解吸温度。通常，通过控制解吸重沸器出口温度来控制脱乙烷汽油中的乙烷含量。温度控制要适当，太高会使大量C_3、C_4组分被解吸出来，影响液化气收率；太低则不能满足乙烷解吸率要求；必须采取适宜的操作温度，既要把脱乙烷汽油中的C_2脱净，又要保证干气中的C_3、C_4含量不大于3%（体积分数），其实际解吸温度因操作压力而不同。

4. 影响稳定过程操作因素

稳定塔的任务是把脱乙烷汽油中的C_3、C_4进一步分离出来，塔顶出液化气，塔底出稳定汽油。控制产品质量要保证稳定汽油蒸气压合格；要使稳定汽油中C_3、C_4含量不大于1%，尽量回收液化气；同时，要使液化气中C_5含量尽量少，最好分离到液化气中不含C_5。这样，使稳定汽油收率不减少；使下游气体分馏装置不需要设脱C_5塔；还能使民用液化气不留残液，利于节能。

影响稳定塔的操作因素主要有：回流比、压力、进料位置和塔底温度。

（1）回流比　回流比即回流量与产品量之比。稳定塔回流为液化气，产品量为液化气加不凝气。按适宜的回流比来控制回流量，是稳定塔的操作特点。稳定塔首先要保证塔底汽油蒸气压合格，剩余的轻组分全部从塔顶蒸出。塔底液化气是多元组分，塔顶组成的小变化，从温度上反应不够灵敏。因此，稳定塔不可能通过控制塔顶温度来调节回流量，而是按一定回流比来调节，以保证其精馏效果。一般稳定塔控制回流比为1.7～2.0。采取深度稳定操作的装置，回流比适当提高至2.4～2.7，以提高C_3、C_4馏分的回收率。回流比过小，精馏效果差，液化气会大量带重组分（CS、CO等）；回流比过大，要使汽油蒸气压合格，相应要增大塔底重沸器热负荷和塔顶冷凝冷却器负荷，降低冷凝效果，甚至使不凝气排放量加大，液化气产量减少。

（2）塔顶压力　稳定塔压力应以控制液化气（C_3、C_4）完全冷凝为准，也就是使操作压力高于液化气在冷后温度下的饱和蒸气压，否则，在液化气的泡点温度下，不易保持全凝，不能解决排放不凝气的问题。

稳定塔操作的好坏受解吸塔乙烷脱除率的影响很大。乙烷脱除率低，则脱乙烷汽油中乙烷含量高，当高到使稳定塔顶液化气不能在操作压力下全部冷凝时，就要有不凝气排至瓦斯管网。此时，因回流罐是一次平衡气化操作，必然有较多的液化气（C_3、C_4）也被带至瓦斯管网。所以，根据组成控制好解吸塔底重沸器出口温度对保证液化气回收率是十分重要的。

稳定塔排放不凝气问题，还与塔顶冷凝器冷凝效果有关。液化气冷后温度高，不凝气量也就大。冷后温度主要受气温、冷却水温、冷却面积等因素影响。适当提高稳定塔操作压力，则液化气的泡点温度也随之提高。这样，在液化气冷后温度下，易于冷凝，利于减少不凝气。提高塔压后，稳定塔重沸器的热负荷要相应增加，以保证稳定汽油蒸气压合格。而增大塔底加热量，往往会受到热源不足的限制。一般稳定塔压力为0.98～1.37MPa（绝）（$10\sim14kg/cm^2$）。

稳定塔压力控制，有的采用塔顶冷凝器热旁路压力调节的方法，这一方法常用于冷凝器安装位置低于回流油罐的“浸没式冷凝器”场合；有的则采用直接控制塔顶流出阀的方法，用于如塔顶使用空冷器，其安装位置高于回流罐的场合。

（3）进料位置　稳定塔进料设有三个进料口，进料在入稳定塔前，先要与稳定汽油换热、升温，使部分进料汽化。进料的预热温度直接影响稳定塔的精馏操作，进料预热温度高时，气化量大，气相中重组分增多。此时，如果开上进料口，则容易使重组分进入塔顶轻组分中，降低精馏效果。因此，应根据进料温度的不同，使用不同进料口。总的原则是：根据进料气化程度选择进料位置；进料温度高时使用下进料口；进料温度低时，使用上进料口；夏季开下口，冬季开上口。

（4）塔底温度　塔底温度以保证稳定汽油蒸气压合格为准。汽油蒸气压高则应提高塔底温度，反之，则应降低塔底温度，应控制好塔底重沸器加热温度。

如果塔底重沸器热源不足，进料预热温度也不可能再提高，则只得适当降低操作压力或减小回流比，以少许降低稳定塔精馏效果，来保证塔底产品质量合格。

任务执行

通过催化裂化装置吸收稳定系统的现场（沙盘）查找流程完成工作任务单2-1-4。

要求：时间在30min，成绩在90分以上。

工作任务单　催化裂化吸收稳定系统认知		编号：2-1-4
考查内容：吸收稳定系统工艺		
姓名：	学号：	成绩：

1. 简述吸收稳定系统的工艺流程。

2. 吸收稳定系统的作用是什么？

3. 稳定塔有哪些产品？

4. 吸收塔的作用是什么？

5. 吸收塔为什么设有中段循环回流？

6. 何为富吸收油、脱乙烷汽油？

7. 吸收稳定系统操作影响因素有哪些？

任务总结与评价

简要说明本次任务的收获与感悟。

任务五　干气及液化气脱硫系统认知

任务目标　① 了解干气及液化气脱硫工段的工艺原理，能够正确分析干气及液化气脱硫工段各参数的影响因素；

② 掌握分馏再生工段的工艺流程，能够绘制 PFD 流程图。

任务描述　请你以操作人员的身份进入催化裂化装置干气及液化气脱硫工段，了解干气及液化气脱硫工段的工艺原理，掌握工艺流程，熟知关键参数与控制方案。

教学模式　理实一体、任务驱动

教学资源　沙盘、仿真软件及工作任务单（2-1-5）

任务学习

干气、液化气脱硫工艺流程

干气及液化气脱硫采用醇胺法脱硫。醇胺法脱硫工艺，脱硫剂为复合型甲基二乙醇胺（MDEA）溶剂，溶剂再生采用常规蒸汽再生。净化干气去变压吸附（PSA）装置或瓦斯系统，脱后液化气进入脱硫醇系统经与催化剂碱液反应脱除硫醇硫后出装置，碱液再生后循环使用（如图 2-15）。

催化干气由吸收稳定的再吸收塔（T402）来，经气-液分离器（V701/1）分离出部分柴油后进入干气吸收塔（T702）下部，与上部下来的脱硫剂溶液进行逆向接触，气体中的 H_2S、CO_2 被吸收在胺液中，塔顶净化后的气体经 V701/2 分离出少量胺液后，一部分至气压机作为干气密封，一部分至反应提升管作为干气预提升，绝大部分干气送至聚丙烯装置。PIC-701 阀后的瓦斯供高压瓦斯管网加热炉使用，多余的直接经 PIC-707，在保证高瓦压力后至中压管网，如果中压管网压力较高，瓦斯可经 PIC-705 至 DN600 的低压管网。

M2-9　脱硫吸收塔

吸收了酸性气的胺液，从塔 T702 底经 LIC-702 流出，与 T701 底出来的富液汇合，先经贫富液换热器（E701/1,2）进行换热至 90℃，再进入富液闪蒸罐（V705），将富液中所含的烃类分离出来，分离出来的闪蒸气经压控阀至 DN600 的火炬线，V705 的富液经液控阀自压入塔内有 21 层浮阀塔盘的溶剂再生塔（T703）上部，与塔底上升的酸性气逆流接触，在塔的下部，富液由重沸器供给热量，温度控制在 124℃左右，将富液中的 H_2S 和 CO_2 解吸出来，解吸后的贫液和酸性气进 E702/1,2 冷却后，进入气液分离器（V702），酸性水用泵 702 打回塔 T703 做冷回流，酸性气则送至硫黄装置。

塔 T703 底重沸器的热源由管网 1.0MPa 蒸汽供给［再生塔底重沸器热源备用 0.4MPa（147℃）的蒸汽，以防止由于温度过高，造成溶剂的热降解，目前做备用］，蒸汽经 PIC-711 就地调节压力在 0.4～0.6MPa，由 PIC-705 来的除氧水降温降压，再经减 701 混合、分 704 分液后，进入换 702 管程加热溶剂，冷凝水经分 703 和 LIC-704 至 CO 锅炉除氧器。

脱硫液态烃（液化气）自吸收稳定泵 404 来，与重整液态烃合流后进入脱硫精制塔（塔 T701），与塔顶下来的脱硫剂水溶液逆向接触，通过填料进行液-液相抽提，以脱除液态烃中的酸性气体（即 H_2S+CO_2）。

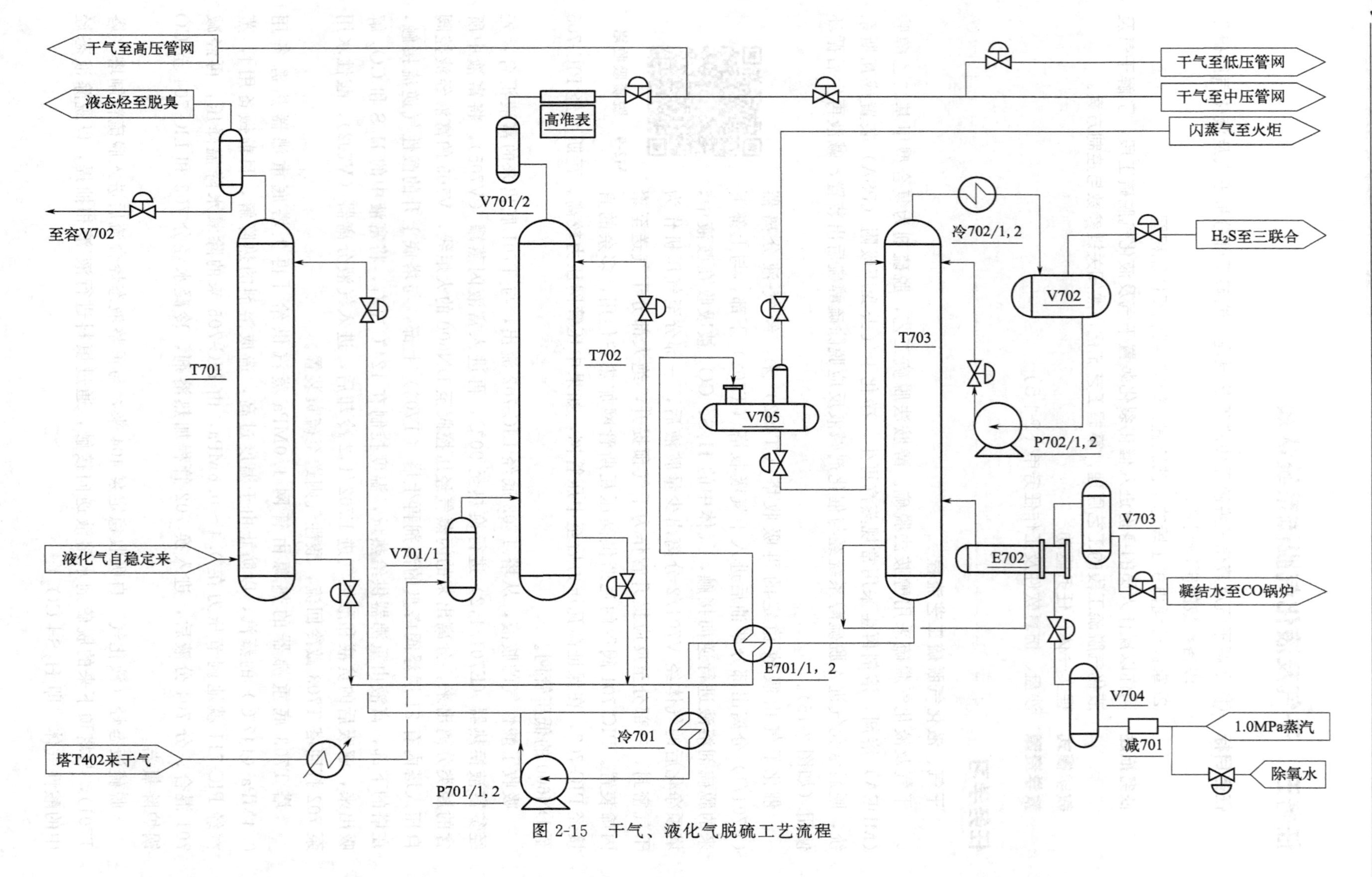

图 2-15　干气、液化气脱硫工艺流程

吸收了酸性气的胺液（称富液），从塔 T701 底经 LIC-701 后流出，先经贫-富液换热器（E701/1,2）进行换热至 90℃，再进入富液闪蒸罐（V705），将富液中所含的烃类分离出来，分离后的闪蒸气经压控阀至 DN600 的火炬线，V705 的富液经液控阀自压入塔内有 21 层浮阀塔盘的溶剂再生塔（塔 T703）上部，借助塔底重沸器（E702）的蒸汽热源将胺液加热到 124℃左右，使酸性气体从胺液中解吸出来。从塔顶逸出的酸性气、水和少量胺液的蒸汽经塔顶冷凝器冷凝成液体和酸性气一同进入塔顶的气-液分离器，液体作为塔 T703 顶部回流，经泵 T702/1,2 打回至塔 T703，酸性气则经 PIC-702 作为硫黄装置的原料。

再生后的胺液（称贫液）由塔 703 底流出，再经水冷却器 E701 冷却后，再次作为吸收剂，由泵 701/1，2 打回塔 T701、塔 T702，从而完成了液态烃胺液抽提的胺液循环。脱除了 H_2S 的液态烃至液态烃脱硫醇装置。

任务执行

通过催化裂化装置干气、液化气脱硫系统的现场（沙盘）查找流程完成工作任务单 2-1-5。要求：时间在 30min，成绩在 90 分以上。

工作任务单　催化裂化干气、液化气脱硫系统认知		编号：2-1-5
考查内容：干气、液化气脱硫系统工艺		
姓名：	学号：	成绩：
1. 简述干气、液化气脱硫系统的工艺流程。 2. 干气、液化气脱硫系统的作用是什么？		

任务总结与评价

简要说明本次任务的收获与感悟。

任务六 液化气脱硫醇系统认知

任务目标 ① 了解液化气脱硫醇工段的工艺原理，能够正确分析液化气脱硫醇工段各参数的影响因素；

② 掌握液化气脱硫醇工段的工艺流程，能够绘制 PFD 流程图。

任务描述 请你以操作人员的身份进入催化裂化装置液化气脱硫醇工段，了解液化气脱硫醇工段的工艺原理，掌握工艺流程，熟知关键参数与控制方案。

教学模式 理实一体、任务驱动

教学资源 沙盘、仿真软件及工作任务单（2-1-6）

任务学习

液态烃脱硫醇工艺流程

采用碱液预碱洗及催化剂碱液脱硫醇的方法。

自稳定工段过来的液态烃经过气体脱硫装置脱硫后送至原料预碱洗罐（V807），用 P805 抽 10%碱液闭路循环至 V807 预碱洗，脱除残留的 H_2S 和部分酸性物质。之后在抽提塔 T806 内与含催化剂的碱液进行逆向抽提脱去硫醇。液态烃从塔顶出来，经水洗混合器（混 809）水洗携带的碱液后进入精制产品罐（V809），精制后液态烃从罐顶出来，经 PIC-803 用 P806/1,2 或自压至八罐区，含碱污水自 V809 底部排入地漏自流至污水处理厂。

从抽提塔出来的碱液，与压缩空气混合，在氧化塔（T807）借鲍尔环的表面使气液充分接触，在 0.3MPa 的压力及一定的反应时间内，硫醇钠基本氧化完毕，反应物从塔顶流出，进入碱液-尾气分离罐（V808），尾气经分液柱顶部的捕雾器除去少量的碱液雾滴后，经 PIC-802 至尾气炉焚烧；再生后的碱液从罐底抽出，用 P807 打入 T806 循环使用（如图 2-16 液态烃脱硫醇工艺流程图）。

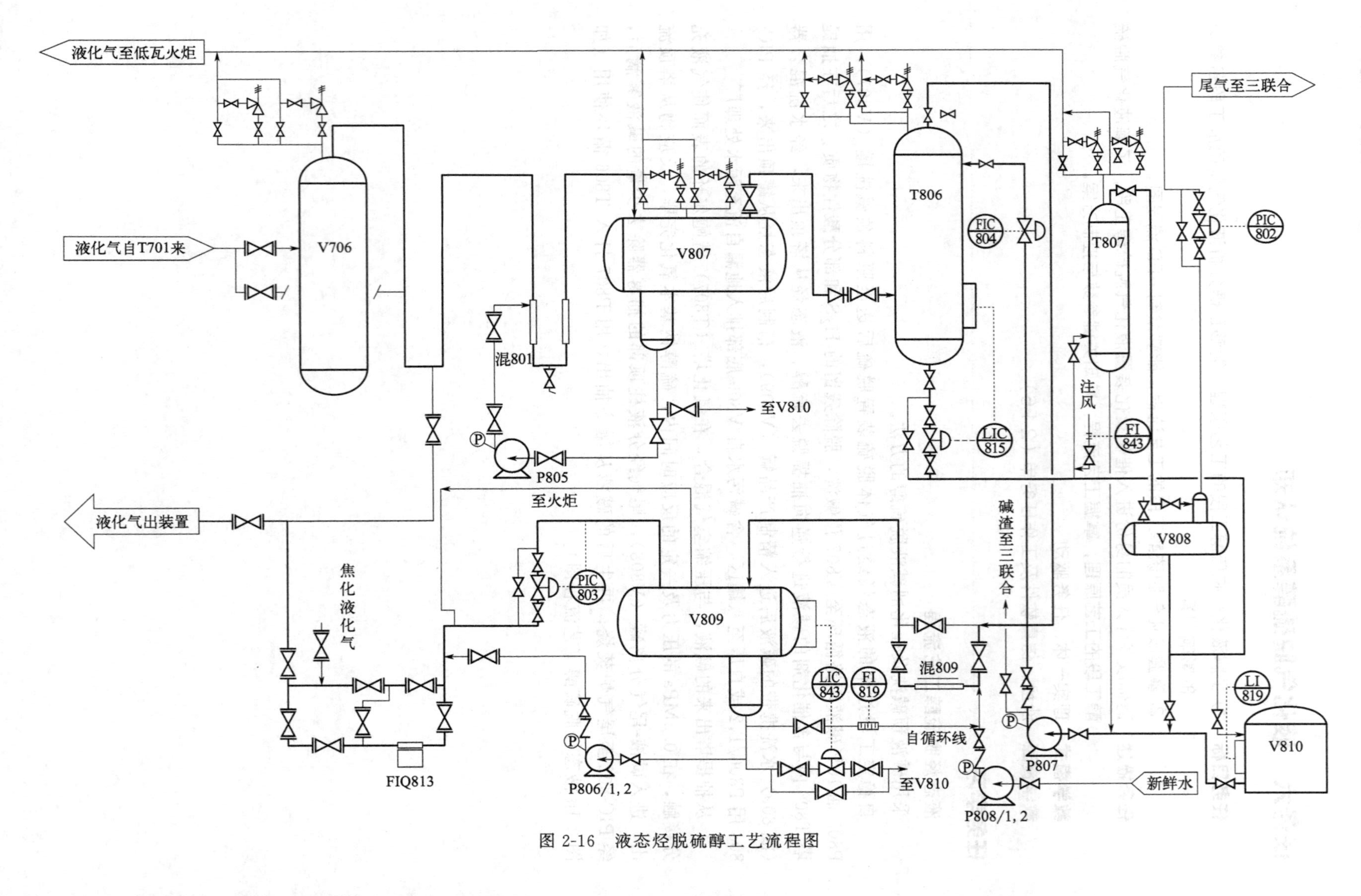

图 2-16 液态烃脱硫醇工艺流程图

任务执行

通过催化裂化装置液态烃脱硫醇系统的现场（沙盘）查找流程完成工作任务单 2-1-6。要求：时间在 30min，成绩在 90 分以上。

工作任务单　催化裂化液态烃脱硫醇系统认知		编号:2-1-6
考查内容:液态烃脱硫醇系统工艺		
姓名:	学号:	成绩:

1. 简述液态烃脱硫醇系统的工艺流程。

2. 液态烃脱硫醇系统的作用是什么?

任务总结与评价

简要说明本次任务的收获与感悟。

【项目综合评价】

姓名		学号		班级	
组别		组长		成员	
项目名称					

维度	评价内容	自评	互评	师评	等级
知识	了解催化裂化发展简史，掌握催化裂化反应类型、原料、产品和催化剂的特点（10分）				
	掌握催化裂化各系统的工艺流程，了解主要设备的结构及作用（10分）				
能力	能根据反应再生系统工艺装置的布局，在现场正确找到主要设备及物料管线，并正确流利地叙述工艺流程（10分）				
	能根据分馏系统工艺装置的布局，在现场正确找到主要设备及物料管线，并正确流利地叙述工艺流程（10分）				
	能根据吸收稳定系统工艺装置的布局，在现场正确找到主要设备及物料管线，并正确流利地叙述工艺流程（10分）				
	能根据干气、液化气脱硫系统工艺装置的布局，在现场正确找到主要设备及物料管线，并正确流利地叙述工艺流程（5分）				
	根据操作规程，配合班组指令，进行催化裂化系统的开车操作（15分）				
	能够熟练操作催化裂化仿真软件，能对实际操作中出现的问题正确进行分析，能够解决操作过程中的问题（5分）				
	能正确识图、绘制工艺流程图，能叙述流程并找出对应的管路，能够说出设备的特点及作用（10分）				
素质	通过学习，了解石油化工生产技术专业的发展现状和趋势，具有初步的石油化工生产工艺技术改造与技术革新的能力（5分）				
	通过对交互式仿真软件的操作练习，培养动手能力、团队协作能力、沟通能力、具体问题具体分析能力，使理论知识更好地与实践知识相结合，培养职业发展学习的能力；通过叙述工艺流程，培养语言组织、语言表达能力（5分）				
	结合工厂实际情况讲述工艺流程，了解石油化工生产技术专业的发展现状和趋势，增强岗位责任意识及创业意识（5分）				
我的反思	我的收获				
	我遇到的问题				
	我最感兴趣的部分				
	其他				

项目二
催化裂化装置正常生产与调节

【学习目标】

知识目标

① 熟悉催化裂化工艺中的各主要设备在生产中的作用；

② 熟悉催化裂化工艺中各设备的关键控制指标；

③ 掌握催化裂化工艺仿真软件中的关键指标的控制要点。

技能目标

① 能够清晰描述各工段、各设备在催化裂化工艺运行过程中的作用；

② 能够清晰描述不同工况下进行正常生产与调节的操作原则；

③ 能够完成催化裂化工艺仿真软件中的正常生产与调节任务操作。

素质目标

① 具备较强的表达能力和沟通能力；

② 具备严格遵守岗位操作规程，密切关注生产状况的良好职业习惯；

③ 通过完成不同生产任务场景下的仿真软件操作，培养分析问题、解决问题的能力。

【项目导言】

正常生产与调节是化工装置连续平稳安全运行及提升产品品质的重要保障，同时正常生产与调节也是内操岗位员工的日常工作内容与重要职责。在化工企业，内操岗位员工需要掌握装置知识、工艺操作、装置安全知识、装置应急处置程序等内容，其中工艺操作包括开车准备、开车操作、正常操作、停车操作；正常生产与调节过程中，主要是针对装置的流量、压力、温度和物位的参数进行调节；而在化工企业内操员的工艺操作的训练一般是通过仿真软件来进行的，所以本项目以催化裂化装置工艺仿真软件为载体，在学生们了解了催化裂化工艺原理、工艺流程的基础上，以实际生产场景中会遇到的问题为任务，训练学生分析工艺问题、使用仿真软件解决实际生产问题的能力。

化工生产的主要操作参数包括温度、压力、液位、流量等，这些参数能够影响化工过程的运行状态。

温度：正确的控制操作温度是保证产品质量和安全生产的重要举措。如果不控制温度，温度过高可能引起反应失控发生冲料或爆炸；也可能引起反应物料分解燃烧、爆炸；或由于低沸点液体和液化烃介质急剧汽化，造成超压爆炸。温度过低，则会导致反应停止或不充分，影响产量；也可能导致精馏塔组分变化，导致产品质量不合格；甚至可能导致某些物料冻结，造成管路堵塞或破裂，致使易燃物料泄漏引起燃烧、爆炸。

压力：在化工生产中，有许多反应需要在一定压力下进行，而超压是造成火灾爆炸事故的重要原因之一。加压会扩大化工物质的爆炸范围；超过设备的设计压力，还会导致设备变形、渗漏、破裂和爆炸。

液位：在化工生产中需要控制设备液位，反应釜、精馏塔、罐等都需要将液位控制在标准范围内，液位过高或过低都会对生产操作产生较大影响，影响产品质量，一旦液位排空，将会导致设备采出泵空转，损坏设备，造成事故。

流量：在化工生产中，流量和温度、压力、液位等参数密切相关，流量发生大幅度波动，会导致其他参数的异常。比如设备的进料流量和采出流量变化会对设备液位产生明显的影响；换热器蒸汽流量变化会对温度产生较大影响；对于部分设备，氮气流量和排放火炬流量的变化会对压力产生显著影响。

【项目实施任务列表】

任务名称	总体要求	工作任务单	建议课时
任务一 进料负荷提至105%操作	通过该任务，了解催化裂化装置提高进料负荷的操作过程，关键控制指标；提进料负荷操作至105%，维持各生产指标平稳	2-2-1	2
任务二 分馏塔底提高油浆返塔循环量	通过该任务，了解催化裂化装置分馏塔油浆返塔循环量的工艺作用以及调节方法；平稳调整分馏塔底油浆返塔循环量，维持分馏塔各项指标在正常范围内	2-2-2	1
任务三 提高吸收塔中段回流量和吸收效率	通过该任务，了解吸收塔吸收效率的影响因素；平稳操作提高吸收塔中段回流量，维持吸收塔温度在正常范围内	2-2-3	1

任务一　进料负荷提至105%操作

任务目标　① 熟悉催化裂化反再工段的工艺流程；
② 熟悉提升管反应器、再生器等主要设备的运行参数；
③ 掌握催化裂化反再工段的参数调节方法。

任务描述　请你以内操员的身份进入催化裂化工艺装置的中控室，在催化裂化装置反再工段提升进料负荷的生产指令下，需操作人员完成提进料负荷至105%的操作任务，控制反应温度与压力，保证反再工段的连续稳定运行。

教学模式　理实一体、任务驱动

教学资源　仿真软件及工作任务单（2-2-1）

任务学习

反再系统是催化裂化装置的核心所在，由反应器、再生器以及相应的其他设备如提升管反应器、外取热器、催化剂输送管线、辅助燃烧室等组成。在实际生产中，因上游装置来料量的变化，经常会有下游原料进料量即进料负荷的调整，进料负荷变大，容易导致反应温度下降，反应压力升高、两器压差减小，进而影响两器流化，导致整个反应再生系统生产运行出现异常，因此，在操作上要遵循严格的操作条件，调节幅度要小，防止系统出现波动。

一、催化裂化反再工段工艺概述

催化裂化反再工段的主要作用，是将原料与来自再生器的催化剂，在提升蒸汽的作用下通过提升管反应器，发生反应生成混有催化剂的混合油气；再将混合油气与催化剂分离，混合油气去分馏工段进行分离，催化剂经烧焦炉、再生器烧去表面焦炭后，返回提升管反应器底部，重新参与催化裂化反应。

催化裂化反再工段在正常工况下，原料进料负荷 FIC103 为 214t/h，雾化蒸汽进口流量 FIC104 为 6.43t/h，提升管进口段温度 TI101 为 508.1℃，提升管中部温度 TI111 为 507.2℃，提升管顶部温度为 505.8℃，提升管反应器中段压力 PI107 为 0.29MPa，提升管反应器上段压力 PI106 为 0.29MPa，反应器出口压力 PI118 为 0.29MPa；沉降室顶部温度 TI112 为 500.7℃，沉降室密相段温度 TI102 为 500℃，预提升蒸汽进口流量为 3.21t/h，沉降室密相料位 LICA101 为 50%，待生催化剂出口压力 PI104 为 0.29MPa，再生器顶部压力 PICA112 为 0.3MPa，再生器上段温度 TI109 为 693℃，再生器中段内部温度 TI108 为 697.1℃，再生器料位 LICA104 为 50%；烧焦罐底部温度 TI104 为 434℃，烧焦罐中部温度为 700℃，烧焦罐料位 LI102 为 50%。

二、反再工段关键控制方案

反再工段关键设备有提升管反应器、再生器、沉降室。其中关键指标有：提升管反应器顶部温度 TICA103，沉降室顶压力 PICA105，再生器顶部压力 PICA112，再生器料位 LICA104、再生器中段内部温度 TI108 等。

1. 提升管反应器顶部温度 TICA103 的控制

M2-10　反应再生系统动画

提升管反应器顶部温度主要由 TICA103、PdRA101 低选控制再生滑阀开度调节催化剂循环量来控制。催化裂化的反应过程以吸热反应为主，反应温度升高转化率增加，反应温度可通过调节催化剂循环量来控制，它对反应产物及反应类型有着重要的直接影响，影响反应温度的因素，应从吸热（原料汽化反应）、放热（烧焦）及剂油比的变化几方面考虑，为防止原料油在提升管因反应温度低、裂化不良造成设备内部结焦，当提升管反应器顶部温度降至 480℃，必须降量，当提升管反应器顶部温度降至 460℃，需切断进料。

控制目标：指令值的±1.5℃

控制范围：500～510℃

总进料增加，温度下降，通过控制再生滑阀开度调节催化剂循环量以调节反应出口温度，若采取以上方法后，反应区出口温度仍低时，可请示调度室适当降低进料量。

2. 反应压力的控制

反应压力指沉降室顶压力 PICA105，反应压力是维持两器之间催化剂循环的关键参数，在系统压力平衡中起主导作用，对再生器压力、两器差压有极其重要的影响，反应压力大幅度波动会造成流化中断，油气和空气互窜，反应温度大幅波动，烟囱冒黄烟，甚至发生爆炸等恶性事故。因此，无论在何种操作状态，都要尽可能保证反应压力的平稳。

控制目标：0.3MPa

控制范围：130～190kPa

控制方式：正常情况下，反应沉降器顶压力 PICA105 是由主风机压力 PI119 的来控制。

3. 中段内部温度的控制

再生器温度对催化剂循环量、烧焦效果，对旋风分离器等设备都有严重影响，为主要控制参数之一。在生产中要关注再生器的温度分布情况，重点关注烧焦罐下部温度 TI104。

烧焦罐温度对烧焦效果、催化剂循环量等均会产生影响。烧焦罐温度必须控制在一定范

围内，主要受再烧焦比例、生焦量、再生器带来的热量的影响。

控制目标：指标值±10℃

控制范围：650～700℃

控制方式：主要是通过控制外取热器下滑阀 TICA105 的开度，来调整外取热器取热负荷，外取热器下滑阀开度增加，外取热负荷增加，烧焦罐温度下降。

4. 再生器压力的控制

再生压力是影响反再压力平衡的主要因素，它受反应压力、主风机出口压力的限制，对再生器的烧焦强度、催化剂循环量、两器差压、再生线路推动力、烟气动力回收等有重要影响，控制较高的再生压力有利于烧焦和降低旋分器入口线速。再生压力大幅度波动会引起主风机飞动、催化剂倒流、催化剂大量跑损，甚至引起两器间介质互窜，引起重大事故。

控制目标：0.30MPa

控制方式：再生器压力是通过再生器压力控制器 PICA112 调节再生器去废热锅炉的气体量实现的。

三、提进料负荷至 105%的操作过程

缓慢提高反应进料量 FIC103 至 105%负荷，缓慢提高原料油雾化蒸汽量 FIC104、预提升蒸汽量 FIC102，缓慢提高再生阀 TICA103 开度，控制反应温度保持平稳，避免大幅下降，缓慢提高主风量 FIC105，避免再生器烟气氧含量因为烧焦负荷增加大幅下降，适当增加外取热器下滑阀 TICA105 开度，避免再生器温度大幅增加，调节汽包上水量，控制汽包压力在正常范围，控制反应压力、再生压力在正常范围，控制两器差压在正常范围（两器差压控制不稳，导致催化剂流化波动，引起反应温度波动），控制反应温度在正常范围，控制好原料油余热温度，不能低于 160℃。

任务执行

工作任务单 提进料负荷至105% 编号:2-2-1

装置名称	催化裂化装置	姓名		班级	
考查知识点	汽提塔汽提蒸汽流量调节,汽提塔进料流量及进料温度调节	学号		成绩	

根据生产指令,催化裂化装置需要提进料负荷至105%,操作人员需根据生产指令维持反再工段各设备的稳定运行,保证反应温度、反应压力、两器压差在正常范围。

任务总结与评价

请总结提升进料负荷反再工段反应器的哪些控制指标会发生变化,并提出保证装置稳定运行的控制方案。

任务二　分馏塔底提高油浆返塔循环量

任务目标　① 熟悉催化裂化分馏工段的工艺流程；
② 熟悉提升分馏塔等设备的运行参数；
③ 掌握催化裂化分馏工段的参数调节方法。

任务描述　请你以内操员的身份进入催化裂化工艺装置的中控室，在催化裂化装置分馏工段提高分馏塔返塔油浆循环量的生产指令下，通过调节分馏塔油浆返塔循环量来调节气相温度，保证产品质量。

教学模式　理实一体、任务驱动

教学资源　仿真软件及工作任务单（2-2-2）

任务学习

随着反再单元产生的油气对分馏塔进料量增加，分馏塔底部人字挡板气相温度易快速上升，严重时甚至引起分馏塔冲塔。并且气相温度对分馏塔平稳操作和产品质量的影响很大，因此，需要通过调节分馏塔油浆返塔循环量来调节气相温度。

一、分馏塔工艺概述

M2-11　分馏塔原理展示

催化裂化装置分馏系统中的分馏塔用于将反再单元产生的油气进行分馏，油气在塔盘上被切割精馏，自上而下分别分离出气体、粗汽油、轻柴油、重柴油、回炼油及油浆。

为提供足够的内部回流和使塔负荷分配均匀并取出多余热量，分馏塔设有一个塔顶全回流及一个中段回流。

二、分馏塔关键控制方案

为维护分馏塔的稳定运行，分馏塔自身的关键控制参数主要有塔釜液位 LICA208、塔顶温度 TIC205、塔釜温度 TI217。

1. 分馏塔塔釜液位 LICA208 控制方案

分馏塔塔釜主要组分为循环油浆，高温油气进入分馏塔釜后自下而上与塔内各段回流充分接触传质，在塔釜分馏出油浆。分馏塔需要控制塔釜液位，维持足够气液交换空间保持良好的传质效果。塔釜油浆出料换热后大部分用于循环回流，极少部分外甩出塔系统。分馏塔塔釜液位 LICA208 串级控制油浆外甩流量 FIC224。当塔釜液位下降时，LICA208 输出值减小，控制 FIC224 设定值减小，FV224 阀门开度减小，外甩流量降低；当塔釜液位上升时，LICA208 输出值增大，控制 FIC224 设定值增大，FV224 阀门开度增大，外甩流量升高。分馏塔液位 LICA208 正常控制在 50%。

2. 分馏塔塔顶温度 TIC205 控制方案

分馏塔塔顶温度直接表征塔顶轻组分的产品质量，即与采出的气体、粗汽油及轻柴油的品质直接相关，是分馏塔关键的控制参数。分馏塔塔顶温度串级控制分馏塔顶循环回流量 FIC207，塔顶循环回流温度通过 E204 冷却水调节稳定在 90℃。当塔顶温度上升时，TIC205 输出值增大，控制 FIC207 设定值增大，FV207 阀门开度增大，顶循环流量增大，循环回塔冷量增大使顶部温度降低；当塔顶温度下降时，TIC205 输出值减小，控制 FIC 设定值减小，FV207 阀门开度减小，顶循环流量减小，循环回塔冷量减小使顶部温度升高。分馏塔塔顶温度 TIC205 正常控制在 110℃。

3. 分馏塔塔底温度 TI217 控制方案

分馏塔塔釜温度决定了整个分馏塔的温度分布线，也表征了分馏塔热负荷大小。塔釜温度与进料油气负荷及油浆循环量相关，若上游反再工段带来的油气进料增大，循环油浆不足以将高温油气热量交换并移走，则可能造成分馏塔冲塔，使整个分馏塔分馏被破坏，分离效果受损。分馏塔塔釜温度 TI217 受油浆下返塔流量 FIC221 控制。下返塔油浆在分馏塔底部人字挡板与油气逆流接触换热，返塔油浆温度通过 E209 冷却水控制在 280℃，塔釜温度 TI217 温度升高时，提高 FIC-221 设定值，FV221 开度增大，油浆下返塔流量增大，油浆与油气换热更充分，油气热量移除增多，塔釜温度回降，反之亦然。分馏塔塔釜温度 TI217 正常控制在 350℃。

三、分馏塔底提高油浆返塔循环量的操作过程

通过上述控制方案内容的学习，通过各段回流流量及冷却水的调节，控制分馏塔塔顶及各段抽出温度在正常范围，通过调节分馏油气分离罐压力 PIC202，维持分馏塔顶压力 PI201 在正常范围。

反再单元进料负荷 FIC103 提升后，相应的分馏塔 T201 的油气进料量提高，按照负荷提升的比例，提高分馏塔底汽提蒸汽流量 FI223。随后观察分馏塔底温度 TI217，同步缓慢提高分馏塔油浆返塔循环量，控制塔底温度 TI217 在正常范围。在油浆返塔循环量增大后，提高 E209 上水量，维持 TI219 温度为 280℃。

随负荷提高，继续通过各段回流流量及冷却水的调节，控制分馏塔塔顶及各段抽出温度在正常范围。适当提高油浆产品外送量，控制分馏塔底液位 LICA208 在正常范围。

任务执行

<table>
<tr><td colspan="6">工作任务单　分馏塔底提高油浆返塔循环量　　编号：2-2-2</td></tr>
<tr><td>装置名称</td><td>催化裂化装置</td><td>姓名</td><td></td><td>班级</td><td></td></tr>
<tr><td>考查知识点</td><td>分馏塔底气相温度调节</td><td>学号</td><td></td><td>成绩</td><td></td></tr>
<tr><td colspan="6">根据生产指令，催化裂化装置分馏工段的分馏塔人字挡板气相温度易快速上升，需要提高油浆返塔循环量来降低气相温度，操作人员根据生产指令调节维持分馏塔稳定运行</td></tr>
</table>

任务总结与评价

找出操作过程的难点，并在小组内进行讨论分析，并总结出针对操作难点的操作方案。

任务三　提高吸收塔中段回流量和吸收效率

任务目标　① 熟悉催化裂化吸收稳定工段的工艺流程；
② 熟悉催化裂化吸收稳定工段吸收塔的运行参数；
③ 掌握催化裂化吸收稳定工段吸收塔的参数调节方法。

任务描述　请你以内操员的身份通过催化裂化工艺装置吸收稳定工段的正常生产调节项目的学习与操作，掌握使用仿真软件调节工艺参数的方法，加深对吸收稳定工段工艺原理及工艺流程的理解。

教学模式　理实一体、任务驱动

教学资源　仿真软件及工作任务单（2-2-3）

任务学习

随着粗汽油或者补充吸收剂进吸收塔，在干气溶解在吸收剂过程中，吸收塔操作温度上升，导致吸收剂内富气的平衡分压上升，溶解度下降，从而引起吸收塔吸收效果变差，吸收不足，干气中带有 C_3、C_4 组分，一方面造成液态烃收率下降，另一方面容易引起干气带液。因此需要操作人员进行对应调节，维持吸收塔稳定运行。

一、吸收塔工艺概述

吸收塔处于吸收稳定工段，所谓吸收稳定，目的在于将来自分馏部分的催化富气中 C_2 以下组分与 C_3 以上组分分离，同时将混入汽油中的少量气体烃分出，以降低汽油的蒸气压，保证符合商品规格。

由分馏系统油气分离器出来的富气经气体压缩机升压后冷却并分出凝缩油，压缩富气进入吸收塔底部，粗汽油和稳定汽油作为吸收剂由塔顶进入，吸收了 C_3、C_4（及部分 C_2）的富吸收油由塔底抽出送至解吸塔顶部。吸收塔设有一个中段回流以维持塔内较低的温度，吸收塔顶出来的贫气中尚夹带少量汽油，经再吸收塔用轻柴油回收其中的汽油组分后成为干气送燃料气管网。

二、吸收塔关键参数的控制方案

吸收塔 T301 关键控制参数主要有：塔釜液位 LICA303、中段回流流量 FIC316。

1. 吸收塔 T301 塔釜液位 LICA303 控制方案

在分馏系统分离出的粗汽油在吸收塔 T301 塔顶进入作为吸收剂，与富气逆流接触后作为富油在塔釜建立液位，塔釜液位串级控制塔釜粗汽油的出料流量。当塔釜液位升高时，LICA303 输出值增加，控制塔釜出料流量 FI306 设定值增加，出料流量调节阀 LV303 开度增大，吸收塔塔釜出料增加；反之当塔釜液位降低时，LICA303 输出值降低，控制塔釜出料流量 FI306 设定值减小，出料流量调节阀 LV303 开度减小，吸收塔塔釜出料减小。吸收塔塔釜液位正常控制在 50%。

2. 吸收塔 T301 中段回流流量 FIC316 控制方案

富气与粗汽油逆流接触过程中，大部分 C_3、C_4 及部分 C_2 被粗汽油溶解吸收，溶解放热造成了吸收塔自上而下温度递减的梯度分布，中段回流流量用于调控吸收塔整体温度分布，使富气在吸收剂内保持高的溶解度，保证良好的吸收效果。中段回流流量 FIC316 为单回路控制，当中段回流流量增加时 FIC316 输出值减小，直接控制 FV316 开度降低；当中段回流流量减小时 FIC316 输出值增大，FV316 开度随之增大。吸收塔中段回流流量 FIC316 正常控制在 115t/h。

三、提高吸收塔中段回流量和吸收效率的操作过程

调节 E302 冷却水，控制粗汽油进吸收塔入口温度 TI204 为正常温度 40℃，观察分馏工段运行，控制 PIC202 使压缩机出口压力 PI203 维持稳定，保证 T301 塔顶压力 1. 20MPa。提高吸收塔中段回流流量 FIC316，使吸收塔中回流回塔处温度 TI304 处于 42℃，并调节 E301 冷却水阀，使吸收塔中回流冷却后温度 TI303 温度处于 40℃以维持良好吸收效率。

任务执行

工作任务单　提高吸收塔中段回流量和吸收效率　　编号：2-2-3

装置名称	催化裂化装置	姓名		班级	
考查知识点	吸收塔中段吸收效率调节	学号		成绩	
根据生产指令，催化裂化装置吸收稳定工段的吸收塔需要提高吸收塔中段回流流量并提高吸收效率，操作人员根据生产指令调节维持吸收塔稳定运行					

任务总结与评价

根据操作评分，分析自身对本任务知识掌握的不足，并在小组内进行分享。

【项目综合评价】

<table>
<tr><td>姓名</td><td></td><td>学号</td><td></td><td>班级</td><td></td></tr>
<tr><td>组别</td><td></td><td>组长</td><td></td><td>成员</td><td></td></tr>
<tr><td colspan="6">项目成绩　　　　　　　　总成绩：</td></tr>
<tr><td>任务</td><td>任务一</td><td colspan="2">任务二</td><td colspan="2">任务三</td></tr>
<tr><td>成绩</td><td></td><td colspan="2"></td><td colspan="2"></td></tr>
<tr><td colspan="6">自我评价</td></tr>
<tr><td>维度</td><td colspan="4">自我评价内容</td><td>评分(1～10)</td></tr>
<tr><td rowspan="3">知识</td><td colspan="4">1. 熟悉提升管反应器、再生器、分馏塔、吸收塔等设备在生产中的作用</td><td></td></tr>
<tr><td colspan="4">2. 熟悉催化裂化工艺中各设备的关键控制指标</td><td></td></tr>
<tr><td colspan="4">3. 掌握催化裂化工艺仿真软件中的关键指标的控制要点</td><td></td></tr>
<tr><td rowspan="3">能力</td><td colspan="4">1. 掌握各个工艺参数的调节方法</td><td></td></tr>
<tr><td colspan="4">2. 能够清晰描述不同工况下进行正常生产与调节的操作原则</td><td></td></tr>
<tr><td colspan="4">3. 能够完成催化裂化工艺仿真软件中的正常生产与调节任务操作</td><td></td></tr>
<tr><td rowspan="3">素质</td><td colspan="4">1. 具备较强的表达能力和沟通能力</td><td></td></tr>
<tr><td colspan="4">2. 具备严格遵守岗位操作规程，密切关注生产状况的良好职业习惯</td><td></td></tr>
<tr><td colspan="4">3. 通过完成不同生产任务场景下的仿真软件操作，培养分析问题、解决问题的能力</td><td></td></tr>
<tr><td rowspan="4">我的反思</td><td>我的收获</td><td colspan="4"></td></tr>
<tr><td>我遇到的问题</td><td colspan="4"></td></tr>
<tr><td>我最感兴趣的部分</td><td colspan="4"></td></tr>
<tr><td>其他</td><td colspan="4"></td></tr>
</table>

项目三 催化裂化装置开车操作

【学习目标】

知识目标

① 掌握催化裂化仿真开车操作要点；

② 掌握开车操作的基本流程及逻辑关系。

技能目标

① 能够正确分析催化裂化系统中各个工艺参数的影响因素；

② 能够熟练操作催化裂化仿真软件，能对实际操作中出现的问题正确进行分析，并能够解决操作过程中的问题。

素质目标

① 通过讲解工厂事故案例，培养应对危机与突发事件的能力及解决石油化工生产一线技术问题的能力，及质量安全意识、岗位责任意识等；

② 通过对交互式仿真软件的操作练习，培养动手能力、团队协作能力、沟通能力、具体问题具体分析能力，精益求精的工匠精神，使理论知识更好地与实践知识相结合，培养职业发展学习的能力。

【项目导言】

化工仿真主要是对集散控制系统化工过程操作的仿真。主要用于化工生产装置操作人员开车、停车、事故处理等过程的操作方法和操作技能的培训。仿真培训可以使操作人员在短时间内大幅度地提高操作水平，是一种先进的现代培训手段。仿真技术在教学中的应用，尤其是在高校教育中的应用更加显示出优势。让我们不出校门就能提前了解工厂实际生产装置的操作方法、对接岗位，缩短了从学生到技术工人角色转换的时间，同时也避免了化工生产“高能耗、高危险、高污染”的三高问题。

催化裂化仿真软件的冷态开车主要包括四个方面的内容：反再系统两器试压操作，反再系统反应进料，分馏系统建立开路循环，吸收稳定系统建立三塔循环。

【项目实施任务列表】

任务名称	总体要求	工作任务单	建议课时
任务一 反再系统开车操作	理解反再系统试压和进料操作开车步骤和关键点，完成两器试压及进料开车操作	2-3-1	4
任务二 分馏系统开车操作	理解分馏系统建立开路循环步骤和关键点，完成分馏系统建立开路循环开车操作	2-3-2	2

续表

任务名称	总体要求	工作任务单	建议课时
任务三 吸收稳定系统开车操作	理解吸收稳定系统建立三塔循环开车步骤和关键点，完成吸收稳定系统建立三塔循环开车操作	2-3-3	2

任务一　反应-再生系统开车操作

任务目标　① 了解反应-再生系统开车操作步骤，掌握操作步骤的背后逻辑；

② 掌握反应-再生系统开车操作关键点，完成开车仿真操作。

任务描述　请你以操作人员的身份进入催化裂化装置开车操作，理解开车步骤和关键点，根据开车步骤完成操作。

教学模式　理实一体、任务驱动

教学资源　沙盘、仿真软件及工作任务单（2-3-1）

任务学习

一、工艺流程

原料缓冲罐与油浆换热至280℃，经原料油雾化喷嘴进入提升管反应器的下部反应区，部分回炼油与回炼油浆混合至温度350℃雾化后进入提升管的上部反应区，来自再生器（塔102）的高温催化剂（～700℃）从提升管下部进入提升管，与回炼的轻汽油接触，发生高温短接触时间叠合反应，并在预提升蒸汽的作用下，催化剂保持中等密度沿提升管匀速上升至提升管发生反应，来自再生器的高温催化剂从提升管下部进入提升管，经过提升管与催化原料反应后，从提升管反应器出来的油气向上进入旋流式快分装置，使催化剂与油气迅速分离，催化剂经过汽提蒸汽汽提后，最终分离出来的油气去分馏塔（塔201）。脱除绝大部分油气的催化剂经过待生斜管、待生滑阀进入烧焦罐下部进行快速烧焦，并烧去绝大多数的焦炭。半再生催化剂由烧焦罐内的烟气携带经分布板进入再生器进一步烧焦。在再生器中，催化剂分为三路：一路经再生斜管进入提升管反应器，完成反再系统的催化剂循环，该循环量大小由反应温度控制的再生滑阀开度进行控制；一路经外取热器上斜管进入外取热器，降温后的催化剂通过外取热器下斜管返回烧焦罐，该路循环量由烧焦罐床层温度控制外取热器下滑阀的开度来进行；另一路经循环斜管、滑阀进入烧焦罐，以提高烧焦罐的起燃温度，同时控制再生器的料位和烧焦罐密度。

为了维持两器的热平衡，增大操作的灵活性，在再生器旁设置可调热量的外取热器，由再生器床层引出高温催化剂（700℃）流入外取热器后，经取热列管间自上向下流动，取热列管浸没于流化床内，管内走水，经换热后的催化剂通过斜管及外取热器下滑阀流入烧焦罐。

主风机出口供给的主风经辅助燃烧室主风流量控制阀FIC105进入烧焦罐；再生器出口烟气进入烟气能量回收系统，经双动滑阀至余热锅炉回收余热后，最后经烟囱排放至大气。

二、主要设备

反再系统主要设备见表 2-3。

表 2-3 催化裂化装置反再工段主要设备表

序号	位号	名称	序号	位号	名称
1	V103	沉降室	6	V104	烧焦罐
2	R102	再生器	7	E101	外取热器
3	R101	提升管反应器	8	E102	余热锅炉
4	V101	冷催化剂罐	9	F101	催化-裂化开工炉
5	V102	热催化剂罐			

三、主要步骤

反应再生系统开车操作主要包括以下步骤：装置开工前准备工作；投用循环水，催化剂储罐 V101 装剂；吹扫，两器气密试压；撤压，点炉烘器；切断两器，赶空气，建立汽封；装催化剂，流化升温；反应进料；反再系统稳态调整。

1. 两器试压操作基本步骤

两器试压操作基本步骤见表 2-4。

表 2-4 两器试压操作基本步骤表

1	现场全开沉降室顶端放空阀 VA112
2	现场打开再生器顶部双动滑阀 PV112 的前后阀
3	现场打开再生器循环滑阀 LV104 的前后阀
4	现场打开再生滑阀 TV103 的前后阀
5	现场打开待生滑阀 TV102 的前后阀
6	现场打开外取热滑阀 TV105 的前后阀
7	中控全开双动滑阀 PV112
8	中控全开循环滑阀 LV104
9	中控全开再生滑阀 TV103
10	中控全开待生滑阀 TV102
11	中控全开外取热滑阀 TV105
12	现场全开 C101 回流阀 VA114
13	现场启动主风机 C101
14	现场全开 C101 出口阀 VA115
15	现场打开主风机流量控制阀 FV105 的前后阀
16	打开风机流量控制阀 FV105，开度在 10%左右
17	关小 VA114，开度在 80%左右

续表

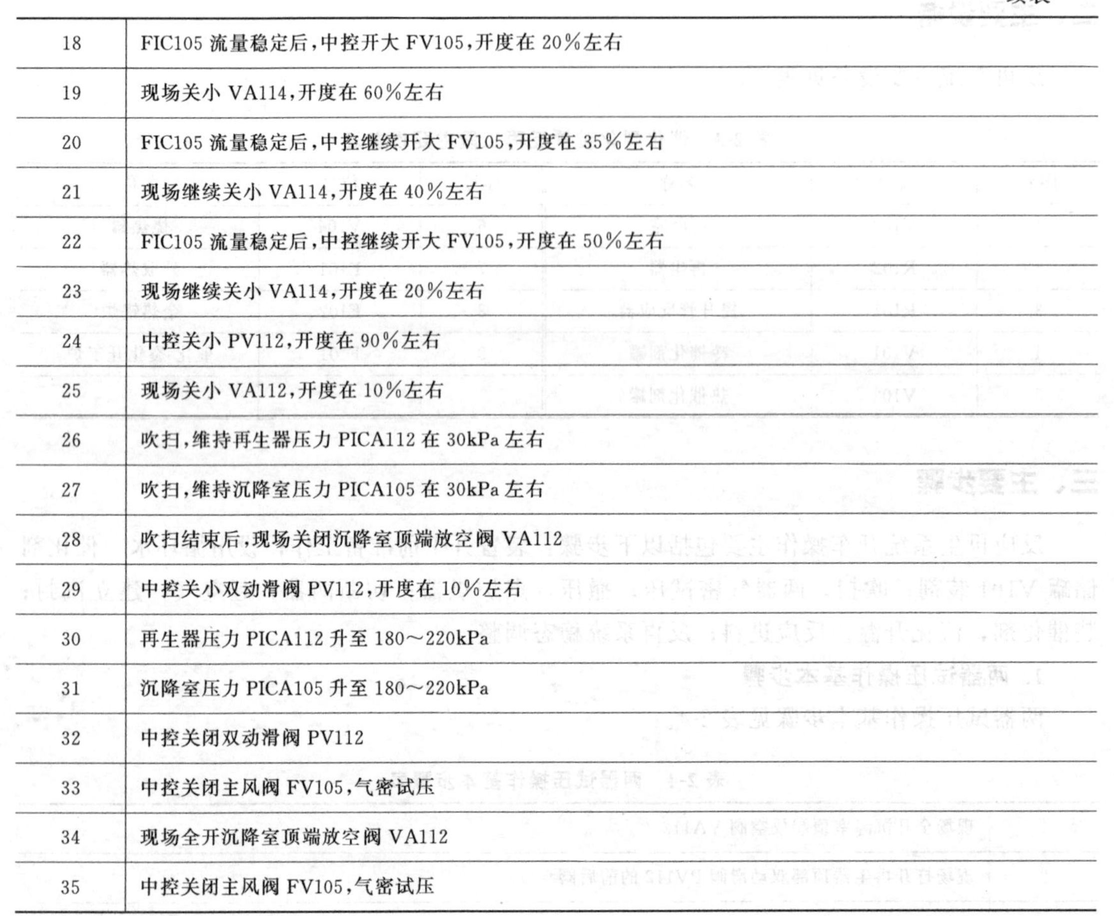

18	FIC105 流量稳定后，中控开大 FV105，开度在 20%左右
19	现场关小 VA114，开度在 60%左右
20	FIC105 流量稳定后，中控继续开大 FV105，开度在 35%左右
21	现场继续关小 VA114，开度在 40%左右
22	FIC105 流量稳定后，中控继续开大 FV105，开度在 50%左右
23	现场继续关小 VA114，开度在 20%左右
24	中控关小 PV112，开度在 90%左右
25	现场关小 VA112，开度在 10%左右
26	吹扫，维持再生器压力 PICA112 在 30kPa 左右
27	吹扫，维持沉降室压力 PICA105 在 30kPa 左右
28	吹扫结束后，现场关闭沉降室顶端放空阀 VA112
29	中控关小双动滑阀 PV112，开度在 10%左右
30	再生器压力 PICA112 升至 180～220kPa
31	沉降室压力 PICA105 升至 180～220kPa
32	中控关闭双动滑阀 PV112
33	中控关闭主风阀 FV105，气密试压
34	现场全开沉降室顶端放空阀 VA112
35	中控关闭主风阀 FV105，气密试压

2. 反应再生系统进料主要步骤

反再系统进料步骤如表 2-5 所示。

表 2-5　反应再生系统进料主要步骤表

1	打开原料油进料阀 FV103 的前后阀
2	打开原料油进料阀 VD104
3	打开 FV103，控制 FIC103 进料速率不大于 150t/h
4	打开回炼油进料阀 FV217 的前后阀
5	全开回炼油进料阀 VA106
6	打开 FV217，控制 FIC217 进料速率不大于 75t/h
7	根据反应程度，逐渐提高原料油进料量到 214t/h
8	根据反应程度，逐渐提高回炼油进料量到 107t/h
9	根据反应程度，逐渐减少开工用燃料量至零
10	现场逐渐开大 VA116，维持 V103 压力在 0.28MPa
11	中控打开烧焦罐中部温度调节阀 TV105，控制再生器温度不超过 720℃

续表

12	当外取热器的温度 TI106 的温度大于 300℃，现场打开冷却水流量阀 VA107
13	现场打开外取热器蒸汽出口阀 VA108
14	开大外取热器下滑阀，控制烧焦罐温度不超过 750℃
15	控制再生器反应温度为 700℃
16	控制再生器压力为 0.30MPa
17	控制反应器压力为 0.28MPa
18	该过程历时 2983 秒
19	反再系统调至正常后，PICA112 投自动，自动值设为 0.30MPa
20	再生器压力控制在 0.30MPa
21	反再系统调至正常后，LICA101 投自动，自动值设为 50%
22	沉降室料位控制在 50%
23	反再系统调至正常后，LICA104 投自动，自动值设为 50%
24	再生器料位控制在 50%
25	反再系统调至正常后，TICA103 投自动，自动值设为 505℃
26	提升管反应器温度控制在 505℃
27	反再系统调至正常后，TICA105 投自动，自动值设为 700℃
28	烧焦罐温度控制在 700℃

任务执行

在完成任务学习后，操作人员已具备反应再生系统开车操作的基本能力，根据装置生产计划，现需要按照操作规程完成开车操作（工作任务单 2-3-1）。

要求：35min 内完成，且成绩在 85 分以上。

工作任务单　反再系统试压进料操作		编号:2-3-1
考查内容:反再系统试压进料操作		
姓名:	学号:	成绩:
完成实践操作,并写出过程中遇到的问题及解决情况		

任务总结与评价

本次任务的收获与总结。

任务二　分馏系统开车操作

任务目标　① 了解分馏系统开车操作步骤，掌握操作步骤的背后逻辑；
② 掌握操作关键点，完成分馏系统开车仿真操作。

任务描述　请你以操作人员的身份进行催化裂化装置分馏系统开车操作，理解分馏系统开车步骤和关键点，根据开车步骤完成开车操作。

教学模式　理实一体、任务驱动

教学资源　沙盘、仿真软件及工作任务单（2-3-2）

任务学习

一、工艺流程

来自沉降器的高温油气进入分馏塔人字挡板下部，经人字挡板与280℃的循环油浆逆流接触，油气自下向上被冷却洗涤。油气在塔盘上被切割精馏，自上而下分别是气体、粗汽油、轻柴油、重柴油、回炼油及油浆。为提供足够的内部回流和使塔负荷分配均匀并取出多余热量，分馏塔设有一个塔顶全回流及一个中段回流。

分馏塔顶油气自分馏塔顶馏出进入分馏塔顶后冷却器（E202）冷却后进入油气分离罐（V203）进行气液分离。V203中的不凝气进入气体压缩机。冷凝的粗汽油用粗汽油泵P202加压后送往吸收稳定部分的吸收塔顶作吸收剂用，部分可做冷回流进入顶循线返塔。

轻柴油由分馏塔（T201）自流入轻柴油汽提塔（T202），用蒸汽汽提后，由泵P204抽出，经换热器E208和冷却器E211冷却后送至再吸收塔（T302）作吸收剂。富吸收油从再吸收塔（T302）返回分馏塔。

重柴油由分馏塔（T201）自流入重柴油汽提塔（T203），用蒸汽汽提后，由泵P206抽出，经空气冷却器E212和冷却器E213冷却后送至重柴油罐（V204）。

回炼油由分馏塔（T201）自流入回炼油罐（V202），由泵P207抽出分为两路，一路返回分馏塔回流，一路作为回炼油回炼。

油浆自分馏塔底部由油浆泵抽出后分为两路，一路与新鲜原料换热，另一路作为短路物料，两路物料汇合后又分两路，一路经过油浆蒸汽发生器后换热至280℃作为上回流油浆和下回流油浆，另一路经冷却器E210冷却后作为排除油浆。

顶循环回流用顶循环回流泵（P203）由分馏塔顶集油箱抽出，温度为～150℃，经过流量控制FIC207经换热器E204换热后至90℃，返回至抽出板上侧。

中段回流由泵P205从分馏塔中部抽出，先作为稳定塔底重沸器（E205）热源，然后进入解吸塔底换热器（E206）换热后，进入冷却器（E207）与冷却水换热后返回至分馏塔。

二、主要设备

分馏系统主要设备见表2-6。

表 2-6　催化裂化装置分馏工段主要设备表

序号	位号	名称	序号	位号	名称
1	T201	分馏塔	12	E205	分中-稳定塔底重沸器
2	T202	轻柴油汽提塔	13	E206	分中-解吸塔底换热器
3	T203	重柴油汽提塔	14	E207	分中冷却器
4	V202	回炼油罐	15	E208	轻柴-再吸收塔底换热器
5	V203	分顶油气分离罐	16	E209	油浆冷却器
6	V204	重柴油罐	17	E210	油浆冷却器
7	V205	外甩油浆罐	18	E211	轻柴冷却器
8	E201	油浆-裂化原料换热器	19	E212	重柴出装置空冷器
9	E202	分顶冷却器	20	E213	重柴冷却器
10	E203	压缩机后冷器	21	E214	回炼油返塔换热器
11	E204	分顶循冷却器			

三、操作步骤

分馏系统的开车主要流程如下：装置开工前准备工作；投用循环水；原料油开路循环；稳定系统引油循环；引瓦斯，充压；接收富气，调整吸收稳定系统操作。

分馏系统建立开路循环操作步骤如表 2-7 所示。

表 2-7　分馏系统建立开路循环操作步骤表

1	开罐区原料油界区阀 VD204
2	V201 液位达到 50%，打开 V201 根部阀 VD207
3	打开 P201 入口阀
4	启动 P201
5	打开 P201 出口阀
6	打开 VA216，开度在 50%左右，建立原料油循环
7	打开 VA217，开度在 65%左右，V202 进料
8	V202 液位达到 50%，关闭 VA217
9	打开 VA218，开度在 65%左右，T201 塔釜建液位
10	T201 塔釜液位达到 50%，关闭 VA218
11	关闭 VD204
12	全开粗汽油进 V203 阀 VA219
13	V203 液位达到 50%，关闭 VA219

任务执行

在完成任务学习后，操作人员已具备进料操作的基本能力，根据装置生产计划，现需要按照操作规程完成分馏系统开车操作（工作任务单 2-3-2）。

要求在 35min 内完成，且成绩在 85 分以上。

工作任务单　分馏系统开车		编号:2-3-2
考查内容:分馏系统开车操作		
姓名:	学号:	成绩:
完成实践操作,并写出过程中遇到的问题及解决情况		

任务总结与评价

本次任务的收获与总结。

任务三 吸收稳定系统开车操作

任务目标 ① 了解吸收稳定系统开车操作步骤，掌握操作步骤的背后逻辑；

② 掌握操作关键点，完成吸收稳定系统仿真操作。

任务描述 请你以操作人员的身份进入催化裂化装置中控室进行吸收稳定系统操作，理解吸收稳定系统开车的步骤和关键点，根据开车步骤完成开车操作。

教学模式 理实一体、任务驱动

教学资源 沙盘、仿真软件及工作任务单（2-3-3）

任务学习

一、工艺流程

从压缩机（C201）来的压缩富气，经气压机出口冷却器（E203）冷凝冷却后，进入气压机出口油气分离器（V301），压缩油由泵 P302 抽出，经 FIC304 调控流量后进解吸塔，油气分离器中的气相进入吸收塔底部与自上而下的粗汽油逆流接触，吸收塔顶出来的气体进入再吸收塔进一步被吸收，部分轻柴油作为再吸收塔的吸收液，再吸收塔底液返回分馏塔侧线，再吸收塔顶干气作为产品出装置，吸收塔底液与压缩机后油气分离器分离出的液体合并进入解吸塔，解吸出干气返回压缩机出口处，解吸塔底液进入稳定塔，稳定塔顶蒸汽经过油气分离罐分离后，分离出的液态烃部分回流，部分作为产品出装置，稳定塔底的稳定汽油换热后作为产品出装置。

二、主要设备

吸收稳定系统主要设备见表 2-8。

表 2-8 催化裂化装置吸收稳定工段主要设备表

序号	位号	名称	序号	位号	名称
1	T301	吸收塔	8	V304	稳定汽油罐
2	T302	再吸收塔	9	V305	轻柴油罐
3	T303	解吸塔	10	E301	吸收塔中回流冷却器
4	T304	稳定塔	11	E302	稳定塔底-稳定进料换热器
5	V301	压缩机出口油气分离罐	12	E303	稳定塔顶冷却器
6	V302	稳定塔顶回流罐	13	E304	稳定汽油冷却器
7	V303	液化烃罐			

三、操作步骤

吸收稳定系统主要操作流程如下：开工前的准备、检查与确认；吹扫试压；引汽油，建立三塔循环；引瓦斯充压（引油、充压、建立循环的操作要点及注意事项）；反应喷油后气压机操作调整；吸收稳定系统操作调整。

吸收稳定系统建立三塔循环主要操作步骤如表 2-9 所示。

表 2-9　吸收稳定系统建立三塔循环主要操作步骤表

1	全开开工段运行注料阀 VA306,粗汽油进吸收塔
2	吸收塔底液位达到 50%,打开 P303 入口阀
3	启动 P303
4	打开 P303 出口阀
5	打开 LV303 的前后手阀
6	打开 LV303,开度在 28%左右,粗汽油进解吸塔
7	解吸塔液位达到 50%,打开 P304 入口阀
8	启动 P304
9	打开 P304 出口阀
10	打开 LV305 的前后手阀
11	打开 LV305,开度在 76%左右,粗汽油进稳定塔
12	打开开车循环管线阀 VD304
13	打开 P305 入口阀
14	启动 P305
15	打开 P305 出口阀
16	打开 VD301,建立三塔循环
17	关闭 VA306
18	打开 V302 粗汽油进料阀 VA307,开度在 50%左右
19	V302 油相液位达到 50%,关闭 VA307

任务执行

在完成任务学习后，操作人员已具备进料操作的基本能力，根据装置生产计划，现需要按照操作规程完成吸收稳定系统建立三塔循环开车操作（工作任务单 2-3-3）。要求在 35min 内完成，且成绩在 85 分以上。

<table>
<tr><td colspan="3">工作任务单　吸收稳定系统开车操作　　　　　编号:2-3-3</td></tr>
<tr><td colspan="3">考查内容:吸收稳定系统开车操作</td></tr>
<tr><td>姓名:</td><td>学号:</td><td>成绩:</td></tr>
<tr><td colspan="3">完成实践操作,并写出过程中遇到的问题及解决情况。</td></tr>
</table>

任务总结与评价

本次任务的收获与总结。

【项目综合评价】

<table>
<tr><td>姓名</td><td></td><td>学号</td><td></td><td>班级</td><td colspan="2"></td></tr>
<tr><td>组别</td><td></td><td>组长</td><td></td><td>成员</td><td colspan="2"></td></tr>
<tr><td>项目名称</td><td colspan="6"></td></tr>
<tr><td>维度</td><td colspan="2">评价内容</td><td>自评</td><td>互评</td><td>师评</td><td>得分</td></tr>
<tr><td rowspan="2">知识</td><td colspan="2">掌握催化裂化仿真软件的基本操作方法(10 分)</td><td></td><td></td><td></td><td></td></tr>
<tr><td colspan="2">掌握催化裂化仿真开车操作的基本步骤并能够熟练操作(10 分)</td><td></td><td></td><td></td><td></td></tr>
<tr><td rowspan="2">能力</td><td colspan="2">能够自行整理出催化裂化开车的基本过程(20 分)</td><td></td><td></td><td></td><td></td></tr>
<tr><td colspan="2">能对操作过程中出现的参数波动进行分析，并通过调节使参数达到平稳(30 分)</td><td></td><td></td><td></td><td></td></tr>
<tr><td rowspan="3">素质</td><td colspan="2">通过实际操作培养分析和解决问题的能力(10 分)</td><td></td><td></td><td></td><td></td></tr>
<tr><td colspan="2">通过参数调节培养细致认真、精益求精的工匠精神(10 分)</td><td></td><td></td><td></td><td></td></tr>
<tr><td colspan="2">通过内外操交互操作培养沟通表达能力和团队协作能力(10 分)</td><td></td><td></td><td></td><td></td></tr>
<tr><td rowspan="3">我的反思</td><td>我的收获</td><td colspan="5"></td></tr>
<tr><td>我遇到的问题</td><td colspan="5"></td></tr>
<tr><td>我最感兴趣的部分</td><td colspan="5"></td></tr>
</table>

项目四

催化裂化装置停车操作

【学习目标】

知识目标

① 掌握催化裂化仿真停车操作要点；

② 掌握停车操作的基本流程及逻辑关系。

技能目标

① 能够正确分析催化裂化系统中各个工艺参数的影响因素；

② 能够熟练操作催化裂化仿真软件，能对实际操作中出现的问题正确进行分析，并能够解决操作过程中的问题。

素质目标

① 通过讲解工厂事故案例，培养应对危机与突发事件的能力及解决石油化工生产一线技术问题的能力，及质量安全意识、岗位责任意识等；

② 通过对交互式仿真软件的操作练习，培养良好的动手能力、团队协作能力、沟通能力、具体问题具体分析能力，精益求精的工匠精神，使理论知识更好地与实践知识相结合，培养职业发展学习的能力。

【项目导言】

装置在停车过程中，首先要进行降温、降压、降低进料一直到切断原料进料，然后进行设备放空、吹扫、置换等大量工作。各工序和各岗位之间联系密切，如果组织不好，操作失误，都很容易发生事故。

化工仿真培训可以避免化工生产中“高风险、高消耗、高污染”的弊端，同时使操作人员在短时间内大幅度地提高操作水平。让学员不进工厂就能了解实际生产装置的操作方法。

催化裂化仿真装置的正常停车操作主要包括五个方面的内容：反再系统降量；分馏系统停工；吸收稳定系统停工；外取热器与余热锅炉停运；反应岗位卸催化剂。

【项目实施任务列表】

任务名称	总体要求	工作任务单	建议课时
催化裂化装置停车操作	理解催化裂化停车操作步骤和关键点，完成停车操作	2-4-1	3

任务　催化裂化装置停车操作

任务目标　① 了解催化裂化装置停车操作步骤，掌握操作步骤的背后逻辑；

② 掌握停车操作关键点，完成停车仿真操作。

任务描述 请你以操作人员的身份进入催化裂化装置中控室进行停车操作，理解停车步骤和关键点，根据停车步骤完成操作。

教学模式 理实一体、任务驱动

教学资源 沙盘、仿真软件及工作任务单（2-4-1）

任务学习

催化裂化装置停车操作主要包括以下内容：反再停工；热工系统停工；分馏系统停工；吸收稳定系统停工；精制系统停工；产品精制系统退油，水顶退烃；产品精制系统泄压、排尽存水；产品精制系统全面给汽吹扫。

一、反应再生系统停工操作主要步骤

（1）关闭 VA223，切断原料油罐进料；

（2）按照 15～20t/h 的降量逐步降低原料油量至 180t/h；

（3）按照 15～20t/h 的速率逐步降低回炼油量，以 5%的刻度依次降量；

（4）随反应降量，相应降低 TV103 开度，维持再生器温度；

（5）随反应降量，相应降低 TV102 开度，维持沉降室料位；

（6）随反应降量，相应降低 TV105 开度，维持两器热平衡；

（7）随反应降量，相应调节 LV104 开度，维持烧焦罐和再生器料位；

（8）随反应降量，开大雾化蒸汽控制阀 FV104，维持催化剂流化；

（9）随反应降量，开大雾化蒸汽控制阀 FV102，维持催化剂流化；

（10）随反应降量，相应降低分馏塔塔顶回流量控制阀 TV205；

（11）随反应降量，相应降低分馏塔中部轻柴回流量控制阀 FV208；

（12）相应调节回炼油返塔流量控制阀 FV218；

（13）相应降低分馏塔底部油浆回流量控制阀 FV222；

（14）相应降低分馏塔底部油浆回流量控制阀 FV221；

（15）降低回炼油回流量控制阀 FV216；

（16）降低原料油流量的同时逐步减小回炼油的流量，至停回炼油；

（17）适当降低主风量；

（18）关闭开工用燃烧炉；

（19）根据反应器温度变化调节再生滑阀开度，继续增加原料雾化蒸汽；

（20）控制再生器压力为 0.32MPa；

（21）控制反应器压力 PI106 为 0.28MPa；

（22）切断原料油前，维持再生器温度在 680～700℃间；

（23）切断原料油前，维持提升管温度在 495～510℃间；

（24）控制提升管反应器温度低于 520℃，避免提升管超温。

二、分馏系统停工操作

（1）当反应原料气不足以维持分馏系统稳定时，中控关闭原料油控制阀 FV103；

（2）现场关闭原料油控制阀 FV103 的前后阀；

（3）全开原料雾化蒸汽 FIC104，维持两器循环流化；
（4）全开原料雾化蒸汽 FIC102，维持两器循环流化；
（5）现场关闭 P201 的出口阀；
（6）当 V201 液位抽空时，现场停 P201；
（7）现场关闭 P203 的出口阀；
（8）视塔顶温度，停 P203；
（9）中控关闭轻柴油汽提塔液位调节阀 LV203；
（10）现场关闭 P204 的出口阀；
（11）T202 无液位时，现场停 P204；
（12）视塔内负荷，中控关闭分中循环物料流量调节阀 FV212；
（13）现场关闭 P205 的出口阀；
（14）当一中流量无法维持时，现场停 P205；
（15）中控关闭重柴油汽提塔液位调节阀 LV204；
（16）现场关闭 P206 的出口阀；
（17）T203 无液位时，现场停 P206；
（18）中控关闭回炼油回流系统中控制阀 FV216；
（19）中控关闭回炼油回流流量调节阀 FV218；
（20）现场关闭 P207 的出口阀；
（21）当 V202 中回炼油完全返塔 T201 时，现场停 P207；
（22）现场关闭 P208 的出口阀；
（23）油浆全部送出装置时，现场停 P208；
（24）现场关闭空冷器 E212；
（25）中控打开 PV202，分馏塔泄压；
（26）原料罐的液位排空；
（27）回炼油罐的液位排空；
（28）分馏塔的液位排空；
（29）轻柴油罐的液位排空；
（30）重柴油罐的液位排空；
（31）分馏塔顶油气分离罐的液位排空；
（32）现场关闭 T201 汽提蒸汽进口阀 VA212；
（33）现场关闭 T203 汽提蒸汽进口阀 VA213；
（34）现场关闭 T202 汽提蒸汽进口阀 VA214。

三、吸收稳定系统停工操作

（1）反应切断进料，现场停运气压机；
（2）现场关闭气压机入口阀 VD208；
（3）中控关闭 FV308；
（4）中控关闭 TV319；
（5）中控关闭 TV312；
（6）当 V203 油相液位为 0 时，中控关闭 LV201；

(7) 当 V203 水相液位为 0 时，中控关闭 LV202；
(8) 现场关闭泵 P202 的出口阀；
(9) 现场停泵 P202；
(10) 中控关闭 FV316，停止吸收塔中部回流；
(11) 现场关闭泵 P301 的出口阀；
(12) 现场停泵 P301；
(13) 当 V301 油相液位为 0 时，中控关闭 LV301；
(14) 当 V301 水相液位为 0 时，中控关闭 LV302；
(15) 现场关闭泵 P302 的出口阀；
(16) 现场停泵 P302；
(17) 中控关闭吸收塔塔底控制阀 LV303；
(18) 现场关闭吸收塔底液泵 303 的出口阀；
(19) 现场关闭吸收塔底液泵 P303；
(20) 中控关闭再吸收塔塔底控制阀 LV304；
(21) 中控关闭解吸塔 T303 塔底控制阀 LV305；
(22) 现场关闭解吸塔底液泵 P304 的出口阀；
(23) 现场关闭解吸塔底液泵 P304；
(24) 中控关闭解吸塔塔底控制阀 LV308；
(25) 中控关闭稳定塔顶回流罐控制阀 LV306；
(26) 中控关闭稳定塔塔顶回流控制阀 TV317；
(27) 现场关闭液态烃泵 P305 的出口阀；
(28) 现场停液态烃泵 P305；
(29) 中控打开 PV303，吸收系统泄压；
(30) 中控打开 PV307，稳定塔泄压；
(31) 压缩机出口油气分离罐液位排空；
(32) 稳定塔顶回流罐液位排空；
(33) 吸收塔液位排空；
(34) 再吸收塔液位排空；
(35) 解吸塔液位排空；
(36) 稳定塔液位排空；
(37) 吸收系统泄至常压；
(38) 解吸塔泄至常压；
(39) 稳定系统泄至常压。

任务执行

在完成任务学习后，操作人员已具备停工操作的基本能力，根据装置生产计划，现需要按照操作规程完成停车操作（工作任务单 2-4-1）。

要求在 35min 内完成，且成绩在 85 分以上。

工作任务单　催化裂化装置停车操作					编号：2-4-1
装置名称	催化裂化装置	姓名		班级	
考查知识点	催化裂化装置停车操作	学号		成绩	
根据生产指令，进行催化裂化装置停车操作，操作人员需根据生产指令维持分馏工段各设备的稳定运行，保证反应温度、反应压力、两器压差在正常范围					

任务总结与评价

请简述本次任务的收获与总结。

【项目综合评价】

姓名		学号		班级	
组别		组长		成员	
项目名称					
维度	评价内容	自评	互评	师评	得分
知识	掌握催化裂化仿真停车操作要点(15分)				
	掌握停车操作的基本流程及逻辑关系(15分)				
能力	能够正确分析催化裂化系统中各个工艺参数的影响因素(20分)				
	能够熟练操作催化裂化仿真软件,能对实际操作中出现的问题正确进行分析,并能够解决操作过程中的问题(20分)				
素质	通过讲解工厂事故案例,培养应对危机与突发事件的能力及解决石油化工生产一线技术问题的能力,及质量安全意识,岗位责任意识等(15分)				
	通过对交互式仿真软件的操作练习,培养动手能力、团队协作能力、沟通能力、具体问题具体分析能力,精益求精的工匠精神,使理论知识更好地与实践知识相结合,培养职业发展学习的能力(15分)				
我的反思	我的收获				
	我遇到的问题				
	我最感兴趣的部分				

项目五
催化裂化装置异常与处理

【学习目标】

知识目标

① 掌握催化裂化装置异常现象处理的操作要点；

② 掌握催化裂化装置典型异常现象处理的基本流程及逻辑关系。

技能目标

① 能够正确分析催化裂化系统出现异常现象的原因并处理；

② 能够熟练操作催化裂化仿真软件，能对实际操作中出现的问题正确进行分析，并能够解决操作过程中的问题。

素质目标

① 通过讲解工厂事故案例，培养应对危机与突发事件的能力及解决石油化工生产一线技术问题的能力，及质量安全意识、岗位责任意识等；

② 通过对交互式仿真软件的操作练习，培养良好的动手能力、团队协作能力、沟通能力、具体问题具体分析能力，精益求精的工匠精神，使理论知识更好地与实践知识相结合，培养职业发展学习的能力。

【项目导言】

催化裂化装置具有设备复杂，技术先进，操作变化多，自动化程度高，系统影响面广的特点，掺炼重油后对设备的磨损和腐蚀问题更严重，加上水、电、汽、风等系统问题的影响，都会使装置发生事故。因此，操作人员应严格执行工艺纪律，执行岗位安全生产责任制，认真负责、精心操作，使装置安全、平稳、高产、优质、低耗、长周期生产。

操作人员必须熟练掌握装置自保系统，必要时能正确使用装置自保。一旦装置发生事故，操作人员必须沉着、冷静，进行周密的分析和正确的判断。各岗位密切配合，果断处理。如果事故经过努力处理后仍无法维持生产，并有继续扩大恶化趋势和危及装置安全时，可报告总调度室及主管领导作紧急停工处理，在紧急情况下，班长有权下令紧急停工，并及时向总调度室及主管领导汇报。

项目实施任务列表

任务名称	总体要求	工作任务单	建议课时
任务一　催化裂化装置典型事故认知	以操作人员的身份进行催化裂化装置模拟事故处理操作，理解操作步骤的背后逻辑，并按步骤完成操作	2-5-1	1
任务二　反应-再生系统主风中断事故认知	以操作人员的身份进行催化裂化装置反应-再生系统主风中断事故操作，理解步骤和关键点，根据步骤完成操作	2-5-2	1
任务三　反应-再生系统提升管温度低于正常值事故认知	学生以操作人员的身份进行催化裂化装置反应-再生系统提升管温度低于正常值事故操作，理解事故操作步骤和关键点，根据步骤完成操作	2-5-3	1

续表

任务名称	总体要求	工作任务单	建议课时
任务四　分馏系统分馏塔冲塔事故认知	以操作人员的身份进行催化裂化装置分馏系统分馏塔冲塔事故处理操作，理解事故处理步骤和关键点，根据事故处理步骤完成操作	2-5-4	1
任务五　吸收稳定系统停电事故认知	以操作人员的身份进行催化裂化装置吸收稳定系统停电事故操作，理解事故处理步骤和关键点，根据操作步骤完成操作	2-5-5	1

任务一　催化裂化装置典型事故认知

任务目标　① 了解催化裂化装置事故处理原则，掌握典型事故处理的操作步骤；
② 了解装置事故的退守状态；
③ 掌握催化裂化装置典型事故处理的操作关键点，完成操作。

任务描述　请你以操作人员的身份进入催化裂化装置工段模拟事故处理操作，理解操作步骤的背后逻辑，并按步骤完成操作。

教学模式　理实一体、任务驱动

教学资源　沙盘及工作任务单（2-5-1）

任务学习

一、事故处理原则

日常生产中，装置的工艺及机组自保系统必须启动且运行可靠，这是事故状态下紧急处理的有力保证。启用各自保后，要及时到现场检查，核实自保动作是否正确到位，若动作有误或没有动作，要迅速打开或关闭有关阀门。进料自保动作后，要立即关闭所有进料喷嘴手阀。催化装置处理常见事故时，必须掌握下列原则：

在任何情况下，两器催化剂藏量不得互相压空，以防空气和油气混合产生爆炸。难以制止时应立即投用差压自保，关闭再生、冷再生、待生斜管三个单动滑阀，切断反应进料，反应器通入事故蒸汽，保持流化，再生器可视具体情况采取闷床处理。

主风低流量、中断时，必须迅速投用主风自保，关闭主风出口单向阻尼阀，并通入主风事故蒸汽以防止催化剂倒流，同时尽快切出烟机。主风中断时，严禁向再生器喷燃烧油，并密切注意再生床层的温度下降情况，其温度不得低于400℃，以利于再生器喷燃烧油，保持系统温度，当温度低于400℃，如无开工的可能则卸料停工，防止催化剂老化。温度低于250℃时，停再生器各处蒸汽，防止催化剂和泥。

在反应有进料时，要尽量维持反应温度不低于460℃，否则降低处理量直到切断进料，以防原料油随催化剂大量带入再生器造成再生器烟囱冒黄烟。

当切断进料时，应增大提升管蒸汽量，保证单旋线速。二再（第二再生器）喷燃烧油控制二再床温在550～650℃，尽量维持三器（反应器、再生器、沉降器）催化剂循环，若因沉降器单旋跑剂，则应切断催化剂循环，进行单容器流化。

反再系统内有催化剂时，必须保证分馏塔底有油浆循环，防止催化剂粉末上升堵塞塔盘，否则应将沉降器中的催化剂转入再生器，并关闭待生、再生及冷再生滑阀，进行单容器流化。三器有催化剂时，各吹扫点必须要有吹扫蒸汽（或吹扫风）防止堵塞。

切断进料后，在分馏塔内有油气的情况下，必须打冷回流控制塔顶温度小于 130℃，以防反应器超压和分馏塔冲塔；要控制好分馏塔底、原料油罐、粗汽油罐液面，防止超高造成反应憋压；油浆外甩，防止油浆固体含量高造成催化剂沉积，堵塞管线。

吸收稳定发生重大事故，必须立即切断各路进料和热源，并迅速放火炬撤压、退油，严防事故扩大。

要与调度及有关单位保持联系，不合格产品要及时联系改送不合格罐，防止造成成品质量事故。任何情况下，控制油品出装置温度不超高，防止事故扩大。

防止各汽包干锅，若发生干锅，严禁进水，必须切出热源，待冷却后方可上水。汇报调度，注意中压蒸汽管网工况。及时了解 DCS 屏显示报警栏警报内容，作出正确事故判断，确认报警项。

二、反再系统事故处理的退守状态

退守状态 0：装置维持正常运行。

退守状态 1：主风正常，反应切断进料，维持再生床层温度≥650℃、提升管出口温度≥480℃，维持催化剂两器循环。

退守状态 2：主风正常，切断两器，单器流化，保持两器负差压为－10～0kPa，单动滑阀维持正差压（≥10kPa、防止两器互窜）。减少取热量。

退守状态 3：主风中断，再生器通入事故蒸汽，床层温度维持 550℃以上，单动滑阀维持正差压（≥10kPa、防止两器互窜）。停外取热，蒸汽改放空，烟机停运。

退守状态 4：主风中断，再生器催化剂床层最高温度降至 550℃，停止通入事故蒸汽，再生器闷床。

退守状态 5：催化剂床层最高温度降至低于 450℃，反再系统准备卸剂，停工。

三、事故处理预案

事故名称：主风中断事故

(1) 事故现象

内　（　　）主风总管流量指示低低报警。

内　（　　）再生压力迅速下降。

内　（　　）主风低流量联锁动作。

外　（　　）主风事故蒸汽通入，所有自保阀门动作。

(2) 事故原因及原因确认

内　（　　）主风机安全运行。

内　（　　）主风机联锁动作停机。

内　（　　）主风流量过低，联锁动作。

内　（　　）电网波动、停电，主风机跳闸。

(3) 事故处理主要步骤

班　[　　] 向调度汇报并组织岗位力量进行事故处理。

(4) 主风机岗位处理

内　[　　] 迅速关闭主风机出口电动阀及小主风机出口阀防止催化剂倒流。

内/外（　　）　检查确认主风机反飞动处于全开位置，静叶角度 22°，主风机、小主风机出口止回阀关闭，烟机入口蝶阀、闸阀全关。

内　[　　] 主风机转速回零后，启动盘车器对机组进行盘车。

内　[　　] 加大轮盘冷却蒸汽用量，烟机入口温度降至 200℃时，停轮盘冷却蒸汽及烟机密封蒸汽。

外　[　　] 做好停运小主风机的盘车工作。

(5) 反再系统

① 反再系统处理

内　(　　) 确认主风低流量自保启动、两器差压自保启动、进料自保启动、外取热自保启动，确认所有自保阀门动作，并反馈情况。

外　(　　) 确认现场进料自保、两器差压自保、主风低流量自保、外取热自保阀动作情况，未动作现场手动关闭。确认各事故蒸汽是否通入。

内　(　　) 观察进料量回零后，依次关闭再生、冷再生、待生、外循环、外取热下滑阀。

外　[　　] 关闭各进料第一道阀喷嘴器壁手阀（原料喷嘴关两道手阀），打开原料线预热手阀。

外　[　　] 关闭预提升干气 FIC215 下游手阀和副线阀。

外　[　　] 停止小型加料，关小型加料器壁阀。

外　[　　] 关小主风事故蒸汽，减少通入蒸汽量。

外　[　　] 主风机 AV45 停机，应维持润滑油循环，启动润滑油泵，启动电机盘车冷却。

外　[　　] 小主风机联锁停机后，关闭小主风机出口阀，检查并启动电泵进行油循环、冷却，并做好开机准备工作。

内　[　　] 控制好两器压力平衡，沉降器藏量稳定，避免油气互窜及催化剂大量跑损。

内　[　　] 通过事故蒸汽量及双动滑阀开度控制再生器压力，关闭烟机入口蝶阀并控制好烟机轮盘温度≤370℃。

内　[　　] 沉降器压力利用气压机转速、反飞动、气压机出入口放火炬阀控制，需要时可用分馏塔顶油气蝶阀 HC304 调节。

内　[　　] 控制好两器差压为－10～0kPa，再生滑阀、冷再生滑阀、待生滑阀维持正差压≥10kPa。

内　[　　] 控制好沉降器藏量，调整提升管注蒸汽量保持单旋线速，避免催化剂大量跑损。

内　[　　] 控制好外取热汽包液位、压力，减少发汽量。

外　[　　] 配合内操控制好汽包液位，外取热下部小主风管线通入非净化风松动。

外　[　　] 检查各特殊滑阀阀位和自锁情况，并改现场手摇关闭并锁定，确保两器间切断。

外　[　　] 将分馏塔顶油气蝶阀改至操作室控制。

② 恢复主风供应

外　(　　) 确认故障具体原因，检查主风机组、小主风机机组状况。

内 （　）确认故障具体原因，主风机运行状态：主风机安全运行或跳闸停机。

内/外［　］ 进行 AV45 主风机开机准备，关闭出口阀，打开现场盘车。

班 ［　］组织 AV45 主风机开机，组织人员重新开车。

外 ［　］停止盘车，启动 AV45 机组，运行正常。

外 ［　］打开进料自保旁通阀的副线阀、主风事故蒸汽副线阀。

内 ［　］依次恢复主风自保，两器切断自保，切断进料自保，确认所有自保阀门动作反馈情况。

外 （　）确认现场原料自保、反再自保阀动作，回到正常状态，未动作阀门及时处理。

外 （　）烧焦罐引柴油至燃烧油喷嘴前，确认燃烧油不带水，燃烧油喷嘴吹扫、给上雾化蒸汽，备用。

班 （　）确认故障处理完毕，公用系统水电汽风正常，事故处理状况：退守状态3，再生器床层温度维持 550℃以上，烟机停运。

内/外（　） 将主风机出口阀缓慢打开，将主风并进再生器。

任务执行

在完成任务学习后，操作人员已具备事故应急处理操作的基本能力，根据装置生产计划，现需要按照操作规程完成事故处理操作（工作任务单 2-5-1）。

要求在 35min 内完成，且成绩在 85 分以上。

工作任务单　催化裂化装置典型事故认知				编号:2-5-1	
装置名称	催化裂化装置	姓名		班级	
考查知识点	催化裂化装置主风中断事故处理	学号		成绩	
根据生产指令,进行催化裂化装置主风中断事故处理操作,操作人员分别担任班组长、内操、外操人员,模拟进行事故处理操作,并保持现场秩序					

任务总结与评价

简述本次任务的收获与总结。

任务二　反应-再生系统主风中断事故认知

任务目标　① 了解催化裂化装置反应-再生系统主风中断事故处理操作步骤，掌握操作步骤的背后逻辑；

② 掌握反应-再生系统主风中断事故处理操作关键点，完成仿真操作。

任务描述　以操作人员的身份进行催化裂化装置反应-再生系统主风中断事故处理操作，理解步骤和关键点，根据步骤完成操作。

教学模式　理实一体、任务驱动

教学资源　沙盘、仿真软件及工作任务单（2-5-2）

任务学习

反应-再生系统主风中断的事故现象是：主风量为零，烧焦罐料位升高。这是由于主风机 C101 故障造成的。事故处理具体操作步骤如下：

（1）检查打开事故自保阀 XSV103；

（2）检查关闭再生滑阀 TV103；

（3）检查关闭待生滑阀 TV102；

（4）检查关闭主风机出口流量调节阀 FV105；

（5）中控关闭外取热器下滑阀 TV105；

（6）中控开大提升管底部提升蒸汽阀 FV104；

（7）现场全开 VA114；

（8）启动备用主风机；

（9）辅操台将 FSLL103BS 投旁路；

（10）辅操台将 FSLL105BS 投旁路；

（11）辅操台将 TSLL103BS 投旁路；

（12）辅操台将 TSHH103BS 投旁路；

（13）辅操台按下泵 P201 联锁复位按钮 HK101RS，持续时间大于 4s；

（14）辅操台按下反应系统复位按钮 HK102RS，持续时间大于 4s；

（15）辅操台按下再生系统复位按钮 HK103RS，持续时间大于 4s；

（16）按正常步骤开工，恢复生产，提升管原料油进料大于 200t/h；

（17）维持再生器温度大于 500℃。

任务执行

在完成任务学习后，操作人员已具备事故处理操作的基本能力，根据装置生产计划，现需要按照操作规程完成操作（工作任务单 2-5-2）。要求在 15min 内完成，且成绩在 85 分以上。

工作任务单　反应-再生系统主风中断事故　　编号：2-5-2

装置名称	催化裂化装置	姓名		班级	
考查知识点	反应-再生系统主风中断事故处理	学号		成绩	
根据生产指令，进行催化裂化装置反应-再生系统主风中断事故处理操作，操作人员需根据生产指令维持反应-再生工段各设备的稳定运行，保证反应温度、反应压力、两器压差在正常范围					

任务总结与评价

简述本次任务的收获与总结。

任务三　反应-再生系统提升管温度低于正常值事故认知

任务目标 ①了解催化裂化装置反应-再生系统提升管温度低于正常值事故处理操作步骤，掌握操作步骤的背后逻辑；

②掌握反应-再生系统提升管温度低于正常值事故处理操作关键点，完成事故处理仿真操作。

任务描述 请你以操作人员的身份进行催化裂化装置反应-再生系统提升管温度低于正常值事故处理操作，理解事故处理操作步骤和关键点，根据步骤完成操作。

教学模式 理实一体、任务驱动

教学资源 沙盘、仿真软件及工作任务单（2-5-3）

任务学习

反应-再生系统提升管温度低于正常值事故现象是：温度低于正常值。这是由于再生滑阀堵塞造成的。事故处理具体操作步骤如下：

（1）确认辅操台E102液位低低旁路开关处于自动状态；

（2）确认辅操台C101出口流量低低旁路开关处于自动状态；

（3）确认辅操台反应器出口温度低低旁路开关处于自动状态；

（4）确认辅操台反应器出口温度高高旁路开关处于自动状态；

（5）确认辅操台沉降器料位高高旁路开关处于自动状态；

（6）中控迅速开大再生滑阀TV103开度，提高提升管温度；

（7）中控关闭TV105，减少外取热量，再生系统升温；

（8）根据再生器、烧焦罐温度和料位情况，中控调节主风机流量；

（9）根据再生器、烧焦罐温度，中控调节TV105，控制烧焦罐温度在700℃；

（10）控制再生器温度为700℃；

（11）控制反应器温度为505℃；

（12）控制再生器料位为50%；

（13）控制烧焦罐料位为50%；

（14）控制沉降室料位为50%；

（15）控制再生器压力为0.30MPa；

（16）控制反应器压力为0.28MPa。

任务执行

在完成任务学习后，操作人员已具备事故处理的基本能力，根据装置生产计划，现需要按照操作规程完成事故处理操作（工作任务单 2-5-3）。要求在 15min 内完成，且成绩在 85 分以上。

工作任务单　反应-再生系统提升管温度低于正常值事故					编号：2-5-3
装置名称	催化裂化装置	姓名		班级	
考查知识点	反应器温度低于正常值事故处理	学号		成绩	
根据生产指令，进行反应-再生系统提升管温度低于正常值事故处理操作，操作人员需根据生产指令维持反应-再生工段各设备的稳定运行，保证反应温度、反应压力、两器压差在正常范围					

任务总结与评价

简述本次任务的收获与总结。

任务四　分馏系统分馏塔冲塔事故认知

任务目标 ① 了解催化裂化装置分馏系统分馏塔冲塔事故处理操作步骤，掌握操作步骤的背后逻辑；

② 掌握分馏系统分馏塔冲塔事故操作关键点，完成事故处理仿真操作。

任务描述 请你以操作人员的身份进行催化裂化装置分馏系统分馏塔冲塔事故处理操作，理解事故处理步骤和关键点，根据事故处理步骤完成操作。

教学模式 理实一体、任务驱动

教学资源 沙盘、仿真软件及工作任务单（2-5-4）

任务学习

分馏系统分馏塔冲塔的事故现象是：分馏塔中段、塔顶温度升高。这是由于分馏塔总进料大幅度增加，使塔顶负荷过大造成的。事故处理具体操作步骤如下：

（1）中控开大 TV205，控制分馏塔顶温度在 110℃；

（2）中控调节 TV205 开度，控制分馏塔顶温度在 110℃；

（3）中控开大 FV212，控制轻柴油侧采温度在 220℃；

（4）中控调节 FV212 开度，控制轻柴油侧采温度在 220℃；

（5）中控开大 FV221，控制分馏塔釜温度在 350℃；

（6）中控开大 FV222，控制分馏塔釜温度在 350℃；

（7）中控调节 FV222 和 FV221，控制分馏塔釜温度在 350℃；

（8）中控开大 FV216，开度在 60%左右，V202 液位维持在 50%左右；

（9）中控调节 FV216，控制回炼油罐液位 LIC206 在 50%左右；

（10）现场全开 VA223，V201 液位稳定在 50%左右；

（11）现场调节 VA223 和 VD204，控制原料油罐液位 LI207 在 50%左右；

（12）中控调节 PV202 开度，控制分馏塔压力 PIC202 在 0.24MPa。

任务执行

在完成任务学习后，操作人员已具备分馏系统分馏塔冲塔事故处理操作的基本能力，根据装置生产计划，现需要按照操作规程完成事故处理操作（工作任务单 2-5-4）。要求在 15min 内完成，且成绩在 85 分以上。

工作任务单　分馏系统分馏塔冲塔事故处理操作					编号:2-5-4
装置名称	催化裂化装置	姓名		班级	
考查知识点	分馏塔冲塔事故处理操作	学号		成绩	
根据生产指令,进行催化裂化装置分馏塔冲塔事故处理操作,操作人员需根据生产指令维持分馏工段各设备的稳定运行,保证温度、压力在正常范围					

任务总结与评价

简述本次任务的收获与总结。

任务五　吸收稳定系统停电事故认知

任务目标　① 了解催化裂化装置吸收稳定系统停电事故处理操作步骤，掌握操作步骤的背后逻辑；

② 掌握吸收稳定系统停电事故处理操作关键点，完成事故处理仿真操作。

任务描述　请你以操作人员的身份进行催化裂化装置吸收稳定系统停电事故处理操作，理解事故处理步骤和关键点，根据操作步骤完成操作。

教学模式　理实一体、任务驱动

教学资源　沙盘、仿真软件及工作任务单（2-5-5）

任务学习

吸收稳定系统停电的事故现象是：转动设备停止，DCS 报警；吸收塔、再吸收塔压力下降；出口流量回零。这是全场停电造成的。事故处理具体操作步骤如下：

（1）现场关闭压缩机进气阀 VA308；

（2）中控关闭 T302 放空阀 PV303；

（3）中控关闭 V302 放空阀 PV307；

（4）中控关闭 T304 塔釜液位调节阀 LV308；

（5）现场关闭稳定汽油出装置阀 VD316；

（6）现场关闭 P301 出口阀 VDOP301；

（7）现场停泵 P301；

（8）现场关闭 P301 进口阀 VDIP301；

（9）现场关闭 P302 出口阀 VDOP302；

（10）现场停泵 P302；

（11）现场关闭 P302 进口阀 VDIP302；

（12）现场关闭 P303 出口阀 VDOP303；

（13）现场停泵 P303；

（14）现场关闭 P303 进口阀 VDIP303；

（15）现场关闭 P304 出口阀 VDOP304；

（16）现场停泵 P304；

（17）现场关闭 P304 进口阀 VDIP304；

（18）现场关闭 P305 出口阀 VDOP305；

（19）现场停泵 P305；

（20）现场关闭 P305 进口阀 VDIP305。

任务执行

在完成任务学习后，操作人员已具备吸收稳定系统停电事故处理操作的基本能力，根据装置生产计划，现需要按照操作规程完成吸收稳定系统停电事故操作（工作任务单 2-5-5）。要求在 15min 内完成，且成绩在 85 分以上。

工作任务单　吸收稳定系统停电事故处理操作				编号:2-5-5	
装置名称	催化裂化装置	姓名		班级	
考查知识点	停电事故处理操作	学号		成绩	
根据生产指令,进行催化裂化装置吸收稳定系统停电事故处理操作,操作人员需根据生产指令维持吸收稳定工段各设备的稳定运行,保证温度、压力在正常范围					

任务总结与评价

简述本次任务的收获与总结。

【项目综合评价】

<table>
<tr><td>姓名</td><td colspan="2"></td><td>学号</td><td></td><td>班级</td><td colspan="2"></td></tr>
<tr><td>组别</td><td colspan="2"></td><td>组长</td><td></td><td>成员</td><td colspan="2"></td></tr>
<tr><td>项目名称</td><td colspan="7"></td></tr>
<tr><td>维度</td><td colspan="3">评价内容</td><td>自评</td><td>互评</td><td>师评</td><td>得分</td></tr>
<tr><td rowspan="2">知识</td><td colspan="3">掌握催化裂化装置异常现象处理的操作要点(15分)</td><td></td><td></td><td></td><td></td></tr>
<tr><td colspan="3">掌握催化裂化装置典型异常现象处理的基本流程及逻辑关系(15分)</td><td></td><td></td><td></td><td></td></tr>
<tr><td rowspan="2">能力</td><td colspan="3">能够正确分析催化裂化系统出现异常现象的原因并处理(20分)</td><td></td><td></td><td></td><td></td></tr>
<tr><td colspan="3">能够熟练操作催化裂化仿真软件，能对实际操作中出现的问题正确进行分析，并能够解决操作过程中的问题(20分)</td><td></td><td></td><td></td><td></td></tr>
<tr><td rowspan="2">素质</td><td colspan="3">通过讲解工厂事故案例，培养应对危机与突发事件的能力及解决石油化工生产一线技术问题的能力，及质量安全意识，岗位责任意识等(15分)</td><td></td><td></td><td></td><td></td></tr>
<tr><td colspan="3">通过对交互式仿真软件的操作练习，培养动手能力、团队协作能力、沟通能力、具体问题具体分析能力，精益求精的工匠精神，使理论知识更好地与实践知识相结合，培养职业发展学习的能力(15分)</td><td></td><td></td><td></td><td></td></tr>
<tr><td rowspan="3">我的反思</td><td colspan="2">我的收获</td><td colspan="5"></td></tr>
<tr><td colspan="2">我遇到的问题</td><td colspan="5"></td></tr>
<tr><td colspan="2">我最感兴趣的部分</td><td colspan="5"></td></tr>
</table>

模块三 聚丙烯装置生产操作

项目一 聚丙烯装置生产运行认知

【学习目标】

知识目标

① 了解聚丙烯发展简史，掌握聚丙烯反应类型、原料和产品特点；

② 了解聚丙烯产业知识，各单元的工艺流程；

③ 掌握预聚合和本体聚合系统工艺流程，了解催化剂的种类及作用；

④ 掌握聚合物汽蒸、干燥系统的工艺流程，了解系统中各个设备的主要作用。

技能目标

① 能够正确分析聚丙烯装置中各个工艺参数的影响因素；

② 能正确识图，绘制工艺流程图，能叙述流程并找出对应的管路，能够说出关键设备的特点及作用；

③ 根据危险源的辨识方法，能够辨识装置现场（沙盘）的危险源；

④ 在了解常见的防护要点基础上，能够根据工作场景选取合适的个人防护用品；

⑤ 能够根据演练流程在沙盘上进行泵的法兰处着火应急演练。

素质目标

① 通过学习，了解石油化工生产技术专业的发展现状和趋势，具有初步的石油化工生产工艺技术改造与技术革新的能力；

② 结合工厂实际情况给学生讲述工艺流程，了解石油化工生产专业技术的发展现状和趋势，增强岗位责任意识及创业意识；

③ 通过叙述工艺流程，培养良好的语言组织、语言表达能力。

【项目导言】

自 1954 年意大利纳塔（Natta）教授应用齐格勒（Ziegler）型催化剂进行丙烯聚合，得到了高分子量、高结晶的聚丙烯以来，聚丙烯的聚合工艺和催化剂得到飞快的发展。聚合工艺由常规催化剂的浆液法和溶剂法，发展到在液态丙烯中聚合的液相本体法及在气态丙烯中聚合的气相法。催化剂也由常规催化剂（第一代），发展到以添加给电子体的 Solvay（索尔维）型催化剂为代表的第二代催化剂。1980 年后，日本三井油化和意大利蒙埃公司共同合作，开发了第三代催化剂。催化剂活性高达 100 万克 PP（以每克 Ti 计）以上，等规度$>97\%$。现液相本体法和气相法聚丙烯聚合工艺全采用这种类型的高效催化剂。

目前，对于 α-烯烃（丙烯）在金属有机化合物催化体系进行聚合反应的机理虽未最终定论，但人们经过大量的研究后普遍认为它与普通的齐格勒催化剂体系的聚合反应机理相同。人们认为丙烯在齐格勒-纳塔催化剂作用下的聚合反应是非均相配位阴离子聚合反应。反应机理分为链的引发、链增长和链终止反应。

中国石化 30 万吨/年聚丙烯装置采用意大利 Basell 公司的 Spheripol-Ⅱ代聚丙烯工艺，由意大利 Tecnimont 公司负责基础设计和部分关键设备供货，中国寰球工程公司负责国内配套设计。工程由中油二建和中油七建承建，于 2006 年 10 月建成并投产，装置共占地约 27600m^2。装置由催化剂制备、储存、计量，预聚合和本体聚合，聚合物脱气和丙烯回收，气相共聚，聚合物汽蒸、干燥，工艺辅助设施，原料精制，挤压，造粒共九个单元组成。

采用 Spheripol-Ⅱ代聚丙烯工艺：预聚合和聚合反应操作压力明显提高，可以使环管反应器中的氢气含量增高，扩大了熔体流动速率的范围，使新牌号的性能更好，老牌号的产品性能得以改善，更有利于对形态、等规度和分子量的控制。能生产市场所需的全范围产品，包括均聚物、无规共聚物、抗冲共聚物。

环管反应器结构简单，材质可用低温碳钢。带夹套的反应器直腿部分可作为反应器框架的支柱，这种结构设计降低了投资。采用冷却夹套撤出反应热，单位体积的传热面积大，环管反应器的总体传热系数高达 1600W/(m^2·℃)。以双环管反应器为基础，可以生产宽分子量分布的“双峰”产品，也可以生产窄分子量分布的产品，利用环管反应器和液相本体聚合，可使传热控制得更好，反应均匀。

该工艺具有很高的反应器时空产率，反应器内聚丙烯浆液浓度高，反应器单程转化率高，均聚的丙烯单程转化率为 50%～65%，因而反应器的容积较小，停留时间短，产品切换快，过渡料少。

此装置采用 DCS、ESD、PLC 先进控制系统，设置有可燃气体、火焰探测设施，生产安全可靠。

【项目实施任务列表】

任务名称	总体要求	工作任务单	课时
任务一 聚丙烯产业认知	通过该任务，了解聚丙烯产业链和装置整体概况	3-1-1	1
任务二 预聚合和本体聚合 (200 单元)系统认知	通过该任务，了解预聚合反应和本体聚合反应的工艺原理，掌握工艺流程，熟知关键参数与控制方案	3-1-2	2
任务三 聚合物脱气和丙烯回收 (300 单元)系统认知	通过该任务，了解闪蒸罐进(出)料、低压过滤、乙烯汽提丙烯回收的工艺流程，熟知关键参数与控制方案	3-1-3	2
任务四 气相共聚(400 单元) 系统认知	通过该任务，了解气相共聚的工作原理，掌握返回管线排列方法	3-1-4	2
任务五 聚合物汽蒸、干燥 (500 单元)系统认知	通过该任务，了解汽蒸器进(出)料的工艺流程，掌握聚丙烯干燥的工艺原理，熟知关键参数与控制方案	3-1-5	1
任务六 原料精制(700 单元)系统认知	通过该任务，了解原料精制的工艺原理，掌握丙烯进料的工艺流程，熟知关键参数与控制方案	3-1-6	2

任务一　聚丙烯产业认知

任务目标　① 了解聚丙烯的基础知识，以及产业的基础认知；
② 了解聚丙烯产业知识，各单元的工艺流程；掌握预聚合和本体聚合系统工艺流程，了解催化剂的种类及作用。

任务描述　请你以新员工的身份学习聚丙烯产业的基础知识，了解聚合机理，以及聚丙烯产业各单元的工艺流程。

教学模式　理实一体、任务驱动

教学资源　沙盘及工作任务单（3-1-1）

任务学习

一、聚丙烯概述

聚丙烯简称PP，是一种无色、无臭、无毒、半透明固体物质。聚丙烯是一种性能优良的热塑性合成树脂，为无色半透明的热塑性轻质通用塑料。具有耐化学性、耐热性、电绝缘性、高强度机械性能和良好的高耐磨加工性能等，这使得聚丙烯自问世以来，便迅速在机械、汽车、电子电器、建筑、纺织、包装、农林渔业和食品工业等众多领域得到广泛的开发应用。近年来，随着我国包装、电子、汽车等工业的快速发展，极大地促进了我国聚丙烯工业的发展。而且因为其具有可塑性，聚丙烯材料正逐步替代木制产品，其高强度韧性和高耐磨性能已逐步取代金属的机械功能。另外聚丙烯具有良好的接枝和复合功能，在混凝土、纺织、包装和农林渔业方面具有巨大的应用空间。

二、发展简史

1954年，G. 纳塔首先将丙烯聚合成聚丙烯（采用铝钛的氯化物做催化剂），并创立了定向聚合理论，引起了人们的关注。1957年，意大利的蒙特卡提尼公司和美国赫克勒斯（Hercules）公司分别建立了6000t/a和9000t/a的聚丙烯生产装置。20世纪60年代后期到70年代中期，聚丙烯进入了大发展时期。80年代至今，聚丙烯产量在合成树脂中居于前列，现在仅低于聚乙烯，居第2位。中国于1962年开始研究聚丙烯生产工艺。从20世纪80年代开始，聚丙烯在中国发展迅速。我国引进了一些先进的聚丙烯生产技术和生产设备，先后建立了燕山、扬子、辽阳等一批大中型聚丙烯生产设施，各地也兴建了大量小型散装聚丙烯生产设施，这对缓解供需矛盾起到了一定的作用。生产规模的大幅度增加，促使我国聚丙烯树脂生产进入了快速发展阶段。2012年，我国PP生产能力达到1296.7万吨。2015年，我国PP产能为2013万吨。由于我国聚丙烯的供需差距较大，近年来，大多数新的大型炼油、乙烯联产项目和煤烯烃项目都配备了聚丙烯装置，因此，未来中国聚丙烯产能将大幅增加。同时，还需要考虑那些小型的落后聚丙烯生产技术，尤其是间歇式小本体法装置将被逐步淘汰，估计到2025年我国聚丙烯的生产能力将达到更高的水平。随着中国经济快速发展，对各种化工原料的需求不断增加，导致了对聚丙烯的消耗量达到有史以来最高水平，因此我国将成为世界上聚丙烯最大消费国家。2003年，我国聚丙烯的消耗量已经达到532万吨；2007年率先达到1000万吨；2008年受金融危机影响，略升至1079万吨；2018年，在基础设施投资和国内需求的推动下，增长至1232万吨。

三、生产工艺

聚丙烯树脂是四大通用型热塑性树脂（聚乙烯、聚氯乙烯、聚丙烯、聚苯乙烯）之一，以原料丙烯作为聚合单体通过聚合反应生产制得。世界上用于生产聚丙烯的工艺方法按类别划分主要有以下几大类：溶剂法，溶液法，液相本体法（含液相气相组合式）和气相本体法。各工艺特点简介如下。

1. 溶剂聚合法

溶剂法（又称浆液法或泥浆法、淤浆法）是最早采用的聚丙烯生产工艺，但由于有脱灰和溶剂回收工序、流程长、较复杂等缺点，随着催化剂研究技术的进步，从二十世纪八十年代起，溶剂法已趋于停滞状态，逐渐为液相本体法所取代。

工艺特点：(1) 丙烯单体溶解在惰性液相溶剂中（如己烷中），在催化剂作用下进行溶剂聚合，聚合物以固体颗粒状态悬浮在溶剂中，采用釜式搅拌反应器；(2) 有脱灰和溶剂回收工序、流程长、较复杂、装置投资大、能耗高，但生产易控制，产品质量好；(3) 以离心过滤方法分离聚丙烯颗粒再经气流沸腾干燥和挤压造粒。

2. 溶液聚合法

工艺特点：(1) 使用高沸点直链烃作溶剂，在高于聚丙烯熔点的温度下操作，所得聚合物全部溶解在溶剂中呈均相分布；(2) 高温汽提方法蒸发脱除溶剂得熔融聚丙烯，再挤出造粒得粒料产品；(3) 生产厂家只有美国柯达公司一家。

3. 液相本体法

含液相气相组合式，液相本体法聚丙烯生产工艺是聚丙烯生产中后期发展起来的新工艺。该生产工艺是1957年聚丙烯开始工业化生产七年之后问世的。采用液相本体法生产聚丙烯，是在反应体系中不加任何其他溶剂，将催化剂直接分散在液相丙烯中进行丙烯液相本体聚合反应。聚合物从液相丙烯中不断析出，以细颗粒状悬浮在液相丙烯中。随着反应时间的增长，聚合物颗粒在液相丙烯中的浓度增高。当丙烯转化率达到一定程度时，经闪蒸回收未聚合的丙烯单体，即得到粉料聚丙烯产品。这是一种比较简单和先进的聚丙烯工业生产方法。液相本体法工艺代表着二十世纪八十年代国际上聚丙烯生产的新技术、新水平。

工艺特点：(1) 系统中不加溶剂，丙烯单体以液相状态在釜式反应器中进行液相本体聚合，乙烯丙烯在流化床反应器中进行气相共聚；(2) 流程简单，设备少、投资省，动力消耗及生产成本低；(3) 均聚采用釜式搅拌反应器（Hypol工艺），或环管反应器（Spheripol工艺），无规共聚和嵌段共聚均在搅拌式流化床中进行。

采用液相本体法的典型代表是Basell公司的Spherizone液相本体法工艺。Spherizone是一种气相循环技术，采用齐格勒-纳塔催化剂，可生产出韧性、刚性和加工性能良好同时又具有高结晶度、更加均一的聚合体。它可在单一反应器中制得高度均一的多单体树脂或双峰均聚物。Spherizone循环反应有两个互通的区域，不同的区域起到由其他工艺的气相和液相环管反应器所起的作用。这两个区域能产生具有不同分子量或单体组成分布的树脂，扩大了聚丙烯的性能范围。

该工艺的核心设备为MZCR（多区循环反应器）反应器R230系统。该反应器由提升管和下降管两部分组成。在提升管内聚合物通过反应气体向上吹，形成流化，并送入下降管的上部经过旋风分离器后，粉料收集在下降管内。反应气体由离心式压缩机通过外部的管线循环，反应热依靠在外部循环管线上的循环冷却器来移出。反应器产品通过安装在下降管下部的阀门排出。排出的粉料经过高压和低压脱气后，在生产均聚物和无规共聚物时，直接进行汽蒸和干燥，得到粉料产品。生产抗冲产品时，经过高压脱气后的粉料排入气相流化床反应器。该反应器仍采用Spheripol-Ⅱ气相反应器系统。共聚反应器为立式圆筒式容器，上下为球形封头，下部为沸腾床，主体材料为不锈钢，内表面抛光。该工艺目前单线最大生产能力已达45万吨/年。MZCR（多区循环反应器）抗冲共聚产品的乙烯含量可高达22%（橡胶含量大于40%），还可生产含乙烯和丁烯-1的三元共聚产品。

4. 气相本体法

工艺特点：（1）系统不引入溶剂，丙烯单体以气相状态在反应器中进行气相本体聚合；（2）流程简短，设备少，生产安全，生产成本低；（3）聚合反应器有流化床、立式搅拌床及卧式搅拌床。采用气相本体法的典型代表是DOW化学公司Unipol气相工艺。Unipol气相聚丙烯工艺是美国联碳公司和壳牌公司于二十世纪八十年代开发的一种气相流化床聚丙烯生产工艺，是将聚乙烯生产上的流化床工艺移植到聚丙烯生产中，并获得成功。该工艺采用高效催化剂体系，主催化剂为高效载体催化剂，助催化剂为三乙基铝、给电子体。Unipol工艺具有简单、灵活、经济和安全的特点；该工艺只用很少的设备就能生产出包括均聚物、无规共聚物和抗冲共聚物在内的全范围产品，可在较大操作范围内调节操作条件而使产品性能保持均一。因为使用的设备数量少而使维修工作量小，装置的可靠性提高。由于流化床反应动力学本身的限制，加上操作压力低使系统中物料的贮量减小，使得该工艺比其他工艺操作安全，不存在事故失控时设备超压的危险。此工艺没有液体废料排出，排放到大气的烃类也很少，因此对环境的影响非常小，与其他工艺相比，该工艺更容易达到环保、健康和安全的各种严格要求。该工艺的另一显著特点是可以配合超冷凝态操作，即所谓的超冷凝态气相流化床工艺（SCM）。该技术通过将反应器内液相的比例提高到45%，可使现有的生产能力提高200%。由于液体含量多少不是流化床不稳定、形成聚合物结块的基本因素，因此该技术关键的操作变量是膨胀床的密度即膨胀松密度与沉降松密度的比例。由于超冷凝态操作能够最有效地移走反应热，它能使反应器在体积不增加的情况下提高2倍以上的生产能力，对于投资的节省是非常可观的。其抗冲共聚产品的乙烯含量可高达17%（橡胶含量大于30%）。

该工艺的核心设备为气相流化床反应器、循环气压缩机、循环气冷却器和挤压造粒机组。流化床反应器是空心式容器，其顶部带有扩大段，底部带有分布器。第一反应器操作压力为3.5MPa（G），温度67℃；第二反应器操作压力为2.1MPa（G），温度70℃；循环气压缩机为单级、恒速、离心式压缩机。

四、聚丙烯应用

1. 用途分类

欧美各国用于注塑制品占聚丙烯总消费量的50%，主要用作汽车、电器的零部件，各种容器、家具、包装材料和医疗器材等；薄膜占8%～15%，聚丙烯纤维（中国习称丙纶）占8%～10%；建筑等用的管材和板材占10%～15%，其他为10%～12%。中国目前用于编织制品的量占40%～45%，其次是薄膜和注射制品占40%左右；丙纶及其他占10%～20%。

我国主要将聚丙烯这种材料应用在食品包装、家用物品、汽车、光纤等领域。我国使用聚丙烯最大的领域是编织袋、包装袋、捆扎绳等产品，约占总消费的30%。近年来，随着聚丙烯注塑产品和包装膜的发展，聚丙烯用于织造产品的比例有所下降，但仍是聚丙烯消耗最多的区域。注塑产品是中国第二大聚丙烯消费领域，占总消费量的26%左右，它也是未来聚丙烯需求量最大的领域之一。国产聚丙烯的另一个主要消费领域是薄膜，占总消费量的20%左右，主要是BOPP（双向拉伸聚丙烯薄膜）。在未来的几年里，纺织产品的比例将逐渐下降，而注塑产品、管材和板材的比例将会增加，根据专家对聚丙烯行业发展的估算，2020年我国对聚丙烯的需求量达到2370万吨左右。纺织产品、注塑产品、薄膜仍是我国聚丙烯的主要需求领域，而管材、板材、纤维等领域的年度需求增长迅速。高速绘图BOPP薄膜、管材、薄无纺布、高透明食品容器等特种材料市场发展前景良好。

（1）机械及汽车制造零部件　聚丙烯具有良好的机械性能，可以直接制造或改性后制造各种机械设备的零部件，如制造工业管道、农用水管、电机风扇、基建模板等。改性的聚丙烯可模塑成保险杠、防擦条、汽车方向盘、仪表盘及车内装饰件等，大大减轻车身自重达到节约能源的目的。

（2）电子及电气工业器件　改性的聚丙烯可用于制作家用电器的绝缘外壳及洗衣机内胆，普遍用于电线电缆和其他电器的绝缘材料。采用的均聚聚丙烯60～80份（质量份数），乙烯-乙烯醇共聚物20～40份（质量份数），相容剂（聚丙烯马来酸酐接枝物与乙烯-乙烯醇共聚物的反应物）1～10份（质量份数），于170～190℃条件下混炼制成的聚丙烯复合材料具有较高的韧性，其冲击强度高达210J/m，具有较高的气体阻隔性能，透水蒸气速率接近2000g/(m^2·d)。在制备阻隔性薄膜时，可采用传统的制膜工艺进行生产，工艺较为简单，生产的成本较低。

（3）建筑业　聚丙烯纤维是所有化学纤维中最轻的，其密度为(0.90～0.92)g/cm^3，具有强度高、韧性好、耐化学性和抗微生物性好及价格低等优点，用玻璃纤维增强改性或用橡胶、SBS改性过的聚丙烯被大量用于制作建筑工程模板，发泡后的聚丙烯可用于制作装饰材料。在地震发生时，聚丙烯纤维陶粒混凝土的破坏形态为塑性破坏，无碎块剥落。选用聚丙烯纤维陶粒混凝土比素陶粒混凝土更安全。

（4）农业、渔业及食品工业　聚丙烯可用于制作温室气蓬、地膜、培养瓶、农具、渔网等，制作食品周转箱、食品袋、饮料包装瓶等。与废旧PET（聚对苯二甲酸乙二酯）反应性共混制成多功能再生PET，将多功能再生PET与聚丙烯原位成纤复合制成原位成纤复合材料。再生PET与PP复合制备的原位成纤复合材料的韧性刚性均比PP明显提高，力学性能的重现性相当好。将我国每年大量产生的废弃物即废旧PET资源化，具有显著的经济和社会效益。

我国东部沿海地区广袤的海洋滩涂，具有典型的盐渍土特征。现有研究用聚丙烯酰胺（PAM）协同3种牧草对滨海盐渍土区实施水土保持。3种牧草均有促进土壤提高抗侵蚀能力的作用。在生物措施协同下施用PAM可减少土壤侵蚀量，提升雨水截留量；优先考虑低剂量（1g/m），其单位质量PAM的水土保持效益最高，可减少年侵蚀量42.8%～46.7%，可抑制土壤腾发总量28.7%～40.4%，促进土壤持水能力上升；在牧草生长初期，提升雨水截留量16.5%～33.8%。PAM的协同作用有利于抑制土壤腾发的产生和加强雨水截留能力。

（5）纺织和印刷工业　聚丙烯是合成纤维的原料，丙纶纤维被广泛用于制作轻质美观的耐用纺织用品，应用聚丙烯材料印刷出的画面特别光亮、鲜艳、美观。

(6) 其它行业　在化学工业中，聚丙烯可以应用于制备各种耐腐蚀的输送管道、储槽、阀门、填料塔中的异型填料、过滤布、耐腐泵及耐腐容器的衬里；在医药方面可用于制作医疗器具；聚丙烯还可以通过接枝、复合和共混工艺，实现在能源领域的开发应用。

2. 废旧 PP 再资源化技术

聚丙烯（PP）是目前第二大通用塑料，随着建筑、汽车、家电和包装等行业的发展，废旧PP成为近年来产量较大的废弃高分子材料之一。目前，处理废旧PP的途径主要有：焚烧供能、催化裂解制备燃料、直接利用和再资源化。考虑处理废旧PP过程中的技术可行性、成本、能量消耗和环境保护等因素，再资源化是目前最常用、有效和最为提倡的处理废旧PP途径。

由于使用过程中受光、热、氧和外力等因素影响，PP的分子结构会发生变化，制品变黄、变脆，甚至开裂，导致PP韧性、尺寸稳定性、热氧稳定性和可加工性等明显变差，直接使用废旧PP制造制品难以满足加工和使用过程的要求。

因此，废旧PP再资源化技术不断发展，采用与其他聚合物合金化或与填料复合化，可明显改善废旧PP的加工性能、物理性能，实现废旧PP的高性能化再利用。

(1) 合金化　合金化是将废旧PP与其他高分子材料进行混合，制备宏观均匀材料的过程。通过选择不同高分子材料合金化，能够改善废旧PP加工性能、物理和力学性能，如采用弹性体可明显提高废旧PP的冲击韧性。

研究废旧PP/RU复合胶（天然橡胶和丁苯橡胶各占50%）共混材料的力学性能和热变形行为，发现先将RU复合胶塑炼成细小橡胶颗粒，使其均匀地分散于废旧PP连续相，可明显提高废旧PP的冲击强度和断裂伸长率，但会导致PP刚性和耐热变形性降低。

由于绝大多数弹性体与废旧PP不相容，界面黏结较差，在加工和使用过程存在相分离，影响其性能。为改善废旧PP合金界面相容性，增强界面黏结，许多学者开展了广泛研究，发现了两种能增强共混材料的界面黏结，提高共混材料的储能模量、损耗模量和体系黏度的增容剂。

硫化剂可提高共混材料的冲击与拉伸强度、熔体黏度、断裂伸长率和延展性；过氧化物交联剂的加入还能进一步改善共混材料的相容性，提高共混材料冲击和拉伸强度，但导致断裂伸长率略有下降。

(2) 复合化　复合化是将废旧PP与非高分子材料混合制备复合材料的过程，是实现废旧PP高性能化、功能化的主要途径。废旧PP复合化可改善其刚性、强度、热学、电学等物理与力学性能，降低成本等。按照填料成分可分为无机填料和有机填料。

① 无机填料复合化：常用于PP复合的无机填料都可以用来与废旧PP复合，例如碳酸钙、滑石粉、蒙脱土、金属氧化物、粉煤灰和玻璃纤维等。研究发现这些无机填料虽能显著改善废旧PP刚性、降低成本，但与废旧PP极性相差较大，表面能高，相容性差，导致复合材料的断裂伸长率和冲击韧性下降。

② 有机填料复合化：常见有机填料包括木粉与木纤维、淀粉、麦秸、麻纤维和废弃报纸等。对木质纤维填充废旧PP微孔发泡技术的研究，结果表明熔融温度180℃，保压压力12.5MPa时，微孔结构均匀分布。由于微孔结构能够延长裂缝的传播路径，吸收外界冲击能量，从而提高冲击强度。

天然纤维是新兴的废旧PP填充材料，针对其高吸水性以及与废旧PP的不相容性，对其进行表面处理是实现天然纤维填充废旧PP复合材料高性能化的主要方法。另外，废弃涤纶也可用于改性废旧PP，有学者研究了β-成核废旧PP/废弃涤纶织物复合材料的结晶行为，结果表明废弃涤纶和β-成核剂对废旧 PP 结晶均具有异相成核作用，提高废旧 PP 结晶温度，并诱导形成β晶。

③ 混杂复合化：混杂复合化是两种以上填料填充聚合物制备复合材料的过程。由于单一填料的局限性，混杂复合化可通过不同填料优势互补和协同作用，更好改善聚合物的综合性能。因此有关混杂填料填充废旧 PP 复合材料的制备和相关性能的研究已引起关注，涉及的填料主要包括不同无机填料混杂、无机/有机填料混杂。

④ 合金复合化：为充分发挥合金化和复合化优点，开始研究将合金化和复合化结合以进一步改善和提高废旧 PP 物理与力学性能，实现废旧 PP 高性能化和工业化，如有机填料和弹性体、无机填料和弹性体结合改性废旧 PP 等。

针对这方面的研究结果表明：废旧 PP 和滑石粉填充废旧 PP 复合材料在低温下的断裂均为脆性行为，EOC（乙烯-辛烯共聚物）加入可显著改善复合材料的抗冲击性能；EOC 增韧滑石粉填充废旧 PP 复合材料的动态力学行为并不随着回收次数增加而变化。

任务执行

工作任务单　聚丙烯产业认知		编号:3-1-1
考查内容:聚丙烯产业认知		
姓名:	学号:	成绩:

1. 聚丙烯工艺生产的原料和产品有哪些？

2. 聚丙烯的定义及反应类型？

3. 工业生产聚丙烯要准备的催化剂有哪些？

4. 聚丙烯反应特点是什么？

任务二　预聚合和本体聚合（200 单元）系统认知

任务目标　① 了解预聚合和本体聚合的工艺原理、典型设备和关键参数，能够正确分析预聚合与本体聚合工段各参数的影响因素；

② 掌握聚合机理，能够绘制 PFD 流程图。

任务描述　请你以操作人员的身份进入 200 单元系统工段，了解预聚合和本体聚合系统工段的工艺原理，掌握工艺流程，熟知关键参数与控制方案。

教学模式　理实一体、任务驱动

教学资源　沙盘、仿真软件及工作任务单（3-1-2）

任务学习

催化剂、DONOR（供体）和 TEAL（三乙基铝）通过独立的计量泵注入预接触罐（D201）中，DONOR 和 TEAL 注入管线合成一股进入助催化剂冷却器（Z212），以便能更好地控制 D201 温度。催化剂淤浆通过一个独立的插管进入 D201 中，催化剂浆料溢流出料。D201 的温度经 D201 夹套水循环泵（P203A/B）通过调节冷冻水的流量循环维持在 10℃。（如图 3-1 预聚合和本体聚合反应演示流程）

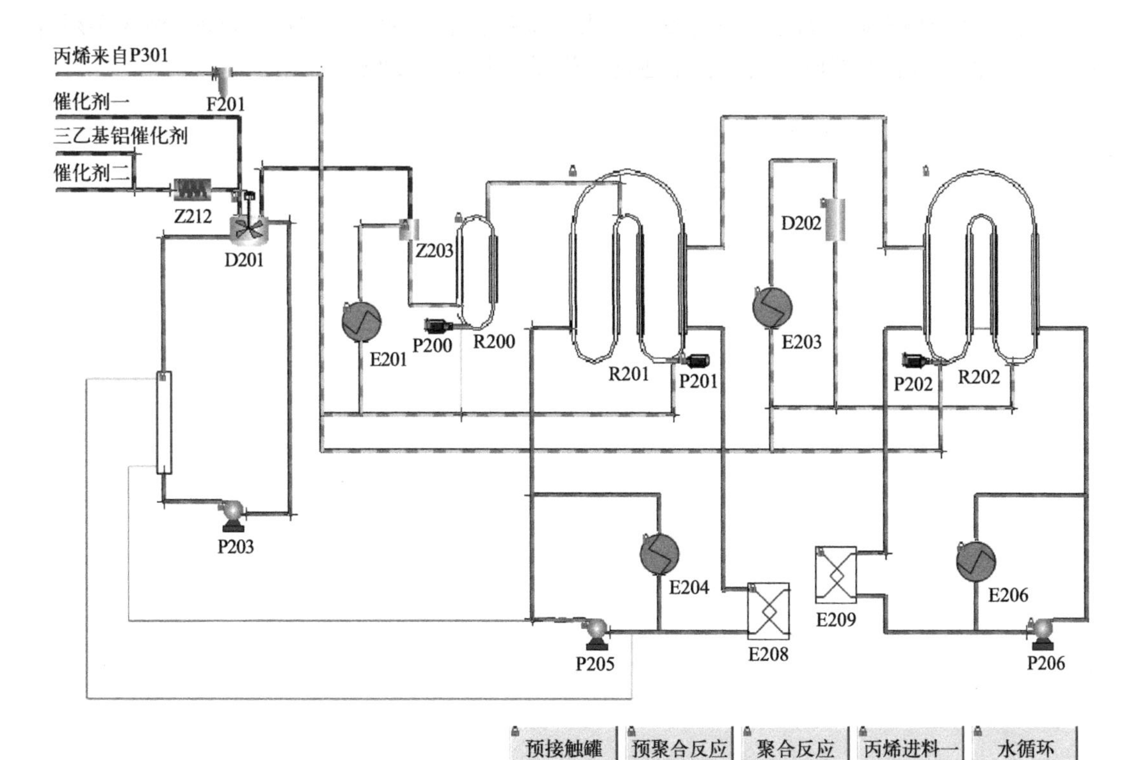

图 3-1　预聚合和本体聚合反应演示流程

M3-1　环管反应器

丙烯进料经过滤器（F201）在丙烯冷却器（E201）中冷却至 10℃，然后送入在线混合器（Z203）与来自 D201 的催化剂浆料在线混合，混合后进入单环管反应器（R200）进行预聚合。

预聚合反应在单环管反应器（R200）中进行。丙烯进料温度通过调节进入 E201 的冷冻水量控制为 10℃。预聚合温度通过串级控制调节进入 R200 夹套的冷冻水来实现。

来自 R200 的物料进入第一环管反应器（R201），新鲜丙烯也进入此环管反应器，聚合物浆液的密度通过调节进入第一环管反应器的丙烯量控制。从第一环管反应器 R201 出来的聚合物浆液通过“带式连接”（P202 出口→P202 进口）连续进入第二环管反应器（R202）继续反应。环管反应器的压力由丙烯汽化器（E203）进行调控。R202 的聚合物浆料排放通过调节温度串级控制系统实现。

R201 丙烯进料有四路：丙烯通过调节经 Z203A/B 进入 R200，丙烯通过调节冲洗 R200 循环泵（P200），丙烯通过调节冲洗 R201 循环泵（P201），丙烯通过串级控制调节进入 R201，包括上述三步的冲洗丙烯和新鲜丙烯。

R202 丙烯进料有三路：丙烯通过调节冲洗 R202 循环泵（P202），丙烯通过调节丙烯汽化器（E203）进入反应器缓冲罐（D202），丙烯通过串级控制调节 FV2301 进入 R202，包括上述两步的冲洗丙烯和平衡两个反应器压差的丙烯。

环管反应器上设有反应终止系统。含 2%CO 的 N_2 直接注入各环管反应器中。聚合反应温度控制由反应器夹套水循环撤热实现。冷却水系统包括板式换热器（E208 和 E209）、夹套水循环泵（P205A/B 和 P206A/B），利用 P205A/B 循环的 R201 夹套水通过板式换热器 E208 撤除反应热，利用 P206A/B 循环的 R202 夹套水通过板式换热器 E209 撤除反应热。

夹套水系统内充满脱盐水，并与反应器夹套水膨胀罐（D203）连接，要求 D203 必须进行 N_2 封保护。装置开车时，其夹套水通过加热器（E204、E205）加热。

任务执行

工作任务单　预聚合和本体聚合系统认知		编号:3-1-2
考查内容:预聚合和本体聚合反应工艺流程		
姓名:	学号:	成绩:

1. 简述预聚合和本体聚合反应系统工艺流程。

2. 丙烯进料分别有哪几路?

3. 预聚合和本体聚合系统主要操作影响因素有哪些?

任务三　聚合物脱气和丙烯回收（300单元）系统认知

任务目标　① 了解聚合物脱气的工艺原理、典型设备和关键参数，能够正确分析聚合物脱气和丙烯回收工段各参数的影响因素；

② 掌握丙烯回收的操作过程，能够绘制 PFD 流程图。

任务描述　以操作人员的身份进入 300 单元系统工段，了解聚合物脱气系统工段的工艺原理，掌握工艺流程，熟知关键参数与控制方案。

教学模式　理实一体、任务驱动

教学资源　沙盘、仿真软件及工作任务单（3-1-3）

任务学习

一、 300 单元（聚合物脱气和丙烯回收）工业流程

聚合物脱气和丙烯回收演示流程如图 3-2。

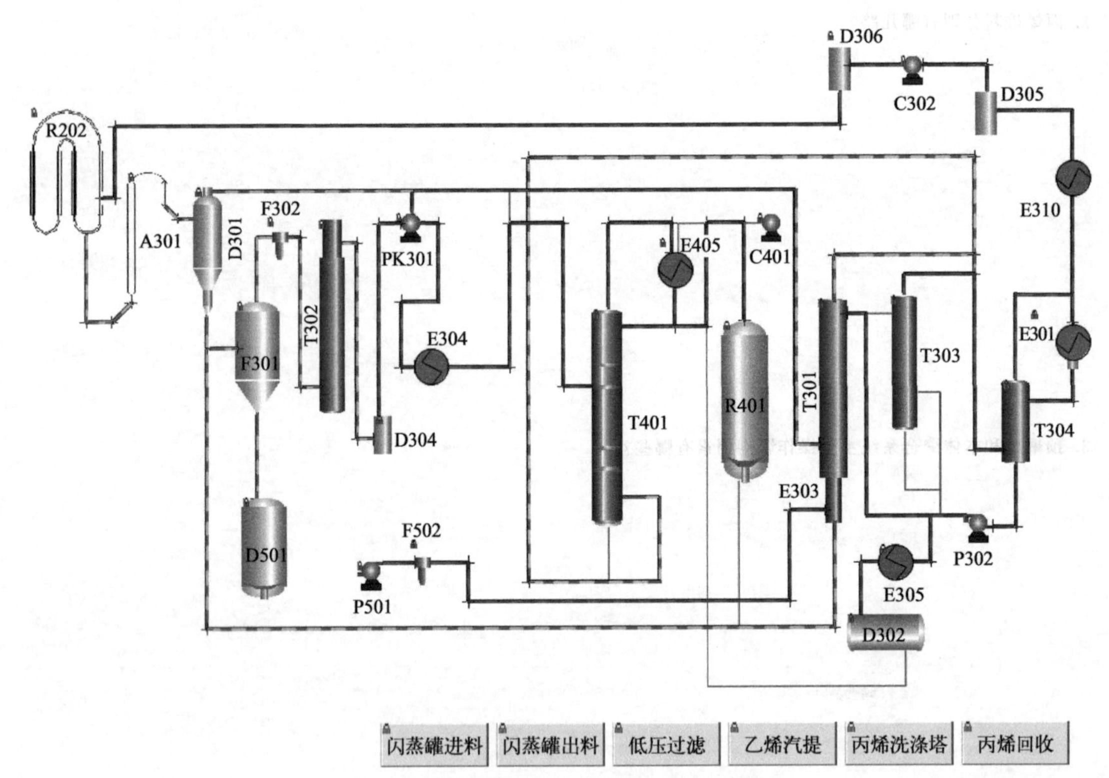

图 3-2　聚合物脱气和丙烯回收演示流程

二、闪蒸罐进料

M3-2　闪蒸罐

闪蒸罐进料：在第二环管反应器（R202）出料阀控制下，聚合物浆液进入闪蒸线进行闪蒸。环管反应器至闪蒸罐间压力的下降促使丙烯汽化，聚合物浆液通过环管反应器和闪蒸罐之间的一段带有蒸汽夹套的直径不断

增大的管线，来确保丙烯完全汽化。通过闪蒸罐（D301）顶部气相丙烯出口温度串级控制调节，确保闪蒸线管壁温度尽可能的低。

聚合物粉料在闪蒸罐（D301）内与气相丙烯分离，聚合物粉料和气相丙烯呈切线方向进入D301，动力分离器（A301）用于提高分离效率，防止大部分的细粉存在于气相丙烯中。聚合物粉料被收集在D301底部，并控制出料。

闪蒸罐出料：从闪蒸罐D301出去的物流走向：来自D301顶部的气相丙烯进入高压洗涤回收系统；来自D301底部的聚合物粉料进入袋式过滤器（F301）或气相反应器（R401）。

低压过滤：F301底部聚合物粉料通过调节以重力下料方式进入汽蒸器（D501），气相组分（丙烯、丙烷等）经袋滤器过滤后从F301顶部排出，再经过滤器（F302A/B）进一步过滤后进入低压循环丙烯洗涤塔（T302）。气相组分经T302塔顶冷却器（E304）进入PK301进口气液分离罐（D304）与油分离后进入循环器压缩机（PK301）。

乙烯汽提：来自F301的富乙烯气相组分经PK301压缩和T401进口冷却器（E403）冷却后进入T401进行分离，自T401塔顶出来的气相组分在冷凝器（E405）中被冷凝，富含乙烯的气相组分从E405顶部循环回R401，同时有一小部分不凝气排放进入弛放气系统。从E405冷凝下来的丙烯回流到T401。

T401的塔底液相组分（绝大部分为热的丙烯）通过与T301顶部出来的气相丙烯混合后进入T304，经汽提后循环回D302。

高压循环丙烯洗涤塔：脱气单元包括循环丙烯压缩机（PK301）系统回收的单体均送入高压循环丙烯洗涤塔（T301）。T301内装有塔盘，向上的气流与回流的液相丙烯在此逆流接触，以除去其中夹带的细粉。T301底部装有再沸器（E303），可保证T301稳定的回流量。T301液位控制调节进入E303的热水流量。E303所用工艺水由T501回流泵（P501A/B）送入。T301含聚合物粉末的液相重组分排出经小闪线进入F301或R401（生产抗冲共聚产品时）。T301顶部大部分气相丙烯组分进入氢气中间汽提塔（T304）（如果生产抗冲共聚产品时，则还有来自T401的气相组分），在T304与被丙烯冷凝器（E301）冷却的液相丙烯逆流接触。另一部分T301顶部气相丙烯，一股作为袋滤器F301反吹气，一股作为PK401循环气压缩机组的机械密封吹扫气。

三、丙烯回收

T304的液相丙烯出料经循环丙烯泵（P302A/B）分为两路：一路返回T301；另一路进入丙烯进料罐（D302）。仅仅在生产高刚性牌号产品时，液相丙烯先进入氢气中间汽提塔（T303）（通常T303置于旁路），这可保证循环丙烯中的H_2被完全分离。当T303运行时，塔底部排出不含有H_2的液相丙烯与来自P302的丙烯合成一路经丙烯冷却器（E305）冷却后进入D302。T303顶部富含H_2的气相组分通过与来自T301顶部的气相丙烯一同进入T304。

T304顶部出来的气相组分进入主冷凝器E301，从E301顶部排出的不凝气进入后冷凝器E310，最大限度地回收丙烯。在生产高刚性牌号产品时，丙烯循环物流中可能含有极高浓度的H_2，从丙烯后冷却器（E310）顶部排出的气相组分含有大量H_2，必须通过氢气回收压缩机（C302）压缩送入R202中继续参加聚合反应。

任务执行

工作任务单　聚合物脱气和丙烯回收		编号:3-1-3
考查内容:丙烯回收工段工艺流程		
姓名:	学号:	成绩:

1. 简述聚丙烯工艺中丙烯回收系统工艺流程。

2. 丙烯回收系统的基本任务是什么?

3. 丙烯回收系统包括哪些主要设备?

4. 高压循环丙烯洗涤塔的作用是什么?

任务四 气相共聚（400单元）系统认知

任务目标 了解气相共聚的工艺原理、典型设备和关键参数，能够正确分析气相共聚工段各参数的影响因素；

任务描述 请你以操作人员的身份进入400单元系统工段，了解气相共聚系统工段的工艺原理，掌握工艺流程，熟知关键参数与控制方案。

教学模式 理实一体、任务驱动

教学资源 沙盘、仿真软件及工作任务单（3-1-4）

任务学习

气相共聚单元演示流程如图3-3所示。

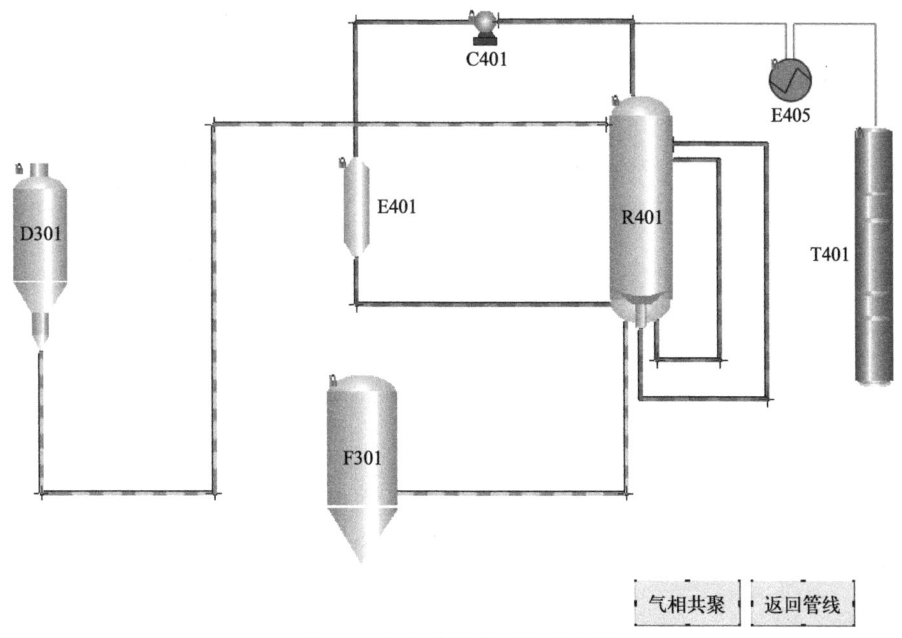

图3-3 气相共聚单元演示流程

来自D301的具有一定反应活性的聚合物粉料从气相共聚反应器的上部沿切线方向进入，流化气体从底部经分布板进入反应器。聚合反应热是靠气体外循环撤除的，经T401回收的富乙烯气相组分与循环气在R401出口汇合，通过R401循环气压缩机（PK401）压缩后进入R401循环气冷却器（E401）冷却返回R401底部。补充的丙烯、乙烯、氢气汇合后从R401上部进入，丙烯和乙烯在一级共聚反应器中进行聚合反应，最终形成均聚物与共聚物的密切混合体。具有活性的聚合物颗粒必须保持流化状态，避免聚合热撤除不及时引起“爆聚”。由于反应器底部特别是出料腿部分流化状态较差，冷却效果不好，聚合物粉料极易熔融导致反应器出料腿底部堵塞。为此，在R401出料腿底部设置了一根6″的聚合物粉料返回管线（快环），利用R401底部和顶部的压差将出料腿底部的聚合物粉料送回R401，在聚合物返回管线的最低点，分两路补充来自PK401出口的循环气，及时将聚合物粉料送回R401。为防止聚合物粉料返回管线最低点堵塞，特别设置了上下游压差测量仪表。

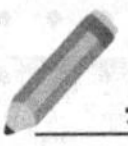

在 R401 气体分布板的下方还设有一根聚合物粉料/气体返回管线，同样利用 R401 底部和顶部的压差将气体分布板下方的聚合物粉料送回 R401，避免了聚合物粉料在反应器底部的积聚。在这条聚合物粉料/气体返回管线最低点，设置了排放阀 HV4013，如果聚合物粉料发生积累，通过 FIC3102 调节 FV3102 少量间断排放聚合物粉料，避免 R401 的气相组分窜入 F301。R401 内的聚合物粉料通过 LIC4001 调节 LV4001A/B 排放到 F301，富含乙烯的气相组分经 PK301 压缩后返回 T401。

任务执行

工作任务单 气相共聚系统认知		编号:3-1-4
考查内容:气相共聚工艺流程		
姓名:	学号:	成绩:

1. 简述聚丙烯工艺的气相共聚系统工艺流程。

2. 气相共聚系统的作用是什么?

任务五　聚合物汽蒸、干燥（500单元）系统认知

任务目标　① 了解聚合物汽蒸、干燥的工艺原理、典型设备和关键参数，能够正确分析聚合物汽蒸、干燥工段各参数的影响因素；
② 掌握聚合机理，能够绘制 PFD 流程图。

任务描述　请你以操作人员的身份进入 500 单元系统工段，了解聚合物汽蒸、干燥系统工段的工艺原理，掌握工艺流程，熟知关键参数与控制方案。

教学模式　理实一体、任务驱动

教学资源　沙盘、仿真软件及工作任务单（3-1-5）

任务学习

一、汽蒸

聚合物汽蒸干燥演示流程见图 3-4。F301 的聚合物粉料在重力作用下进入汽蒸器（D501）。

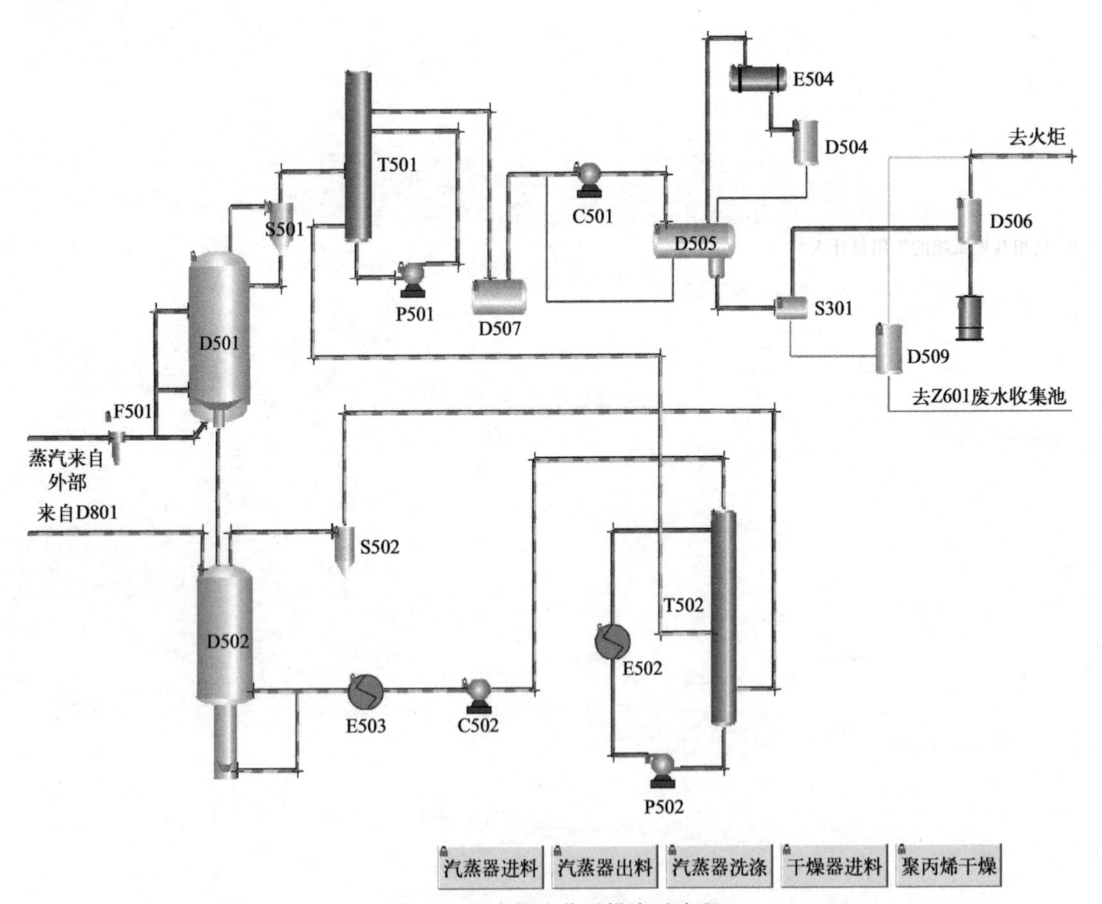

图 3-4　聚合物汽蒸干燥演示流程

蒸汽分三路进入 D501，大部分蒸汽通过 D501 下部和底部的蒸汽分布器加入，另一部

分通过D501上部的环形分布器加入。通过D501下部的主分布器筛板提供与聚合物粉料接触的主要蒸汽流量。通过D501底部的副分布器筛板提供附加蒸汽，防止聚丙烯粉料走短路直接进入干燥器（D502）。聚丙烯装置生产三元共聚牌号时，在生产过程中发现由于汽蒸器D501三路进料低压蒸汽温度过高，而由于生产负荷需求不能降低装置低压蒸汽总管线压力，导致D501内局部高温产生片状料，因此在汽蒸器D501进料低压蒸汽总管线上增加减温增湿器J501，单独降低D501进料低压蒸汽的压力和温度，减少和避免片状料的产生。汽蒸器D501是一个带低速搅拌器（A501）的立式桶状容器。

汽蒸器D501中的聚丙烯粉料通过LIC5001调节LV5001控制料位。D501中的聚丙烯粉料在重力和较小的压差作用下，排向干燥器D502。

以水蒸气为主要成分，并有少量挥发性烃类的气相组分（丙烯、丙烷）从D501顶部排出，排出气中夹带的聚丙烯细粉经旋风分离器（S501）分离，聚丙烯细粉通过喷射器（C503）返回D501。干净的气体自S501顶部进入汽蒸器洗涤塔（T501）与自上而下的水逆流接触，P501A/B为T501的回流泵。

含挥发性烃类组分的饱和蒸汽经塔顶冷凝器（E501）部分冷凝后，液相组分通过T501上部塔盘溢流到烃/水分离罐（D507）进行气液分离，烃类组分和少量水蒸气自D507顶部进入汽蒸器尾气压缩机（C501），工艺水从D507底部进P501A/B入口。

尾气被PK501压缩，经气水分离后气相组分再通过后冷却器（E504）冷却进入集水罐（D504），冷凝水返回PK501气液分离罐（D505）。汽蒸尾气通过FIC5201调节FV5201排向界外。PK501气液分离罐收集的水和低聚物通过LIC5101调节LV5101排向水/有机物分离器（S503），有机物通过LAH5104联锁动作打开LV5104排向废稀释液收集罐（D506），用氮气分布器进行氮气鼓泡脱除有机物中的挥发性组分并排向火炬，最后将有机物卸至桶中。S503分离的水排到烃类油分离器（D509），用氮气分布器进行氮气鼓泡脱除水中的挥发性组分并排向火炬，干净的水通过LIC5106调LV5106排向废水收集池（Z601），为避免D509罐排空出现安全事故，设置了LALL5110联锁动作关闭LV5110。

二、干燥

聚丙烯粉料在重力作用下自D501通过LIC5001调节LV5001进入流化床干燥器（D502）。

热氮气总流量为大约6～7t/h分两路进入D502：一部分热氮气进入D502底部下料段筒体；剩余的热氮气进入D502中间流化床筒体部分。

干燥的聚丙烯粉料通过LIC5301调节LV5301依靠重力进入加料料斗（D800）。

饱和状态下的热氮气从D502顶部离开进入干燥器旋风分离器（S502）分离出气流中夹带的聚丙烯粉末，饱和热氮气自干燥器洗涤塔（T502）下部进入，与回流的冷水逆流接触。干净的氮气从T502顶部除雾器排出到循环氮气压缩机（C502A/B）入口，经C502A/B压缩后通过氮气加热器（E503）从40℃左右被加热到80～120℃再次返回D502。

T502底部有溢流管排出冷凝水，保证T502维持恒定的液位。如果闭路循环氮气有损耗造成系统压力不足时，氮气通过PIC5306调节PV5306进行补充。

任务执行

工作任务单　聚合物汽蒸、干燥系统认知		编号：3-1-5
考查内容：聚合物汽蒸、干燥工艺流程		
姓名：	学号：	成绩：

1. 简述聚丙烯工艺中聚合物汽蒸、干燥工艺流程。

2. 聚合物汽蒸、干燥工艺的作用是什么？

任务六　原料精制（700 单元）系统认知

任务目标　① 了解原料精制的工艺原理、典型设备和关键参数，能够正确分析原料精制工段各参数的影响因素；

② 掌握聚合机理，能够绘制 PFD 流程图。

任务描述　请你以操作人员的身份进入 700 单元系统工段，了解原料精制系统工段的工艺原理，掌握工艺流程，熟知关键参数与控制方案。

教学模式　理实一体、任务驱动

教学资源　沙盘、仿真软件及工作任务单（3-1-6）

任务学习

一、丙烯精制

本单元包括炼厂丙烯供料系统和精制系统两部分。来自炼厂的低压丙烯进入炼厂丙烯中间罐（D002），D002 丙烯压力通过加热器（E001）加热丙烯汽化维持，炼厂丙烯经炼厂丙烯输送泵（P004A/B）升压通过 FIC0001 调节 FV0001 与裂解装置供应的丙烯一同送入精制系统。

从界区来的原料丙烯进入游离水分离器（D701）除去丙烯中的水分后，在换热器（E703）与从丙烯轻组分汽提塔（T701）塔底出来的热丙烯进行热交换以充分利用热量。另有一股来自 P302 的丙烯，是聚合反应系统事故状态下注入 CO 经高压回收系统回收的不合格丙烯，和原料丙烯一同进行热交换。再经丙烯加热器（E709）将丙烯加热至脱硫、砷、磷反应所需要的温度后自丙烯硫砷磷脱除塔（T702A/B）塔顶进入，T702 塔内填充的专用催化剂与丙烯中含 S、As、P 元素的杂质反应生成稳定的络合物，合格丙烯自塔底出料至 T701，正常情况下 T702A/B 串联操作。T701 为板式塔，塔底设有再沸器（E702），气相组分从 T701 塔顶流到冷凝器（E701），大部分丙烯被冷凝下来并进入水/丙烯分离器（D710）再次分离出少量的水，而不凝气中 CO 和少量的 O_2、炔、甲醇、二烯类物质以及丙烷等则通过 FV7102 排出界区，达到除去 CO 等杂质和惰性组分的目的。T701 塔底出来的热丙烯经 E703 与原料丙烯热交换后进入 T701 塔底次冷却器（E704）冷却再送到丙烯干燥系统（PK703），自丙烯干燥塔（T703A/B）塔底进入的丙烯与塔内的 3A 分子筛接触脱除微量水，经丙烯保护过滤器（F701）送至 D302。

若取样分析丙烯 H_2O 含量不合格，则必须将 T703A（或 B）切换到 T703B（或 A），并对 T703A（或 B）进行再生，值得注意的是切换之前，T703B（或 A）已充满液相丙烯。切换后，先用经丙烯蒸发器 E707 蒸发的气相丙烯将 T703A（或 B）中的液相丙烯压进 T703B（或 A），然后用氮气置换 T703A（或 B）一段时间，启动氮气循环风机（C701），经 PK703 氮气加热器（E705）加热后氮气进入 T703A（或 B），从 T703A（或 B）出来的含饱和水热氮气通过 E705 冷却进入氮气/水分离罐（D703）中分离出水分，经氮气过滤器（F705）过滤粉尘后通过 C701 增压进行循环除湿。

该单元由 T703A 和 B 两个塔串联操作，再生完的干燥塔 T703A（或 B）必须串联于正在使用的 T703B（或 A）后面使用。

二、乙烯精制及压缩

从界区来的原料乙烯通过乙烯 CO 和 O_2 脱除塔（T704A/B）进/出口乙烯换热器（E710）与从 T704 塔底出来的热乙烯进行热交换以充分利用热量，再经 T704 乙烯预热器（E711）将乙烯加热至脱 CO/O_2 反应所需要的温度后自顶部进入 T704A/B，合格乙烯自塔底出料经乙烯 T704 进出乙烯换热器（E710）和乙烯冷却器（E712）冷却后至乙烯干燥系统（PK702）。当一个塔进行催化剂再生操作时，则另一个塔单独操作。自乙烯干燥塔（T705）塔底进入的乙烯与塔内的 3A 分子筛接触脱除微量水，取样分析合格后经乙烯保护过滤器（F702A/B）送至乙烯压缩机组（PK704）升压至 5.5MPa 左右供应聚合反应系统使用。

若对 T705 进行再生，用氮气置换 T705 一段时间，启动 C701，经 E705 加热后氮气进入 T705，从 T705 出来的含饱和水热氮气通过 E705 冷却进入 D703 中分离出水分，经 F705 过滤粉尘后通过 C701 增压进行循环除湿。

三、氢气精制及压缩

从界区来的原料氢气进入氢气脱 CO/H_2O 保护系统（PK709），合格氢气经氢气保护过滤器（F703）过滤并通过氢气压缩机组（PK705A/B）升压至 5.5MPa 左右供应聚合反应系统。为保证压缩机组平稳运行，PK705 出口氢气通过 PIC7901A 调节 PV7901A 返回 PK709 入口。

四、丁烯-1 进料系统

生产三元共聚产品时，由于从界区来的丁烯-1 压力较低，因此先进入丁烯-1 储罐（D711），经丁烯-1 泵（P711A/B）增压后送至丙烯精制系统，精制合格后与丙烯一同进入 D302。

当停止生产三元共聚产品时，从 T401 塔底排出的丁烯-1 先返回 D711，最后通过 P711 出口支线送至界区管线单向阀旁路，并在管线上加装流量计 FI-7709，用接入线送出丁烯，达到输入管线输送回罐区的方式回收丁烯的目的。

任务执行

<table>
<tr><td colspan="2">工作任务单　原料精制工段认知</td><td>编号:3-1-6</td></tr>
<tr><td colspan="3">考查内容:精制工段工艺流程</td></tr>
<tr><td>姓名:</td><td>学号:</td><td>成绩:</td></tr>
</table>

1. 简述聚丙烯工艺原料精制工段工艺流程。

2. 丙烯精制的作用是什么?

3. 丁烯-1 进料系统的作用是?

4. 氢气精制及压缩的作用是什么?

【项目综合评价】

姓名		学号			班级	
组别		组长及成员				
			项目成绩		总成绩：______	
任务	任务一	任务二	任务三	任务四	任务五	任务六
成绩						
维度	自我评价内容					评分
知识	1. 了解聚丙烯的性质及用途，掌握聚合机理、原料和产品特点（5 分）					
	2. 掌握预聚合和本体聚合工段工艺流程，了解环管反应器的结构及作用（5 分）					
	3. 掌握预聚合和本体聚合工段工艺流程，了解预接触罐的基本作用（5 分）					
	4. 掌握气相共聚单元的工艺流程，了解系统中各个设备的主要作用（5 分）					
	5. 掌握聚合物汽蒸、干燥的工艺原理及流程，了解干燥的基本条件是什么（5 分）					
	6. 掌握原料精制工段工艺流程，了解系统中各个设备的主要作用（5 分）					
能力	1. 根据操作规程，配合班组指令，进行反应系统的开车操作（15 分）					
	2. 能够正确分析反应系统中各个工艺参数的影响因素（10 分）					
	3. 能够熟练操作聚丙烯仿真软件，能对实际操作中出现的问题正确进行分析，能够解决操作过程中的问题（10 分）					
	4. 能正确识图，绘制工艺流程图，能叙述流程并找出对应的管路，能够说出设备的特点及作用（10 分）					
素质	1. 在执行任务过程中具备较强的沟通能力和工作严谨的态度（10 分）					
	2. 遵守安全生产要求，在完成任务过程中，主动思考周边潜在危险因素，时刻牢记安全生产的意识（5 分）					
	3. 面对生产事故时，服从班级指令，注重班组配合，具备团队合作意识和沉着冷静的心理素质（5 分）					
	4. 主动思考学习过程的重难点，积极探索任务执行过程中的创新方法（5 分）					
我的反思	我的收获					
	我遇到的问题					
	我最感兴趣的部分					
	其他					

项目二 聚丙烯装置正常生产与调节

【学习目标】

知识目标

① 了解聚丙烯装置的生产，掌握聚丙烯反应操作弹性；

② 掌握聚丙烯各单元系统工艺流程，了解装置的种类及作用；

③ 掌握预聚合反应的工艺流程，及系统中各个设备的主要作用。

技能目标

① 能够正确分析聚丙烯装置中各个工艺参数的影响因素；

② 能正确识图，正确调节正常生产时的流量、温度、压力、液位，能叙述流程并找出对应的管路，能够说出关键设备的特点及作用。

素质目标

① 通过学习，了解石油化工生产技术专业的发展现状和趋势，具有初步的石油化工生产工艺技术改造与技术革新的能力；

② 结合工厂实际情况给学生讲述工艺流程，了解石油化工生产专业技术的发展现状和趋势，增强岗位责任意识及创业意识；

③ 通过叙述工艺流程，培养良好的语言组织、语言表达能力。

【项目导言】

装置正常生产时各个工艺参数是平稳的，在运行过程中，由于工艺控制、设备仪表电气、公用工程、操作人员等诸多因素的影响，正常生产中会有不少影响装置平稳运行的因素。

装置的平稳生产对于节能降耗起到至关重要的作用，尤其应避免装置不必要的非计划停车，特别是人为的事故停车。

聚合反应系统是聚丙烯装置的核心工序，装置的主要危险物质都出现在此工序中，处理的主要危险物质有丙烯、氢气、催化剂等。聚合是一种强放热反应，生产过程中某个环节稍有不慎，如原辅材料质量波动、计量不准、公用工程的异常变化，丙烯进料泵、轴流泵故障以及控制系统失常和操作不稳等，都会引起聚合反应异常，若处理不当，都可能造成聚合反应失控，发生“爆聚”事故。

预聚合反应器和反应器设有温度、压力报警。预聚合反应器压力高可以进行停车及向排放系统排放。环管反应器压力高可以进行底部紧急排放/紧急向环管反应器注入阻聚剂的自动联锁启动。

冷却水供至界区有流量低报；夹套水温度控制器可作用于“分程控制”的蝶阀，可控制流经板式换热器的夹套水流量，调节夹套水温度。聚合反应热通过板式换热器撤出系统。

反应区内有一套催化剂紧急失活系统。当反应必须立即停止时，把含2%一氧化碳的氮气直接注入环管反应器中，以使催化剂失活。如果有足够时间使反应停止，则可启用另一套手动终止系统，将含10%一氧化碳的氮气加到预聚合和聚合反应器的丙烯进料中。

生产中要平稳操作，调节参数要稳妥缓慢，幅度要小，防止系统的波动。对影响生产的参数必须准确判断，对操作的调整必须准确迅速。聚合反应器的温度必须严格控制，严禁超温，一旦发生反应器飞温现象，要迅速进行聚合单元紧急停车，并通知调度停止催化剂进料。

保证装置长周期高负荷运转是装置节能降耗的前提和基础，通过对装置工艺的深入了解，从细微入手，将工艺参数和操作方法进行优化和调整，通过技术改造，充分利用装置蒸汽冷凝液，合理使用电能等措施，不断深入研究现有工艺和引入新工艺、新方法是平稳生产、降低消耗的有力工具。

【项目实施任务列表】

任务名称	总体要求	工作任务单	建议课时
任务一 预聚合反应器R200温度调节	通过该任务，了解夹套型反应器控制温度操作方法	3-2-1	2
任务二 缓冲罐D202液位调节	通过该任务，了解液位控制方法，理解环管反应器液位测量方法	3-2-2	2
任务三 高压循环丙烯洗涤塔T301提高塔顶回流量	通过该任务，了解塔顶循环涉及的工艺流程与参数控制方法	3-2-3	2

任务一　预聚合反应器R200温度调节

任务目标　① 通过学习，了解聚丙烯装置预聚合反应器R200的工艺作用以及调节方法；
② 通过仿真操作练习，能根据提高进料负荷的要求，平稳调整预聚合反应器R200温度，维持预聚合反应器R200各项指标在正常范围内。

任务描述　教师针对预聚合反应器R200的工艺作用、调节方法进行讲解与解析；教师依托仿真软件，进行调节温度的操作演示；学生依托仿真软件，进行温度调节的操作练习；教师针对学生练习过程的操作反馈，及时进行指导。

教学模式　理实一体、任务驱动

教学资源　易思云课堂、仿真软件及工作任务单（3-2-1）

任务学习

高活性的聚丙烯催化剂在工业应用时通常有催化剂预聚合过程，即在较缓和的条件下先进行一定倍数的丙烯聚合。为了防止聚合物在反应器内壁滞留形成结壁，物料需在反应器内保持较高的流速。为了保证催化剂活性并避免催化剂在高速流动中破碎，设计了预聚合工序。催化剂在进入反应器之前，在小环管内进行预聚反应，使催化剂表面形成很薄的一层保护膜，以提高催化剂的强度。因此，如果预聚过程控制不好，催化剂的表面就不能形成保护膜，导致催化剂粒子的破碎量增加，聚丙烯粉料的细粉量也会增加。

预聚合反应通过控制催化剂与丙烯在低温条件进行初始反应，来提高催化剂的活性和减少聚合反应过程中细粉的生成。这也是该项技术工艺控制难点，由于催化剂的初始活性高，一旦工艺控制不恰当，易导致预聚合反应器内出现结块，当结块堵塞出料线时会引起预聚合反应器压力升高，严重时会引发预聚合反应器联锁停车，从而导致聚丙烯装置整体停车。

用于丙烯聚合的催化剂体系确定后，在一定的温度范围内聚合速率随温度升高而增加，这是由于聚合过程中链增长常数和增长活性中心数均随温度升高而增大，因此聚合温度是聚合反应中很重要的因素。预聚合反应的时间宜控制在催化剂活性诱导上升期内，预聚合反应器温度高会使催化剂与丙烯接触后的初始反应速率提高，单位时间产率升高，浆料浓度增大，易出现小的结块，在出料口处聚集，使出料受阻，反应器压力升高，最后导致出料堵塞。

一、预聚合反应器 R200 关键控制参数的控制方案

控制范围：18.0～21.5℃

控制目标：19.0～21.0℃

相关参数：预聚合反应器底部温度 TIC2201、预聚合反应器夹套水温度 TIC2202

控制方式：R200 的反应热由冷冻水组成的夹套回路撤除，TIC2201 监测 R200 底部温度，TIC2202 测量夹套水温度，TIC2201 串级控制 TIC2202，由 TIC2202 控制 TV2202 调节向夹套的冷冻水补水量。预聚合反应器 R200 控制流程如图 3-5。

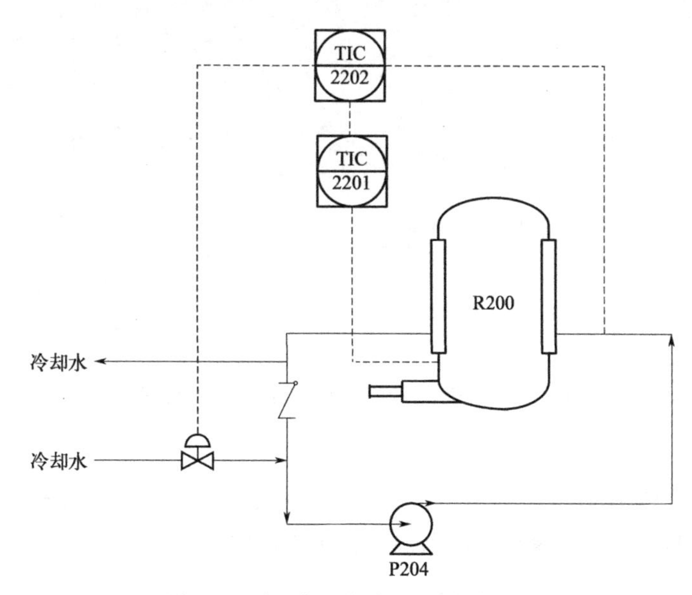

图 3-5 预聚合反应器 R200 控制流程

正常调整：当 TT2201 检测的温度大于 20℃时，则 TIC2201 串级控制 TIC2202 调整 TV2201 阀开度，增大进 R200 夹套水的冷冻水补水量，反之亦然。异常处理：预聚合反应器异常现象及处理方法如表 3-1。

表 3-1 预聚合反应器异常现象及处理方法

现象	原因	处理方法
温度 TIC2201 偏高	1. P204A/B 故障	1. 切换备用泵，维修故障泵
	2. 冷冻机故障造成冷冻盐水温度偏高	2. 停止催化剂进料，增加 TV2202 开度，处理冷冻机故障

二、预聚合反应器温度控制任务解析

R200 的反应热由冷冻水组成的夹套回路撤除，TIC2201 监测 R200 底部温度，TIC2202 测量夹套水温度，TIC2201 串级控制 TIC2202，由 TIC2202 控制 TV2202 调节向夹套的冷冻水补水量，当 P204A/B 故障或者冷冻盐水温度偏高时，会使 R200 温度升高，不及时进行处理可能会触发联锁，导致聚合单元停车，因此，需要通过调节向夹套的冷冻水补水量来调节预聚合反应器的温度（如图 3-6 预聚合反应器温度控制任务解析图）。

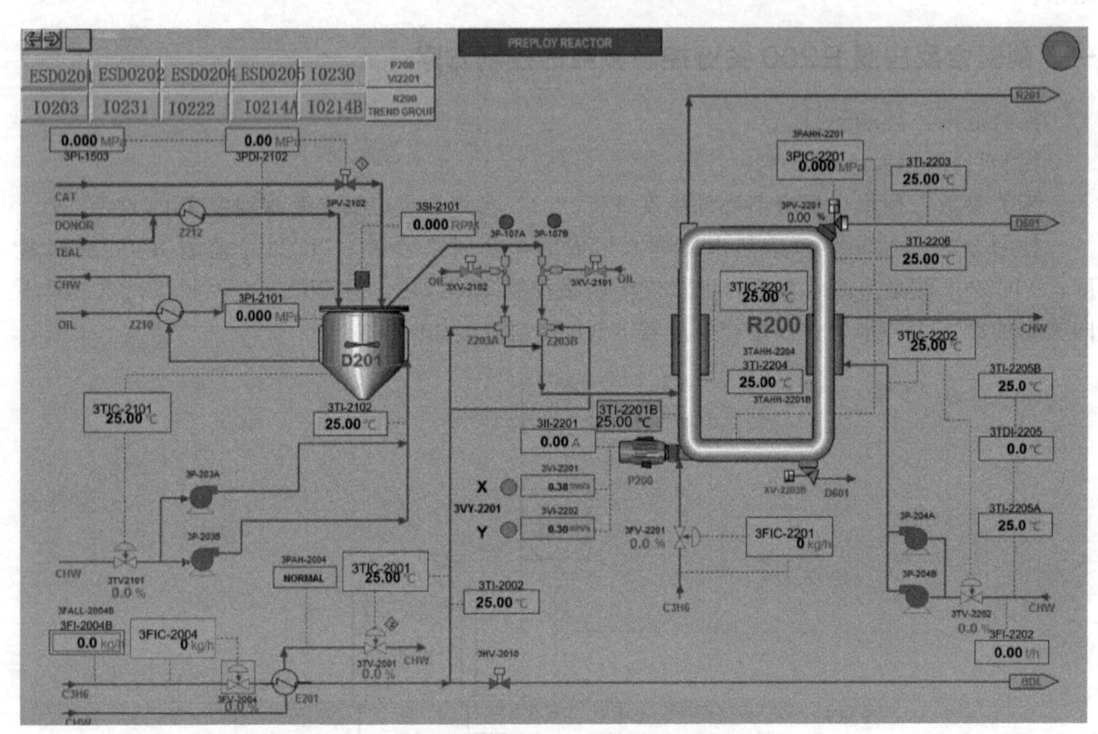

图 3-6　预聚合反应器温度控制任务解析图

操作过程：

调整 TV2202 阀开度，增大进 R200 夹套水的冷冻水补水量，启动备用泵 P204B，适当增加 R200 丙烯进料，控制预聚合反应器温度在正常范围。

任务执行

根据教材内容与教师讲解完成工作任务单。要求：时间在 40min，成绩在 90 分以上。

工作任务单　预聚合反应器温度控制					编号：3-2-1
装置名称		姓名		班级	
考查知识点	预聚合反应器 R200 温度调节	学号		成绩	

1. 正常运行时 R200 的温度应控制在多少摄氏度？请在空白处填写正确数值。

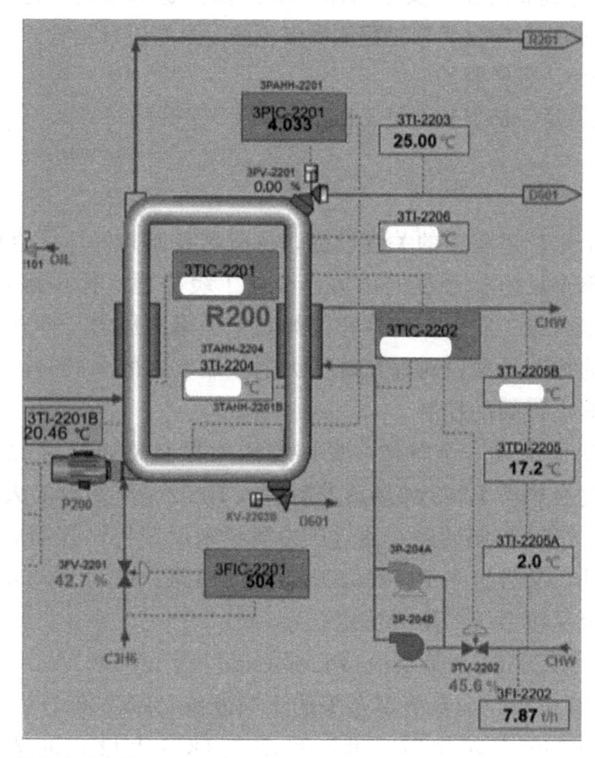

2. 完成聚丙烯仿真软件中，预聚合反应器 R200 温度调节。

在调节过程中的难点：

操作过程中需要注意的调节点：

任务总结与评价

根据操作评分，分析自身对本任务知识掌握的不足，并在小组内进行分享。

任务二　缓冲罐 D202 液位调节

任务目标　① 通过学习，了解聚丙烯装置缓冲罐 D202 的工艺作用以及调节方法；

② 通过仿真操作练习，能根据提高进料负荷的要求，平稳调整缓冲罐液位，维持第二环管反应器 R202 各项指标在正常范围内。

任务描述　教师针对缓冲罐 D202 的工艺作用、调节方法进行讲解与解析；教师依托仿真软件，进行调节液位的操作演示；学生依托仿真软件，进行液位调节的操作练习；教师针对学生练习过程的操作反馈，及时进行指导。

教学模式　理实一体、任务驱动

教学资源　易思云课堂、仿真软件及工作任务单（3-2-2）

任务学习

环管反应器是整个生产过程中的关键设备，反应器控制的好坏将直接影响生产的产量和产品质量。为了维持整个反应器系统的压力，设置了缓冲罐（保压罐）D202，其底部与反应器直接相连。保压罐内有一定液位的液相丙烯，保压罐内压力与环管反应器内压力基本一致。环管反应器压力的控制是通过对保压罐压力的控制实现的。同时，通过对保压罐液位的控制实现对环管反应器出料阀的控制。

R202 与 D202 有机地构成一个整体，反应器压力控制是通过对 D202 的压力控制实现的。液相单体丙烯经过换热器 E203 加热蒸发后进入 D202。蒸发量的大小决定了 D202 压力大小，因此设置了 PIC2301 控制回路。通过压力测量来反馈控制控制阀 PV2301，也就调节了丙烯的汽化量。另外，又设置了 PIC2302 压力辅助回路：控制 PV232 的开度，调节 D202 的排放量，以保证整个反应系统的压力恒定。

通过 D202 的料位 LIC2301 调节反应器底部的出料阀 LV2301A/B 的开度，控制反应器的排放量。LV2301A/B 位于反应器底部弯头的不同方位，LV2301B 为备用出料阀，正常时使用 LV2301A，当 LV2301A 堵塞时，可以启动在 DCS 上设置的选择开关 HS-249，由 LIC2301 控制 LV2301B 来保证出料。

一、缓冲罐 D202 关键控制参数的控制方案

控制范围：25％～55％

控制目标：35％～45％

相关参数：第二环管反应器出料 LIC2301

控制方式：D202 有两组液位控制器 LIC2301 和 LIC2302。可在 DCS 上选择。通常 LIC2301 控制 R202 出口 LV2301 的开度。缓冲罐 D202 控制流程如图 3-7。

正常调整：根据 D202 上的 LT2301 控制 R202 环管出料量，液位低时减少出料量，液位高时增加出料量。异常处理（如表 3-2 缓冲罐 D202 异常现象及处理方法）。

表 3-2　缓冲罐 D202 异常现象及处理方法

现象	原因	处理方法
LIC2301 异常	1. R202 出料不畅	1. 增大 LV2301 开度
	2. LT2301 故障	2. 将 LV2301 打手动，恢复原来的开度，并切换到 LIC2302 上

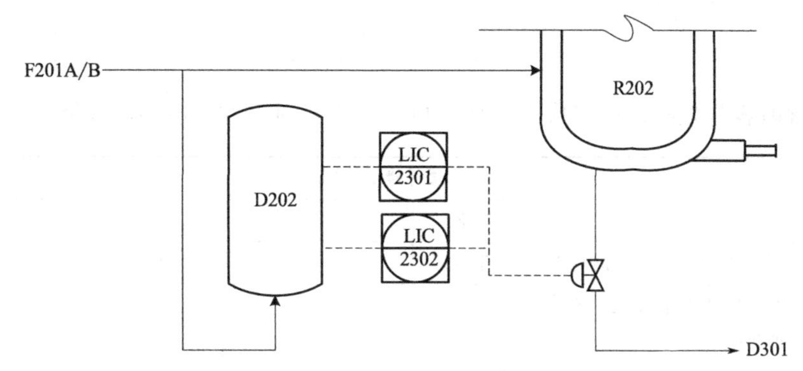

图 3-7 缓冲罐 D202 控制流程

二、缓冲罐 D202 液位控制任务解析

D202 有两组液位控制器 LIC2301 和 LIC2302。可在 DCS 上选择。通常 LIC2301 控制 R202 出口 LV2301 的开度，任何进料或出料的波动，都会引起 D202 液位的变化，如果不及时进行调整，可能会使 D202 液位过低或过高，影响整个系统（如图 3-8 缓冲罐 D202 液位控制任务解析图）。

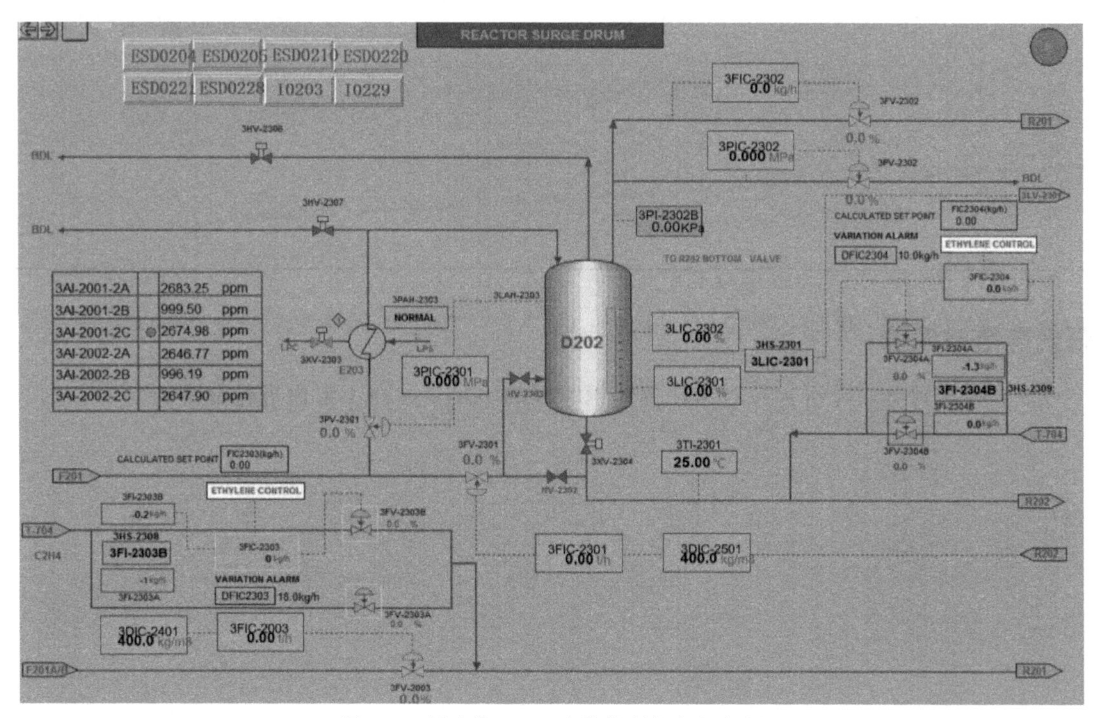

图 3-8 缓冲罐 D202 液位控制任务解析图

操作过程：

D202 液位偏高时，增大 LV2301 开度；

D202 液位偏低时，减小 LV2301 开度；

控制 D202 液位在正常范围；

控制 D202 压力在正常范围。

任务执行

根据教材内容与教师讲解完成工作任务单。要求：时间在40min，成绩在90分以上。

工作任务单　缓冲罐D202液位调节　　编号:3-2-2

装置名称		姓名		班级	
考查知识点	缓冲罐D202液位调节	学号		成绩	

完成聚丙烯仿真软件中,缓冲罐D202液位调节。

1. 在调节过程中的难点：

2. 操作过程中需要注意的调节点：

任务总结与评价

根据操作评分，分析自身对本任务知识掌握的不足，并在小组内进行分享。

任务三 高压循环丙烯洗涤塔 T301 提高塔顶回流量

任务目标 ① 通过学习，了解聚丙烯装置高压循环丙烯洗涤塔回流量的工艺作用以及调节方法；

② 通过仿真操作练习，能根据提高进料负荷的要求，平稳调整高压循环丙烯洗涤塔回流量，维持高压循环丙烯洗涤塔各项指标在正常范围内。

任务描述 教师针对高压循环丙烯洗涤塔塔顶回流的工艺作用、调节方法进行讲解与解析；教师依托仿真软件，进行调节塔顶回流量的操作演示；学生依托仿真软件，进行回流量调节的操作练习；教师针对学生练习过程的操作反馈，及时进行指导。

教学模式 理实一体、任务驱动

教学资源 易思云课堂、仿真软件及工作任务单（3-2-3）

任务学习

影响丙烯洗涤塔 T301 运行效率的主要因素有装置聚合物的粒径分布、再沸器换热效果，操作压力，丙烯回流量，丙烯冷凝器的换热效率，闪蒸罐操作温度等。

丙烯洗涤塔 T301 为折流板式塔、内装 23 层塔盘，塔底有再沸器 E303，塔顶有冷凝器 E301。闪蒸罐 D301 和丙烯压缩机 PK301 来的丙烯气由 T301 第一层塔盘下进入，向上的丙烯气流与回流的液相丙烯在各层塔盘上逆向接触，丙烯气中所夹带的聚丙烯粉末被洗涤下来，并且分离出较重组分，这部分聚丙烯粉末随丙烯从塔底排出送至袋滤器 F301。洗涤过的丙烯气上升到塔顶进入丙烯冷凝器 E301，在 E301 中气相丙烯被冷凝为液相，一部分通过 T301 回流泵 P302 回流到 T301 顶部，作为洗涤气相丙烯的洗涤介质，剩余部分则被送到丙烯进料罐 D302 加以回收。

T301 的丙烯回流量为固定值：12t/h。由于 E303 壳程结垢，传热效率低，不能使 T301 塔底液相丙烯被完全汽化，此时若丙烯回流量高，会进一步影响塔的传质效果，导致塔内物料分离不充分。若丙烯回流量低，则不能彻底将 T301 中丙烯携带的聚丙烯粉料洗涤下来。未被洗涤的聚丙烯粉料进入到丙烯冷凝器 E301 中，易堵塞 E301 换热管，严重影响 E301 换热效果，当聚丙烯细粉料进入到丙烯进料罐 D302 中后会造成其压力波动，若聚丙烯细粉料浓度高会使丙烯进料泵的机械密封泄漏。

T301 再沸器 E303 为管壳式换热器，换热面积＞$30m^2$，换热介质为工艺水或者蒸汽凝液。通过调节 E303 的热水量使 T301 液位保持在 20%～80%。E303 利用 T501 的工艺水作为热源，T501 工艺水温度为 81℃左右、压力为 0.16MPa 左右。T501 工艺水含有少量聚丙烯粉末及轻质油，二者混合后在较慢的流速下极易粘贴在 E303 壳程、换热水管线和阀门上，再沸器系统经常被堵塞，需要停车进行清理。另外，热水中的 Mg^{2+} 和 Ca^{2+} 的盐类物质在高温下易结垢粘贴于管壁上。

丙烯冷凝器 E301 为浮头式换热器，浮头端是可拆结构，管束可以插入或抽出壳体，方便清洗管、壳程。E301 可在高温、高压下工作，可用于管程易腐蚀场合。正常运行中 E301 的液位＞40%，但在实际运行中出现了换热效果变差的情况，E301 的液位甚至低至 15%。主要原因：随着运行时间的延长，换热管束被聚丙烯粉末堵塞当冷却水的温度升高时，

E301 的液位下降，丙烯冷凝器的换热效果降低，会影响 T301 的洗涤负荷，使 T301 的液位被迫提高。

丙烯洗涤塔 T301 的操作压力与塔的分离效果有密切的关系。塔的气速减小则会使聚丙烯黏性粉料粘贴在管壁上，因为丙烯气中所夹带的聚丙烯粉末内的催化剂仍有活性，会继续发生聚合反应，流动不畅或流速缓慢会因聚合粘壁、结团堵塞管道。折流板塔操作压力越高，塔的气体流量也越大，塔板压降越大。塔的气速增大，则塔的分离效果会降低。

为了使折流板塔保持良好的分离效果，T301 操作压力不应高于设计值 1.80MPa。为了使聚丙烯黏性粉料不粘贴在管壁上，T301 操作压力不应低于设计值的 5%。T301 操作压力的调整依据回收丙烯负荷和丙烯回流量的大小。

在 E303 壳程结垢、传热效率低的情况下，将丙烯回流量降低 1～2t/h，以确保 T301 内的液体尽量被气化。在 E303 传热效果良好的情况下，保持丙烯回流量不低于 12t/h，以保证将 T301 中丙烯携带的聚丙烯粉料彻底洗涤下来。另外若 E301 传热效果变差后也可减小丙烯回流量，以保证 E301 具有可允许的最低液位。

一、高压回收系统关键控制参数的控制方案

控制范围：1.60～1.98MPa

控制目标：1.65～1.90MPa

相关参数：高压回收系统压力 PIC3201A/B

控制方式：整个高压回收系统（闪蒸罐 D301、丙烯洗涤塔 T301、中间塔 T304、主冷凝器 E301、次冷凝器 E310、氢气回收压缩机 C302）的压力控制在 1.8MPa（G）左右。它通过两个压力控制器（PIC3201A/B，在 T301 上共享一个变送器）作用于两个阀。

PV3201A（通常处于工作状态）：该阀调节主冷凝器的浸没程度；在氢气浓度低时，该阀足以满足系统所需的压力控制；

PV3201B：该阀可以是 C302 循环阀，如果压缩机停，就是去界区排放气的流量调节阀。高压回收系统控制流程如图 3-9。

正常调整：根据 PT3201 检测值，由 PIC3201A 分程控制 PV3201A 和 FIC3702。

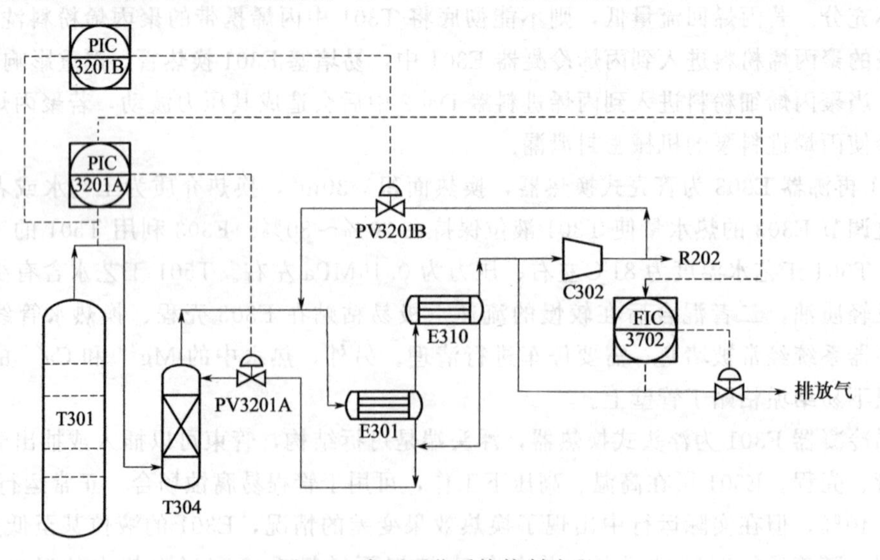

图 3-9　高压回收系统控制流程

异常处理（如表 3-3 高压回收系统异常现象及处理方式）。

表 3-3 高压回收系统异常现象及处理方式

现象	原因	处理方法
PIC3201 异常升高	1. PV3201A 故障	1. 工艺隔离 PV3201A 并联系仪表处理
	2. D301 进气量过大	2. 适当调整 D301 料位，检查环管出料是否波动，并恢复正常

二、高压回收系统流量控制任务解析

当塔底再沸器的热量比较多时，会使整个塔的热量偏多，从而温度升高，塔底液位降低，严重时可能会使塔底重组分蒸发到回流罐，导致整个高压循环丙烯系统生产运行出现异常，因此，需要提高 T301 塔顶回流量来降低塔 T301 的温度。高压回收系统流量控制任务解析图如图 3-10。

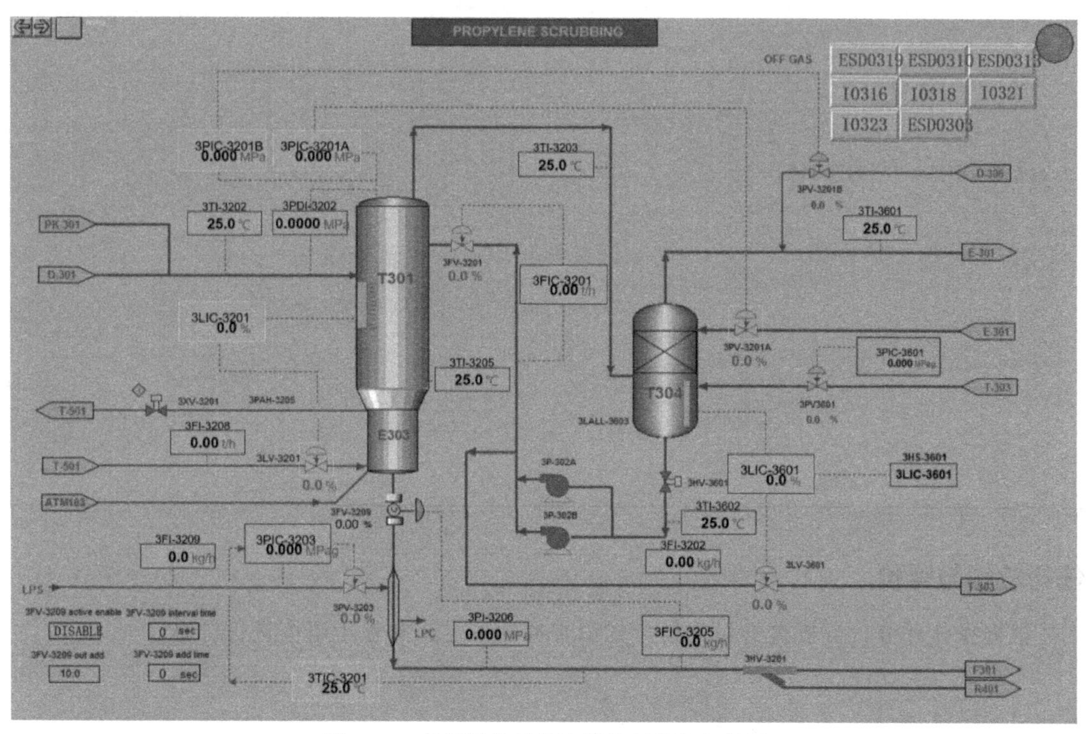

图 3-10 高压回收系统流量控制任务解析图

操作过程：

提高 T301 塔顶回流量，

增加丙烯冷凝器 E301 冷却水量，增加冷却效果，

降低塔 T301 温度，

降低 E303 热水流量，

控制塔 T301 温度在正常范围，

控制塔 T301 压力在正常范围。

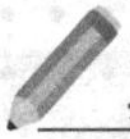

任务执行

根据教材内容与教师讲解完成工作任务单。要求：时间在40min，成绩在90分以上。

工作任务单　高压循环丙烯洗涤塔提高塔顶回流量					编号：3-2-3
装置名称		姓名		班级	
考查知识点	高压循环丙烯洗涤塔T301提高塔顶回流量	学号		成绩	

完成聚丙烯仿真软件中，高压循环丙烯洗涤塔T301提高塔顶回流量操作。

1. 在调节过程中的难点：

2. 操作过程中需要注意的调节点：

任务总结与评价

根据操作评分，分析自身对本任务知识掌握的不足，并在小组内进行分享。

【项目综合评价】

<table>
<tr><td>姓名</td><td></td><td>学号</td><td></td><td>班级</td><td></td></tr>
<tr><td>组别</td><td></td><td>组长及成员</td><td colspan="3"></td></tr>
<tr><td colspan="6">项目成绩　　　　总成绩：________</td></tr>
<tr><td>任务</td><td colspan="2">任务一</td><td colspan="2">任务二</td><td>任务三</td></tr>
<tr><td>成绩</td><td colspan="2"></td><td colspan="2"></td><td></td></tr>
<tr><td colspan="6">自我评价</td></tr>
<tr><td>维度</td><td colspan="4">自我评价内容</td><td>评分(1～10)</td></tr>
<tr><td rowspan="3">知识</td><td colspan="4">1. 了解聚丙烯装置的生产，掌握聚丙烯反应操作弹性</td><td></td></tr>
<tr><td colspan="4">2. 掌握聚丙烯各单元系统工艺流程，了解装置的种类及作用</td><td></td></tr>
<tr><td colspan="4">3. 掌握预聚合反应的工艺流程，及系统中各个设备的主要作用</td><td></td></tr>
<tr><td rowspan="2">能力</td><td colspan="4">1. 能够正确分析聚丙烯装置中各个工艺参数的影响因素</td><td></td></tr>
<tr><td colspan="4">2. 能正确识图，正确调节正常生产时的流量液位，能叙述流程并找出对应的管路，能够说出关键设备的特点及作用</td><td></td></tr>
<tr><td rowspan="3">素质</td><td colspan="4">1. 通过学习，了解石油化工生产技术专业的发展现状和趋势，具有初步的石油化工生产工艺技术改造与技术革新的能力</td><td></td></tr>
<tr><td colspan="4">2. 结合工厂实际情况讲述工艺流程，增强岗位责任意识及创业意识</td><td></td></tr>
<tr><td colspan="4">3. 通过叙述工艺流程，培养语言组织、语言表达能力</td><td></td></tr>
<tr><td rowspan="4">我的反思</td><td colspan="2">我的收获</td><td colspan="3"></td></tr>
<tr><td colspan="2">我遇到的问题</td><td colspan="3"></td></tr>
<tr><td colspan="2">我最感兴趣的部分</td><td colspan="3"></td></tr>
<tr><td colspan="2">其他</td><td colspan="3"></td></tr>
</table>

项目三
聚丙烯装置开车操作

【学习目标】

知识目标

① 了解聚丙烯的理化性质，了解聚丙烯生产过程的安全和环保知识；

② 理解聚丙烯的工业生产方法及原理，理解聚丙烯生产的反应特点和催化剂使用；

③ 掌握聚丙烯生产过程中的影响因素及工艺流程的组织；

④ 掌握聚丙烯开车操作步骤和开车过程中的影响因素；

⑤ 掌握聚丙烯开车操作中各岗位的职责。

技能目标

① 能根据聚丙烯反应特点的分析，正确选择反应设备；

② 能按照开车过程岗位操作规程与规范，正确对开车过程进行操作与控制；

③ 能发现开车操作过程中的异常情况，并对其进行分析和正确的处理；

④ 能初步制定开车操作程序；

⑤ 能够熟练操作聚丙烯仿真软件，并能对实际操作中出现的问题正确进行分析，并能够解决操作过程中的问题；

⑥ 能发现开车过程中的安全和环保问题，能正确使用安全和环保设备。

素质目标

① 通过学习生产中丙烯、聚丙烯等物料性质、生产过程的尾气处理、安全和环保问题分析等，培养化工生产过程中的“绿色化工、生态保护、和谐发展和责任关怀”的核心思想；

② 通过仿真操作中严格的岗位规程及规范要求，工艺参数的严格标准要求，生产操作过程中工艺参数对生产安全及产品质量的影响，培养良好的质量意识、安全意识、规范意识、标准意识，提高工作责任心，塑造严谨求实、精益求精的“工匠精神”；

③ 通过小组汇报讨论及仿真操作训练，提高表达、沟通交流、分析问题和解决问题的能力；通过操作考核和知识考核，培养良好的心理素质、诚实守信的工作态度及作风；

④ 通过讲解工厂事故案例，培养应对危机与突发事件的能力及解决石油化工生产一线技术问题的能力；

⑤ 通过对交互式仿真软件的操作练习，培养动手能力、团队协作能力、沟通能力、具体问题具体分析能力，培养职业发展学习的能力。

【项目导言】

本项目实施过程中以北京东方仿真技术有限公司开发的“聚丙烯生产工艺仿真软件”为载体，通过仿真开车操作模拟聚丙烯生产实际过程，训练我们在聚丙烯生产运行过程中的操作控制能力，达到化工生产中岗位操作能力要求和职业综合素质培养的目的。

装置仿真培训系统以 DCS 操作为主，而对现场操作进行适当简化，以能配合内操（DCS）操作为准则，并能实现全流程的开工、正常运行、停工及事故处理操作；对于调节阀的前后阀及旁路阀也进行了模拟；泵的出入口阀也进行了模拟；对于一些现场的间歇操作（如过滤器的切换、化学药品配制、间歇性排污油以及罗茨机和冲洗油等）不做仿真模拟；装置联锁系统与设备机组本身的联锁如电机定子温度、振动等不做模拟，默认为满足条件。其中开工操作从各装置进料开始，假定进料前的吹扫、气密等开工准备工作全部就绪。

本仿真系统分为DCS画面和现场画面，两者的切换可直接点击每幅画面名称。

工艺仿真范围包括：100单元（催化剂切换不模拟），200单元，300单元（T303、PK302不模拟），400单元，500单元（D510、D511不模拟），600单元，700单元（T702、T703、T704、T705再生流程不模拟；C704、D711不模拟），800单元（逻辑控制不模拟），900单元简单模拟（只模拟料仓901和风机C901，逻辑控制不模拟）。

【项目实施任务列表】

任务名称	总体要求	工作任务单	建议课时
任务一 催化剂配制	理解两器试压操作开车步骤和关键点，完成两器试压开车操作	3-3-1	2
任务二 丙烯精制系统引液相丙烯	理解丙烯精制系统建立开路关键点，完成精制系统建立开路循环开车操作	3-3-2	2
任务三 建立高压丙烯回收系统丙烯循环	理解系统建立高压丙烯回收循环开车步骤和关键点，完成高压回收系统建立循环开车操作	3-3-3	2
任务四 化工投料	以操作人员的身份进行聚丙烯装置两器试压操作，理解双器步骤和关键点，根据开车步骤完成双级压缩开车操作	3-3-4	2
任务五 气相共聚单元开车	理解气相共聚步骤和关键点，根据开车步骤完成气相共聚单元开车操作	3-3-5	2

任务一 催化剂配制

任务目标 ① 了解催化剂配制操作步骤，掌握操作步骤的背后逻辑；

② 掌握催化剂配制操作关键点，完成催化剂配制仿真操作。

任务描述 请你以操作人员的身份进行聚丙烯装置催化剂配制操作，理解催化剂配制步骤和关键点，根据开车步骤完成催化剂配制开车操作。

教学模式 理实一体、任务驱动

教学资源 沙盘、仿真软件及工作任务单（3-3-1）

任务学习

一、催化剂的配制

聚丙烯是由丙烯单体聚合而制成的一种热塑性树脂。由于其耐热、耐腐蚀、相对密度小，具有良好的力学和化学性能，广泛应用于包装、汽车、家电等各个领域。目前聚丙烯生产方法主要有4种：溶液法、溶剂法、液相本体法和气相法。本装置采用的是某国际公司的专利气相法聚丙烯工艺技术，主要生产一般和特殊的抗冲产品。设置催化剂配制单元，目的是对所使用的催化剂在进入主反应器之前进行预处理，以改善其使用性能。本文主要阐述了该单元的设备布置及管道设计工作。催化剂配制单元平面布置如图 3-11 所示。

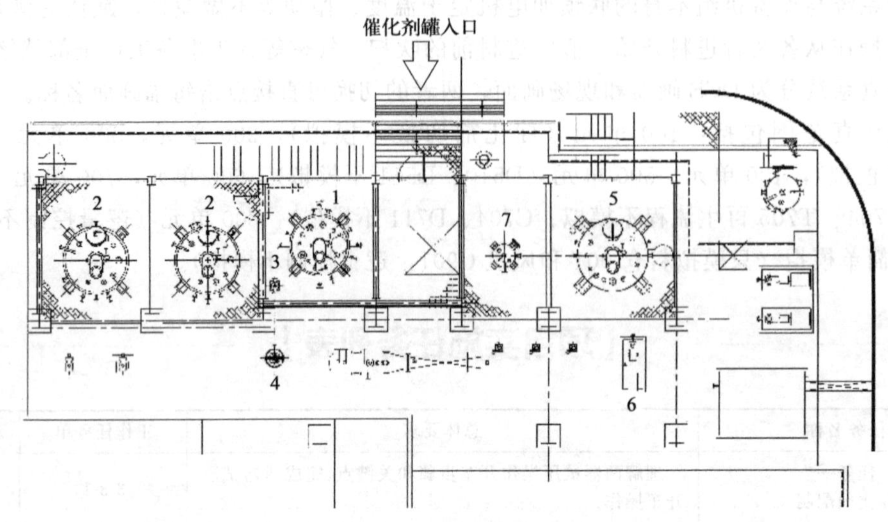

图 3-11　催化剂配制单元平面布置示意

1—催化剂卸料罐及罐顶搅拌器；2—催化剂进料罐及罐顶搅拌器；3—催化剂过滤器；4—催化剂输料泵；5—中和罐及罐顶搅拌器；6—废催化剂泵；7—改性剂进料罐

二、催化剂配制的基本流程

催化剂配制的主要工艺流程是：催化剂干粉被装在催化剂进料桶中运至生产装置，吊车提升催化剂进料桶，将催化剂卸到带搅拌器的催化剂卸料罐中。催化剂采用已烷稀释，搅拌均匀后呈悬浮态。随后，催化剂浆液先与少量丙烯进行预聚合，经催化剂过滤器过滤后，催化剂输料泵将不同的催化剂分别送至催化剂进料罐中，由催化剂进料罐搅拌器搅拌均匀并使其悬浮。废的催化剂、助催化剂和改性剂被收集在中和罐中，用氢氧化钠溶液脱活，中和罐搅拌器使这些物料充分混合，被中和的废液分为水和油两层，废水由废催化剂泵排放至污水系统，而废油则被装入桶中装运至界区。

三、催化剂配制操作步骤

1. TEAL

(1) TEAL 钢瓶卸料前的试压

[I] —检查联锁和报警投用

<P>—穿好防护服

(M) —确认 PCV1001、PCV1005、FICV1001、PCV1104、PCV1105、FICV1106 投用

[P] —将准备卸料的 TEAL 钢瓶置于卸料台

[P] —将 TEAL 钢瓶与接地电缆连接上

(P) —确认加压 N_2 阀 V1 关闭

(P) —确认吹扫 N_2 阀 V2、V6 关闭

(P) —确认冲洗油阀 V3、V4、V11、V13 关闭

(P) —确认 TEAL 卸料阀 V5、V12 关闭

(P) —确认 D111 TEAL 出料阀 V14 关闭
(P) —确认 D101 进料阀 V15 关闭
(P) —确认 V16 关闭
(P) —确认 XV1005、XV1006、XV1007、XV1008 关闭
(P) —确认 V7、V8、V9、V10、V17 打开
(P) —确认 XV1009 打开
(M) —确认 TEAL 钢瓶上的管线根部阀门 VA、VB 处于关闭状态
[M] —联系保运小心地移去位于 TEAL 钢瓶上的盲法兰
[P] —连好加压 N_2 管线和 TEAL 钢瓶卸料管线，小心拧紧螺栓
[P] —打开加压 N_2 阀 V1
[P] —打开 XV1006
(P) —确认 XV1005、XV1007 关闭
[P] —检查并确认连接点处完全密封
[P] —关闭 XV1006
[P] —打开 XV1007 泄压至液压密封罐 D103
(P) —确认钢瓶上手阀 VA 关闭
(P) —确认冲洗油阀 V3、V4 关闭
(P) —确认 XV1005 关闭
[P] —打开 TEAL 卸料阀 V5
[P] —打开吹扫 N_2 阀 V2、V6
(P) —确认 PI1051 压力上升
[P] —关闭吹扫 N_2 总管的根部阀 V6，检查无泄漏
[P] —打开冲洗油阀 V3 泄压
[P] —打开 XV1005 对到 D111 手阀的整个 TEAL 管线进行压力试验
[P] —打开 D111 入口线上的冲洗油阀 V11 泄压
[P] —关闭 XV1005、V2、V6、V11
(2) TEAL 钢瓶卸料
[P] —打开 VB 泄压
[P] —打开 D111 入口阀 V12
(P) —确认 V17 打开
[P] —打开 TEAL 钢瓶上的阀门 VA
[P] —关闭 XV1007
[P] —关闭 XV1008
[P] —打开 XV1005
[P] —打开 XV1006
[P] —打开 XV1009
(I) —确认 LI1001 不再上升
(P) —确认钢瓶卸空（PI1054 突然下降）
[P] —继续用压料 N_2 吹扫 TEAL 输送管线 2～3 分钟
[P] —关闭 XV1006

[P] —关闭 XV1005

[P] —打开 XV1007

[P] —缓慢打开 V2、V6，吹扫 5 分钟

[P] —关闭 V2、V6

[P] —关闭 TEAL 钢瓶上的 TEAL 卸料阀 VA

(P) —确认 V5 保持打开

[P] —关闭 V1 及 TEAL 钢瓶上的加压氮气阀 VB

[P] —打开 V3、V4，通过 FQIS1103 计量用油进行管线冲洗（15～20L）

[P] —关闭 V4

[P] —逐渐打开 V2、V6，用 N_2 吹扫管线几分钟

[P] —关闭 V6、V2

[P] —关闭 V3、V5

[M] —联系保运拆开与 TEAL 钢瓶连接的压料 N_2 管线，并立即加好盲法兰

[M] —让保运将 TEAL 钢瓶上与压料 N_2 管线连接处的盲法兰加好

[M] —让保运拆开 TEAL 卸料管线，并立即加好盲法兰

[M] —让保运将 TEAL 钢瓶上与 TEAL 卸料线连接处的盲法兰加好

(3) TEAL 输送到 D101

[P] —关闭钢瓶到 D111 的手阀 V12

(P) —确认 D101 入口线上的冲洗油阀 V16 关闭

(P) —确认 D101 上的冲洗油阀 HV1101 关闭

[P] —打开 D111 至 D101 管线上的阀 V14、V15

(P) —确认 XV1006 关闭

[P] —关闭 XV1009

[P] —打开 XV1109A、XV1109B

[P] —打开 XV1008

(I) —确认 D101 液位达 70%

[P] —关闭 XV1008

[P] —打开 XV1009

[P] —关闭 XV1109A、XV1109B

2. DONOR 配制

(P) —确认仪表、报警、联锁投用

[P] —向 Z110A/B/C 通 N_2 置换 D110A/B/C，以除去其中含有的 O_2

[P] —打开去 DONOR 储罐的氮封 N_2

(P) —确认 FICV1202、FICV1204 和 FICV1207 流量正常

[P] —用专用的管线连接氮封 N_2 到准备卸料的 DONOR 桶

[P] —将 P103 泵连接到准备卸料的 DONOR 桶

[P] —打开排料管线的阀门

[P] —启动 P103 泵

[I] —通过 FQIS1302 设定稀释油用量

[P] —将油加入到 DONOR 储罐中

[P] —启动搅拌器 A110A（或 A110B、A110C）

[M] —联系分析室取样化验

[I] —根据样品结果对罐内 DONOR 浓度进行调整

(I) —确认液位 LI1201 或 LI1203、LI1205 达到 70%

(P) —确认 DONOR 桶内的料全部卸完

[P] —关闭卸料管线上的阀门

[P] —停 P103

[P] —开启 Z110A（或 B 或 C）进行干燥

[M] —联系分析室取样化验

3. 主催化剂配制

（1）催化剂配制前的准备

(P) —确认仪表、联锁系统投用

＜P＞—确认安全设施全部投用

(P) —确认所有管线、设备、泵和相关的仪表氮气置换完毕

(P) —确认 D106 内氧气和水分分析合格，要求在 0.1MPa 下，露点为－40℃

[P] —通过 HV1404 或 HV1414 卸压

[P] —通过 PCV1401 和 PCV1407 进行氮封

(P) —确认 N_2 保护压力至少为 0.001MPa

(P) —确认 FICV1502（1kg/h），FICV1303（0.1kg/h）和 FICV1304（0.1kg/h）处于投用状态

(P) —确认 A106 完备好用

(P) —确认 D106 冷冻系统投用

(P) —确认 P106A/B 和 Pll3A 或 B 运转正常

（2）脂的准备

[P] —将脂在 E102 中加热 10 小时

[P] —打开 D105A 盘管和其循环管线夹套的蒸汽

[P] —用泵 P105A 将融化好的脂输送到搅拌罐 D105A 内

[I] —将 TIC1301 设定在 100℃

(I) —确认 D105A 液位达到 70%～80%

[P] —关闭脂桶出口线

[P] —启动 A105A

[P] —打开 D105A 底部阀

[P] —通入鼓泡 N_2 至少 10～12 小时

[M] —联系分析室取样进行水分分析

(M) —确认 D105A 中水含量$<10\times10^{-6}$，氧含量$<50\times10^{-6}$

注意：当 D105A 液位达到 30%，必须重新进脂

（3）白油的准备

[P] —用 HS1303 打开 XV1303 将油输送到搅拌罐 D105B

(I) —确认 D105B 液位达到 70%～80%

[P] —通过 HS1303 将 XV1303 关闭

[P] —投用 D105B 底部盘管蒸汽

[I] —将 TICl302 设定为 100℃

[P] —启动 A105B

[P] —打开 D105B 底部阀

[P] —启动 P105B

[P] —通入鼓泡 N_2 至少 10～12 小时

[M] —联系分析室取样进行水分分析

(M) —确认 D105B 中水含量＜10mg/kg，氧含量＜50mL/m^3

注意：当 D105B 液位达到 30%，必须重新进油

(4) 催化剂淤浆配制（D106A）

(P) —确认 D106A 为空

[P] —打开 E101A 的蒸汽

[I] —将 TICl401 设定为 60℃

[P] —启动 A106A

(P) —确认 A106A 转速为 20r/min

[P] —通过 FQIS1302 设定加入 D106A 内油的数量

[P] —通过 FQHS1302START 打开 FV1302B 向 D106A 加油

(P) —确认 HV1402、HV1404、HV1408 关闭

(P) —确认 XV1403、XV1405 打开

(P) —确认 D106 温度恒定在 60℃

[P] —将催化剂桶称重

[P] —通过 Z114 将氮封与催化剂罐相连

[P] —在 30～40 分钟内缓慢地向 D106 加入 80kg 的催化剂

(I) —确认 D106 液位不再上升

[P] —关闭 XV1405

(P) —确认催化剂完全下空

[P] —称桶的质量并记录

[I] —将 TIC1401 设定每 3 分钟降低 1℃

[I] —缓慢调整至 20℃

[P] —通过 FQIS1303 设定加入 D106A 内脂的数量

[P] —打开 D106A 脂进口手阀

[P] —通过 FQHS1303START 打开 FV1301B 向 D106A 加油

[P] —密切监控 P105A 出口压力 PI1351、PI1354，防止超压

[I] —密切监控 D106A 温度，确认温度不超过 40℃

[I] —将 TIC1401 设定每 10 分钟降低 0.5℃

[I] —缓慢调整至 10℃

[I] —保持 D106A 温度（10℃）1 小时

[P] —停 A106A

[M] —联系分析室取样分析催化剂的浓度

注意：在催化剂输送前，必须提前1小时启动搅拌A106

4. 抗静电剂的配制

(P) —确认仪表、报警、联锁投用

[P] —投用D112氮封FICV1601

(P) —确认D112底部循环截止阀关闭，D112与D115连通

[P] —将P110泵连接到准备卸料的抗静电剂桶

[P] —导通P110到D112流程

[P] —启动P110

[P] —导通D112循环管线夹套的蒸汽流程

[I] —将TIC1602设定在95℃

(I) —确认D112液位达到80%

[P] —打开D112底部截止阀，关闭与抗静电剂桶连接软管阀

[P] —通入鼓泡氮气至少3～4小时

[M] —联系分析室取样进行水分分析

(M) —确认D112中水含量$<1400\times10^{-6}$

注意：当D112液位低报警时，关闭D112与D115的连接，重新配抗静电剂

[P] —系统重新保压6.0MPa至不漏

任务执行

工作任务单　催化剂的配制		编号：3-3-1
考查内容：催化剂的配制		
姓名：	学号：	成绩：
简述催化剂配制的基本流程		

任务总结与评价

熟悉掌握催化剂的配制过程，能够熟练完成聚丙烯公用工程的正常开车仿真操作。

任务二　丙烯精制系统引液相丙烯

任务目标　① 了解丙烯精制的生产工艺；

② 熟悉丙烯精制工段的主要设备，掌握几个精馏塔的操作和控制方法；

③ 熟悉丙烯精制工段开车操作步骤，能熟练进行丙烯精制工段开车操作。

任务描述　请你以操作人员的身份进入丙烯精制工段仿真操作环境，完成丙烯精制工段开车操作。

教学模式　理实一体、任务驱动

教学资源　仿真软件及工作任务单（3-3-2）

任务学习

一、丙烯精制系统工艺流程

丙烯精制系统包括炼厂丙烯供料系统和精制系统两部分。来自炼厂的低压丙烯进入炼厂丙烯中间罐（D002），D002 丙烯压力通过加热器（E001）加热丙烯汽化维持，炼厂丙烯经炼厂丙烯输送泵（P004A/B）升压通过 FIC0001 调节 FV0001 与裂解装置供应的丙烯一同送入精制系统。

二、丙烯精制系统的主要设备

丙烯精制系统主要设备见表 3-4。

表 3-4　丙烯精制系统的主要设备表

序号	设备名称	设备位号
1	高压循环丙烯洗涤塔	T301
2	低压循环丙烯洗涤塔	T302
3	氢气汽提塔	T303
4	氢气汽提中间塔	T304
5	乙烯汽提塔	T401
6	汽蒸器洗涤塔	T501
7	干燥器洗涤塔	T502
8	丙烯轻组分汽提塔	T701
9	脱硫塔	T702A
10	脱硫塔	T702B

改通流程

（1）界区确认

确认界区丙烯进料线加盲板。

[P] —开界区丙烯进料阀

[P] —开界区丙烯进料阀 XV0103

[P] —开 FV0103 上下游阀，旁路阀

［P］—关 FV0103 排凝阀
［P］—开 FE0103 上下游阀，旁路阀
［P］—关 FE0103 排凝阀
［P］—开 FE0109 上下游阀，关旁路阀
［P］—关 FE0109 排凝阀
（2）D701 确认
［P］—P302 来丙烯阀关
［P］—P711 来丁烯阀关
［P］—D701 上下游阀开，放火炬阀关
［P］—D701 旁路阀关
［P］—HV7102 关
［P］—D702 N_2 吹扫阀关
［P］—D702 放空阀关
（P）—确认 LI7153 投用
（P）—确认 LT7103 投用
（P）—确认 LI7154 投用
［P］—开 LV7103 上下游阀
［P］—关 LV7103 手动
［P］—关 LV7103 旁路阀
（P）—确认 PSV7105/7108 前后手阀开

任务执行

在完成任务学习后，操作人员已具备进料操作的基本能力，根据装置生产计划，现需要按照操作规程完成丙烯精制系统引液相丙烯操作（工作任务单 3-3-2）。要求在 35min 内完成，且成绩在 85 分以上。

工作任务单　丙烯精制系统引液相丙烯		编号：3-3-2
考查内容：丙烯精制系统引液相丙烯		
姓名：	学号：	成绩：

任务总结与评价

熟悉丙烯精制工段开车操作的基本流程，能够熟练完成丙烯精制工段开车仿真操作。

任务三　建立高压丙烯回收系统丙烯循环

任务目标　① 了解丙烯回收系统的生产工艺；

② 熟悉丙烯回收系统工段的主要设备，掌握主要设备的开车操作方法；

③ 熟悉丙烯回收系统丙烯循环操作步骤，能熟练进行丙烯循环工段开车操作。

任务描述　请你以操作人员的身份进入丙烯回收仿真操作环境，完成丙烯回收系统开车操作。

教学模式　理实一体、任务驱动

教学资源　仿真软件及工作任务单（3-3-3）

任务学习

一、聚合物闪蒸和高压丙烯回收

在第二环管反应器（R202）出料阀控制下，聚合物浆液进入闪蒸线进行闪蒸。环管反应器至闪蒸罐间压力的下降促使丙烯汽化，聚合物浆液通过环管反应器和闪蒸罐之间的一段带有蒸汽夹套的直径不断增大的管线，来确保丙烯完全汽化。通过闪蒸罐（D301）顶部气相丙烯出口温度串级控制调节，确保闪蒸线管壁温度尽可能低。如果D301闪蒸系统发生故障，从环管反应器排出的聚合物浆液可通过三通阀送入排放系统。

二、低压脱气和循环丙烯压缩回收

生产均聚或无规共聚牌号产品时，聚合物粉料从D301直接排入F301。生产抗冲共聚牌号产品时，聚合物粉料从R401排入F301。

F301底部聚合物粉料通过调节以重力下料方式进入汽蒸器（D501），气相组分（丙烯、丙烷等）经袋滤器过滤后从F301顶部排出，再经过滤器（F302A/B）进一步过滤后进入低压循环丙烯洗涤塔（T302）。气相组分经T302塔顶冷却器（E304）进入PK301进口气液分离罐（D304）与油分离后进入循环器压缩机（PK301）。

三、丙烯回收系统丙烯循环段的主要设备

丙烯回收系统丙烯循环段的主要设备见表3-5。

表3-5　丙烯回收系统丙烯循环段的主要设备

序号	设备名称	设备位号	序号	设备名称	设备位号
1	丙烯进料罐	D302	7	细粉排放料斗	D503
2	反吹气罐	D303	8	集水罐	D504
3	PK301罐	D304	9	废稀释液收集罐	D506
4	C302进口罐	D305	10	烃/水分离罐	D507
5	C302出口罐	D306	11	冷凝液排放罐	D508
6	聚丙烯流化床干燥器	D502			

四、建立高压丙烯回收系统丙烯循环简单操作步骤

1. 高压丙烯回收系统

[P] —关闭系统各排放阀

(P) —确认 A301 密封油系统已投用，用 N_2 加压至 0.6MPa

(P) —确认 P302A/B 密封油系统已投用

(P) —确认 D301 盘管蒸汽已投用

[P] —关闭 PCV3005 前手阀

[P] —打开 HV3003 上下游阀

[P] —打开 D301 与 T301 连通阀

(P) —确认 PDI3202 引压阀关

[P] —打开 PIC3201A 上下游阀

(I) —确认 PIC3201A 手动关闭

(P) —确认 P302 至 D701 送料阀关

[P] —打开 P302 至 D302 送料阀

(P) —确认 P302 至 E305 送料阀关

[P] —打开 FV3201 上下游阀

(I) —确认 FIC3201 手动开

[P] —打开 FV3705 上下游阀

(I) —确认 FIC3705 手动关闭

(P) —确认 FV3705 旁路阀关

[P] —打开 LV3601 上下游阀

2. 低压丙烯回收系统

[P] —关闭系统各排放阀

[P] —打开 PV3101 上下游阀

(I) —确认 PV3101 手动关闭

[P] —打开 F302A 进出口阀

[P] —打开 F302B 进出口阀

[P] —打开 D304 入口阀

[P] —打开 PK301 入口阀

[P] —打开 PV3401 上下游阀

(I) —确认 PV3401 手动开

(P) —确认 PV3401 旁路阀关

[P] —打开 PV3106 上下游阀

(I) —确认 PV3106 手动关闭

(P) —确认 PV3106 旁路阀关

[P] 关闭 T301 至 F301 反吹气阀

[P] —关闭 PK301 至 T301 排气阀

[P] —关闭 PK301 至 T401 排气阀

[P] —关闭 PK301 至 D303 排气阀

(I) —确认 LV3101 手动关闭
[I] —通过 HS3101A 将 XV3101 切向 F301
(P) —确认 HV3105 关闭
(P) —确认 Z307 顶部排放阀关
[P] —打开 Z307 底部吹扫 N_2 阀
[P] —打开 HV3104
(I) —确认 PIC3101＝0.05MPa
[I] —打开 HV3401
[P] —打开 D311 安全阀 PSV3504 副线阀
[P] —打开 D312 安全阀 PSV3505 副线阀
[I] —关闭 HV3401
[P] —关闭 D311 安全阀 PSV3504 副线阀
[P] —关闭 D312 安全阀 PSV3505 副线阀
[P] —重复以上动作 3 次
[M] —联系化验分析氧含量和露点

3. 环管丙烯系统

[I] —投用 ESD0209，ESD0210
(I) —确认 XV2404A/B、XV2504A/B 关
[P] —XV2404A/B、XV2504A/B 下游手阀开
[I] —解除 ESD0202
[I] —投用 ESD0205，ESD0207，ESD0209，ESD0210
(I) —确认 XV2403A 开
(I) —确认 XV2203B 关闭，XV2203/B 后手阀开
[P] —打开 XV2403A 上游手阀
(P) —确认 P200 密封油系统已投用
[P] —关闭 Z200 底部与 R200 丙烯连通阀
(P) —确认 P201 高压密封油系统已投用
[P] —关闭 Z201 底部与 R201 丙烯连通阀
(P) —确认 P201 安全密封油系统已投用
(P) —确认 P202 高压密封油系统已投用
[P] —关闭 Z202 底部与 R201 丙烯连通阀
(P) —确认 P202 安全密封油系统已投用
(P) —确认 R200 夹套水系统已投入运行
(P) —确认 R201 夹套水系统已投入运行
(P) —确认 R202 夹套水系统已投入运行

任务执行

在完成任务学习后，操作人员已具备进料操作的基本能力，根据装置生产计划，现需要按照操作规程完成建立高压丙烯回收系统丙烯循环操作（工作任务单 3-3-3）。要求在 35min 内完成，且成绩在 85 分以上。

工作任务单　建立高压丙烯回收系统丙烯循环		编号：3-3-3
考查内容：建立高压丙烯回收系统丙烯循环		
姓名：	学号：	成绩：
根据生产指令，建立高压丙烯回收系统丙烯循环，操作人员需根据生产指令维持高压丙烯回收系统各设备的稳定运行，保证反应温度、反应压力、两器压差在正常范围。		

任务总结与评价

熟悉丙烯回收系统丙烯循环工段开车操作的基本流程，能够熟练完成丙烯回收系统丙烯循环工段开车仿真操作。

任务四　化工投料

任务目标　① 了解化工投料的生产工艺；

② 熟悉化工投料工段的主要设备，掌握主要设备的开车操作方法；

③ 熟悉丙烯回收系统丙烯循环操作步骤，能熟练进行丙烯回收工段停车操作。

任务描述　请你以操作人员的身份进入丙烯回收仿真操作环境，完成丙烯回收系统开车操作。

教学模式　理实一体、任务驱动

教学资源　仿真软件及工作任务单（3-3-4）

任务学习

一、化工投料的工艺流程

D302中的丙烯大部分来自原料精制单元，小部分来源于丙烯循环回收系统。丙烯进料泵（P301A/B）将丙烯送入环管反应器，P301A/B在任何时候都需要一个恒定的流量，因此一部分丙烯经过丙烯冷却器（E305）冷却后返回D302。D302的压力可通过丙烯气化器（E302）蒸汽加热，丙烯气化生成气相丙烯来维持。P301A/B出口设有丙烯倒空线，在装置停车后，可将液相丙烯排向界外。

1. R201丙烯进料有四路

丙烯通过FIC2004调节FV2004经Z203A/B进入R200。

丙烯通过FIC2201调节FV2201冲洗R200循环泵（P200）。

丙烯通过FIC2401调节FV2401冲洗R201循环泵（P201）。

丙烯通过DIC2401串级控制FIC2003调节FV2003进入R201，包括上述三步的冲洗丙烯和新鲜丙烯。

2. R202丙烯进料有三路

丙烯通过FIC2501调节FV2501冲洗R202循环泵（P202）。

丙烯通过PIC2301调节PV2301经丙烯气化器（E203）进入反应器缓冲罐（D202）。

丙烯通过DIC2501串级控制FIC2301调节FV2301进入R202，包括上述两步的冲洗丙烯和平衡两个反应器压差的丙烯。

二、操作步骤

1. 投用T401系统，切换装置丙烯回收系统

[I]—将T301压力PIC3201设定值从1.8MPa降到1.7MPa

[P]—使用氮气进行系统置换，充压至0.6MPa后从E405顶部FV4305放出排放气

[P]—投用到乙烯汽提塔再沸器E404。打通蒸汽加热流程，凝液管线排凝（排出管道低点死弯处无法排出的介质及水）

[I]—此时手动关闭FIC4303

[P]—投用到乙烯汽提塔塔顶冷凝器E405

[P]—打通E405冷冻水流程，此时手动关闭TV4302

(P) —确认 T401 系统与 R401 系统隔离，PIC4301 以及后手阀关闭、HV4003 及后手阀关闭。保证 T401 系统处于正压状态

[I] —关闭 FV4305

[P] —提高 PK301 入口压力 PIC3401 至 0.055MPa，以保持 PK301 出口较高压力

[P] —打开旁路进料冷却器 E403，导通 PK301 至 T401 的进料流程

[P] —缓慢打开 PK301 至 T401 的球阀，向 T401 系统进行冲压至 1.0MPa

[P] —关闭 E405 冷冻水，投用 T401 底部出料线冷冻水夹套

[P] —缓慢打开 T401 底部至 T304 出料球阀

[I] —手动全开 FIC4304

[P] —导通 E405 至 PIC4301B 至 D302 丙烯出料流程

[I] —T401 压力控制方式选择 PV4301B 进行控制，PIC4301 设定 1.7MPa 投自动控制。

[I] —从 FIC4305 以 100kg/h 进行排放，将系统中剩余氮气进行置换

[I] —慢慢地将循环压缩机的排出口从 T301 切向 T401；T401 液体液位将升高，压力将上升至冷凝压力

[I] —选择 TV4302 的控制方式为 TIC4303，缓慢手动打开 FV4302，当 TIC4303 到达 6℃投自动。注意冷冻水流量过大会使 T401 压力急剧下降

[I] —当 T401 液位上升至 50%时，LIC4301 投自动，设定在 50%。保持 T401 的丙烯持续进入 T304

[I] —当塔底液位增加至 50%时，缓慢打开 E404 蒸汽至 540kg/h，然后设置 FIC4303 为自动控制，减少 FIC4305 量为 20kg/h

[I] —缓慢关闭塔回流 FV4304，当 FIC4304 至 7t/h 投自动

[I] —状态确认：PK301 运转正常出口进入 T401、T401 系统与 R401 系统隔离、T401 系统正常回收高压丙烯

2. R401 反应器进料置换，调节反应器内各相组分

[P] —完成了对 R401 内部分布板和气室的检查与确认工作

[I] —手动关闭 R401 出料阀门 LIC4001A、LIC4001B、HV4009、HV4010

[I] —手动关闭 PV4002、HV4003、HV4014、HV4017

[I] —手动关闭 HV4013、FV3102

[P] —导通 R401 快环线流程，投用核辐射密度计

[P] —导通 R401 慢环线流程

[P] —投用 R401 液位计，打开液位计顶部负压端吹扫气球阀

[P] —投用 FT4000

[P] —投用 PDT4008 吹扫气、PT4007 吹扫气、PDT4003 吹扫气

[P] —导通流程投用，打开分布板支撑裙座的压力平衡球阀

[P] —对整个 R401 系统进行氮气冲压，氮气冲压至 0.04MPa

[P] —C401 干气密封接临时氮气，启动 C401

[P] —调整 HIC4012 开度 30%

[P] —确认 C401 运行正常。调节 PV4002 将压力泄至 0.01MPa

[P] —重复上述置换操作 3 次

［P］—确认 R401 压力保持在 0.01MPa，停止 C401

［P］—关闭 C401 的氮气干气密封

［P］—打开 HV4014 以及前手阀、将 C401 的干气密封切换至乙烯

［P］—再次启动 C401

［P］—导通 R401 乙烯加入流程，缓慢打开 FV4003 用乙烯将 R401 压力冲至 0.04MPa

［P］—调整 HIC4012 开度 30％

［P］—确认 C401 运行正常。调节 PV4002 将压力泄至 0.01MPa

［P］—重复上述置换操作 3 次

［P］—将 R401 乙烯冲压至 1.2MPa，保持 C401 持续运转

［P］—投用 E409、E411

［P］—启动 P401，投用 400 单元温度控制系统

［I］—控制 R401 的反应器温度为 55℃

3. 调节反应器内各相组分

［P］—导通 R401 丙烯、氢气进料流程

［I］—经过调节 AIC4003 为 0.02，AIC4004 为 0.6

［P］—在调节过程中如果 R401 内压力升高可通过 PV4002 控制在 1.2MPa

［I］—保持 R401 的反应器温度为 55℃

4. R401-T401 连通运转

［I］—确认状态：T401 正常运行、PK301 正常运行、R401 保持在 1.2MPa，55℃

［P］—现场打开 PV4301 的前后手阀。此时保持 PV4301 手动关闭

［I］—改变 T401 压力控制方式为 PV4301

［I］—T401 压力下降时逐步增大 E404 蒸汽流量，保持 T401 系统 1.7MPa

［I］—缓慢打开 PV4301，此时 T401 系统压力泄至 R401 系统

［P］—打开 P302 小闪线冲洗丙烯阀门

［P］—使用高压液相丙烯冲洗小闪线后备用

［P］—将 T301 底部小闪线出料三通阀门 HV3201 切至 R401 方向

［I］—打开 HV4013 以及现场 FV3102 后手阀

［I］—缓慢打开 FV3102。待流量到达 2100kg/h 后投自动

［I］—状态确认：R401 与 T401 形成联通，R401 压力 1.2MPa、T401 压力 1.4MPa。T401 精制效果良好，R401 乙烯用量较小

任务执行

在完成任务学习后，操作人员已具备进料操作的基本能力，根据装置生产计划，现需要按照操作规程完成化工投料操作（工作任务单 3-3-4）。要求在 35min 内完成，且成绩在 85 分以上。

<table>
<tr><td colspan="2">工作任务单　化工投料</td><td>编号:3-3-4</td></tr>
<tr><td colspan="3">考查内容:化工投料</td></tr>
<tr><td>姓名:</td><td>学号:</td><td>成绩:</td></tr>
<tr><td colspan="3">根据生产指令,进行化工投料操作,操作人员需根据生产指令维持各设备的稳定运行,保证反应温度、反应压力、两器压差在正常范围。</td></tr>
</table>

任务总结与评价

熟悉化工投料系统工段开车操作的基本流程，能够熟练完成开车仿真操作。

任务五　气相共聚单元开车

任务目标　① 了解气相共聚单元系统的生产工艺；

② 熟悉气相共聚单元工段的主要设备，掌握主要设备的操作方法；

③ 熟悉气相共聚单元开车的操作步骤，能熟练进行气相共聚单元开车操作。

任务描述　请你以操作人员的身份进入气相共聚单元仿真操作环境，完成气相共聚单元系统开车操作。

教学模式　理实一体、任务驱动

教学资源　仿真软件及工作任务单（3-3-5）

任务学习

气相共聚单元启用要求

（1）工业就地压力表、阀门等连接处应牢固，无泄漏；

（2）工业就地压力表的显示是否清晰、准确，有下列情况之一应停止使用（现场具备条件的必须进行更换）：

① 有限止钉的压力表，在无压力时，指针不能回到限止钉处；无限止钉的压力表，在无压力时，指针距零位的数据超过压力表的允许误差；

② 表盘封面玻璃破裂或表盘刻度模糊不清；

③ 封印损坏或超过校验有效期限；

④ 表内弹簧管泄漏或压力表指针松动；

⑤ 指针断裂或外壳腐蚀严重；

⑥ 其他影响压力表准确指示的缺陷。

在 R401 气体分布板的下方还设有一根聚合物粉料/气体返回管线，同样利用 R401 底部和顶部的压差将气体分布板下方的聚合物粉料送回 R401，避免了聚合物粉料在反应器底部的积聚。在这条聚合物粉料/气体返回管线最低点，设置了排放阀 HV4013，如果聚合物粉料发生积聚，通过 FIC3102 调节 FV3102 少量间断排放聚合物粉料，避免 R401 的气相组分窜入 F301。R401 内的聚合物粉料通过 LIC4001 调节 LV4001A/B 排放到 F301，富含乙烯的气相组分经 PK301 压缩后返回 T401。气相共聚流程如图 3-13 所示。

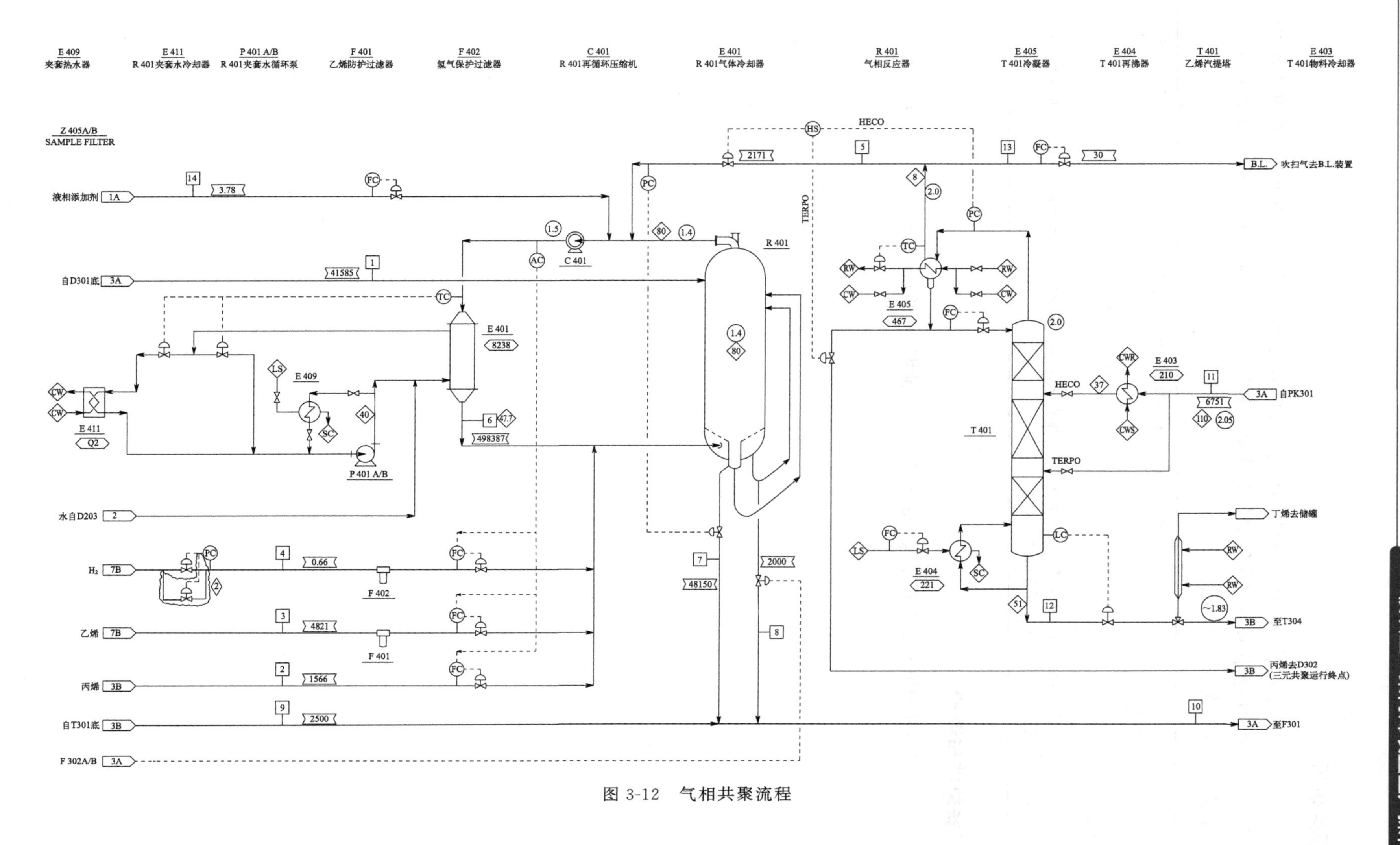
E 409
夹套热水器
E 411
R 401夹套水冷却器
P 401 A/B
R 401夹套水循环泵
F 401
乙烯防护过滤器
F 402
氢气保护过滤器
C 401
R 401再循环压缩机
E 401
R 401气体冷却器
R 401
气相反应器
E 405
T 401冷凝器
E 404
T 401再沸器
T 401
乙烯汽提塔
E 403
T 401物料冷却器
Z 405A/B
SAMPLE FILTER
液相添加剂
自D301底
水自D203
H_2
乙烯
丙烯
自T301底
F 302A/B
吹扫气去B.L.装置
自PK301
丁烯去储罐
至T304
丙烯去D302
(三元共聚运行终点)
至F301
HECO
TERPO

图 3-12 气相共聚流程

任务执行

在完成任务学习后，操作人员已具备气相共聚单元开车操作的基本能力，根据装置生产计划，现需要按照操作规程完成气相共聚单元开车操作（工作任务单 3-3-5）。要求在 35min 内完成，且成绩在 85 分以上。

工作任务单　气相共聚单元开车		编号：3-3-5
考查内容：气相共聚单元开车		
姓名：	学号：	成绩：
根据装置生产指令，按照操作规程完成气相共聚单元开车操作，操作人员需根据生产指令维持各设备的稳定运行，保证反应温度、反应压力、两器压差在正常范围。		

任务总结与评价

熟悉气相共聚单元工段开车操作的基本流程，能够熟练完成气相共聚单元工段开车仿真操作。

【项目综合评价】

姓名		学号		班级	
组别		组长		成员	
项目名称					
维度	评价内容	自评	互评	师评	得分
知识	了解丙烯、聚丙烯的理化性质；了解聚丙烯生产过程的安全和环保知识(5分)				
	能分析聚丙烯生产过程中的影响因素(5分)				
	掌握聚丙烯生产的工艺流程，熟悉主要设备的操作与控制方法(5分)				
	掌握聚丙烯开车操作步骤和开车过程中的影响因素(5分)				
能力	能够正确分析聚丙烯系统中各个工艺参数的影响因素(20分)				
	能正确识图，绘制工艺流程图，能叙述流程并找出对应的管路，能够说出设备的特点及作用(30分)				
素质	通过生产中丙烯、聚丙烯等物料性质、生产过程的尾气处理、安全和环保问题分析等，掌握“绿色化工、生态保护、和谐发展和责任关怀”的核心思想(10分)				
	通过仿真操作中严格的岗位规程及规范要求，工艺参数的严格标准要求，培养质量意识、安全意识、规范意识、标准意识(10分)				
	通过对交互式仿真软件的操作练习，培养动手能力、团队协作能力、沟通能力、具体问题具体分析能力，培养职业发展学习的能力(10分)				
我的反思	我的收获				
	我遇到的问题				
	我最感兴趣的部分				

项目四

聚丙烯装置停车操作

【学习目标】

知识目标

① 了解聚丙烯系统装置的停车操作流程；

② 掌握稀释环管反应器的原理，了解设备的主要作用。

技能目标

① 能够正确分析聚丙烯系统中各个工艺参数的影响因素；

② 能够熟练操作聚丙烯仿真软件，能对实际操作中出现的问题正确进行分析，并能够解决操作过程中的问题。

素质目标

① 通过讲解工厂事故案例，培养应对危机与突发事件的能力及解决石油化工生产一线技术问题的能力；

② 面对生产事故时，服从班级指令，注重班组配合，具备团队合作意识和沉着冷静的心理素质；

③ 通过仿真操作中严格的岗位规程及规范要求，工艺参数的严格标准要求，生产操作过程中工艺参数对生产安全及产品质量的影响，培养良好的质量意识、安全意识、规范意识、标准意识，提高工作责任心，塑造严谨求实、精益求精的“工匠精神”；

④ 使用交互式仿真软件的操作练习，培养动手能力、团队协作能力、沟通能力、具体问题具体分析能力，培养职业发展学习的能力。

【项目导言】

装置在停车过程中，首先要进行降温、降压、降低进料一直到切断原料进料，然后进行设备放空、吹扫、置换等大量工作。各工序和各岗位之间联系密切，如果组织不好，操作失误，都很容易发生事故。

化工仿真培训可以避免化工生产中“高风险、高消耗、高污染”的弊端，同时使操作人员在短时间内大幅度地提高操作水平。让我们不进工厂就能了解实际生产装置的操作方法。

工艺仿真范围包括：200 单元，400 单元，600 单元，900 单元简单模拟（只模拟料仓 901 和风机 C901，逻辑控制不模拟）。

【项目实施任务列表】

任务名称	总体要求	工作任务单	建议课时
任务一 停止注入氢气并且稀释环管反应器	熟悉该工段停车操作步骤，能熟练进行工段停车操作；学生以操作人员的身份进入生产聚丙烯工段仿真操作环境，完成停止注入氢气并且稀释环管反应器工段停车操作	3-4-1	2

续表

任务名称	总体要求	工作任务单	建议课时
任务二 停 R401 系统	掌握 R401 系统的工艺流程，掌握主要设备的停车操作方法	3-4-2	2

任务一　停止注入氢气并且稀释环管反应器

任务目标　① 了解聚丙烯的生产工艺；

② 熟悉设备稀释环管反应器，掌握主要设备的停车操作方法；

③ 熟悉该工段停车操作步骤，能熟练进行工段停车操作。

任务描述　请你以操作人员的身份进入生产聚丙烯工段仿真操作环境，完成停止注入氢气和稀释环管反应器工段停车操作。

教学模式　理实一体、任务驱动

教学资源　仿真软件及工作任务单（3-4-1）

任务学习

一、环管反应器常见的故障处理方法

环管反应器常见的故障现象与处理方法见表 3-6。

表 3-6　环管反应器常见的故障现象及处理方法

序号	故障现象	故障原因	处理方法
1	噪声及振动过大	1. 轴承损坏 2. 联轴器松动 3. 电动机与压缩机未对中	1. 停电，确认具备检修条件后，联系检修人员重新更换 2. 停电，确认具备检修条件后，联系检修人员紧固联轴器 3. 停电，确认具备检修条件后，联系检修人员重新对中
2	滑阀和/或滑块不动作	1. 四通液压控制阀坏 2. 滑块指示杆被卡住 3. 制动块密封钮坏	1. 停电，确认具备检修条件后，联系检修人员检查均周和滑块上两个电位计的电线及电阻 2. 卸载活塞被卡住，停电，确认具备检修条件后，联系配合检修人员进行更换 3. 停电，确认具备检修条件后，联系配合检修人员进行更换
3	滑阀不加载或卸载	1. 电磁线圈可能烧断了，应更换 2. 阀可能关闭了，打开液压工作阀 3. 线圈轴卡住或中心弹簧可能折断了	1. 更换 2. 停电，确认具备检修条件后，检查输出 2 和 3 及保险丝 3. 停电，确认具备检修条件后，线圈可以通过向电机轴方向插入一根 4.7625mm(3/16″)的轴，将中心轴推向另一端，需用机械方法开动起来，推进 A 侧，确认其卸载能力，如果阀开动了，则故障属于电路系统，联系检修人员进行更换

续表

序号	故障现象	故障原因	处理方法
4	滑阀加载但不卸载	1. 一侧的电磁线圈可能烧坏 2. 电磁阀一侧内部的污垢阻碍阀门	1. 停电，确认具备检修条件后，联系检修人员更换 2. 停电，确认具备检修条件后，联系检修人员。应清洗干净线圈，可用机械的方法开动起来，机械运转的方向是对的，电机方向插入一根4.7625mm(3/16″)的轴并朝着另一端推进中心轴，推进A侧，以确认其卸载能力。如果阀开动了，则故障属于电路系统，联系检修人员进行更换
5	油温高	1. 入口过热值太高 2. 热控阀门动力装置失去负荷 3. 液体过滤网堵塞 4. 液体电磁阀线圈坏 5. 超载、热控件尺寸太小	1. 校正系统故障 2. 停电，确认具备检修条件后，联系检修人员更换 3. 停电，确认具备检修条件后，联系检修人员清洗 4. 停电，确认具备检修条件后，联系检修人员更换 5. 减少荷载或确认具备检修条件后，联系检修人员安装更大的热控
6	油温低	1. 吸气入口热量太低或压缩机液体回流 2. 低荷载条件，阀门尺寸过大	1. 应排除系统故障 2. 确认具备检修条件后，联系检修人员增加负荷或用小型的数控车间

二、换热器的常见故障

换热器的常见故障如表3-7所示。

表3-7 换热器的常见故障

序号	故障现象	故障原因	处理方法
1	内漏	换热管腐蚀穿孔、开裂 换热管与管板焊口开裂	停车检修 停车检修
2	法兰密封面泄漏	法兰密封面损坏 垫片承压不足、腐蚀损坏 螺栓松动	停车检修 紧固螺栓、停车检修 紧固螺栓
3	传热效果差	换热管结垢 水质较差 隔板短路	停车检修化学或机械清洗，净化介质 加强过滤、加强水质管理 停车检修更换或修复隔板
4	振动严重	基础地脚螺栓松动 外部管路振动 因介质频率引起共振	联系检修人员紧固地脚螺栓 联系检修人员加固管道，减少振动 改变介质流速或改变管束流速
5	阻力降超过允许值	过滤器失效 壳体、管内外结垢	联系检修人员清理或更换过滤器 停车检修，射流或化学清除污垢

任务执行

在完成任务学习后，操作人员已具备停工操作的基本能力，根据装置生产计划，现需要按照操作规程完成停车操作（工作任务单 3-4-1）。要求在 35min 内完成，且成绩在 85 分以上。

<table>
<tr><td colspan="3">工作任务单　停止注入氢气并且稀释环管反应器　　　　编号：3-4-1</td></tr>
<tr><td colspan="3">考查内容：停止注入氢气并且稀释环管反应器</td></tr>
<tr><td>姓名：</td><td>学号：</td><td>成绩：</td></tr>
<tr><td colspan="3">根据装置生产指令，按照操作规程完成停止注入氮气并稀释环管反应器操作，操作人员需根据生产指令维持各设备的稳定运行，保证反应温度、反应压力、两器压差在正常范围。</td></tr>
</table>

任务总结与评价

熟悉聚丙烯工段停车操作的基本流程，能够熟练完成工段停车仿真操作。

任务二　停 R401 系统

任务目标　① 了解聚丙烯的生产工艺；
② 熟悉设备 R401 系统，掌握主要设备的停车操作方法；
③ 熟悉该工段停车操作步骤，能熟练进行工段停车操作。

任务描述　请你以操作人员的身份进入生产聚丙烯工段仿真操作环境，完成 R401 系统停车操作。

教学模式　理实一体、任务驱动

教学资源　仿真软件及工作任务单（3-4-2）

任务学习

由于反应器底部特别是出料腿部分流化状态较差，冷却效果不好，聚合物粉料极易熔融导致反应器出料腿底部堵塞。为此，在 R401 出料腿底部设置了一根聚合物粉料返回管线（快环），利用 R401 底部和顶部的压差将出料腿底部的聚合物粉料送回 R401，在聚合物返回管线的最低点，分两路补充来自 PK401 出口的循环气，及时将聚合物粉料送回 R401。

在 R401 气体分布板的下方还设有一根聚合物粉料/气体返回管线，同样利用 R401 底部和顶部的压差将气体分布板下方的聚合物粉料送回 R401，避免了聚合物粉料在反应器底部的积聚。在这条聚合物粉料/气体返回管线最低点，设置了排放阀，如果聚合物粉料发生积累，通过调节少量间断排放聚合物粉料，避免 R401 的气相组分窜入 F301。R401 系统的联锁报警值如表 3-8 所示。

表 3-8　R401 反应器联锁报警值一览表

序号	位号	名称	单位	测量范围	操作值	报警值	联锁值
1	FT4031	入口导叶密封气	m^3/h	0～10	3～6	$H=6.5$ $L=2.5$	
2	FT4030	轴封密封气	m^3/h	0～200	139	$H=160$ $L=110$	
3	FT4033	轴封氮气密封气	m^3/h	0～60	35～40	$H=45$	
4	LSL4011	润滑油箱油位	L		470	$L=400$	
5	LSL4012	高位油箱油位	L		300	$L=250$	
6	PCV4086	轴承低油压	k/Pa	80～250	150		
7	PCV4083	油过滤器后高油压	k/Pa	100～1600	700		
8	PCV4075	轴封仪表风压	k/Pa	0～100	20		
9	PDI4084	油过滤器差压	k/Pa	0～100	20～80		
10	PDI4074	隔离气与放火炬气差压	k/Pa	0～100	30		
11	PDISH4023	隔离气过滤器差压	k/Pa	0～100	20～50	80	HH=80
12	PDISH4021	密封气过滤器差压	k/Pa	0～100	20～50	80	HH=80
13	PDISH4084	油过滤器差压	k/Pa	0～250	20～80	80	HH=80
14	PDT4022	密封气差压	k/Pa	0～100	30	15	LL=15
15	PDT4034	氮气密封气与放火炬气差压	k/Pa	0～100	30	$H=40$ $L=15$	HH=40 LL=15

续表

序号	位号	名称	单位	测量范围	操作值	报警值	联锁值
16	PI4091A	主电机轴承油压	k/Pa	0～600	150		
17	PI4091B	主电机轴承油压	k/Pa	0～600	150		
18	PI4082A	油泵 1 出口油压	k/Pa	0～1600	800		
19	PI4082B	油泵 2 出口油压	k/Pa	0～1600	800		
20	PI4086	轴承油压	k/Pa	0～400	150		
21	PI4070	入口导叶密封气压力	k/Pa	0～2500	1550		

任务执行

在完成任务学习后，操作人员已具备停工操作的基本能力，根据装置生产计划，现需要按照操作规程完成停车操作（工作任务单 3-4-2）。要求在 35min 内完成，且成绩在 85 分以上。

<table>
<tr><td colspan="2">工作任务单　停 R401 系统</td><td>编号：3-4-2</td></tr>
<tr><td colspan="3">考查内容：停 R401 系统</td></tr>
<tr><td>姓名：</td><td>学号：</td><td>成绩：</td></tr>
<tr><td colspan="3">根据装置生产指令，按照操作规程完成 R401 系统停车操作，操作人员需根据生产指令维持各设备的稳定运行，保证反应温度、反应压力、两器压差在正常范围。</td></tr>
</table>

任务总结与评价

熟悉聚丙烯工段停车操作的基本流程，能够熟练完成工段停车仿真操作。

熟悉仪表信号报警、联锁保护系统的管理。

【项目综合评价】

姓名		学号		班级	
组别		组长		成员	
项目名称					
维度	评价内容	自评	互评	师评	得分
知识	了解聚丙烯的理化性质；了解聚丙烯生产过程的安全和环保知识(5分)				
	能分析聚丙烯生产过程中的影响因素(5分)				
	掌握聚丙烯生产的工艺流程，熟悉主要设备的操作与控制方法(5分)				
	掌握聚丙烯停车操作步骤和停车过程中的影响因素(5分)				
能力	能够正确分析聚丙烯系统中各个工艺参数的影响因素；(20分)				
	能正确识图，绘制工艺流程原理图，能叙述流程并找出对应的管路，能够说出设备的特点及作用(30分)				
素质	通过生产中乙烯、聚丙烯等物料性质、生产过程的尾气处理、安全和环保问题分析等，掌握“绿色化工、生态保护、和谐发展和责任关怀”的核心思想(10分)				
	通过仿真操作中严格的岗位规程及规范要求，工艺参数的严格标准要求，培养质量意识、安全意识、规范意识、标准意识(10分)				
	通过对交互式仿真软件的操作练习，培养动手能力、团队协作能力、沟通能力、具体问题具体分析能力，培养职业发展学习的能力(10分)				
我的反思	我的收获				
	我遇到的问题				
	我最感兴趣的部分				

项目五
聚丙烯装置异常与处理

【学习目标】

知识目标

① 了解聚丙烯生产过程的安全和环保知识；

② 理解聚丙烯生产的反应特点；

③ 掌握聚丙烯生产过程中的安全隐患；

④ 掌握聚丙烯生产中常见事故现象。

技能目标

① 能根据聚丙烯反应特点，分析生产中容易出现的事故；

② 能根据聚丙烯生产中物料的理化性质，分析出生产中的安全隐患；

③ 针对不同事故，能够判断引起事故的原因，并能掌握正确的处理措施；

④ 能发现开、停车及正常操作过程中的异常情况，并对其进行分析和正确的处理；

⑤ 能熟悉各类事故预案，并能及时有效地处理各类事故；

⑥ 能掌握安全防护设施的正确使用方法。

素质目标

① 通过生产中丙烯、三乙基铝、乙炔等危险化学品性质和环保问题分析，培养化工生产过程中的“绿色化工、生态保护、和谐发展和责任关怀”的核心思想。

② 面对生产事故时，服从班长指令，注重班组配合，具备团队合作意识和沉着冷静的心理素质。

③ 主动思考学习过程的重难点，积极探索任务执行过程中的创新方法。

④ 通过仿真操作中严格的岗位规程及规范要求，工艺参数的严格标准要求，生产操作过程中工艺参数对生产安全及产品质量的影响，培养良好的质量意识、安全意识、规范意识、标准意识，提高工作责任心，塑造严谨求实、精益求精的“工匠精神”。

⑤ 通过小组汇报讨论及仿真操作训练，提高表达、沟通交流、分析问题和解决问题能力；通过操作考核和知识考核，培养良好的心理素质、诚实守信的工作态度及作风。

⑥ 通过讲解工厂事故案例，培养应对危机与突发事件的能力及解决石油化工生产一线技术问题的能力；使用对交互式仿真软件的操作练习，培养动手能力、团队协作能力、沟通能力、具体问题具体分析能力，培养职业发展学习的能力。

【项目导言】

聚丙烯装置具有设备复杂、技术先进、操作变化多、自动化程度高、系统影响面广的特点，掺炼重油后对设备的磨损和腐蚀问题更严重，加上水、电、汽、风等系统问题的影响，都会使装置发生事故。因此，操作人员应严格执行工艺纪律，执行岗位安全生产责任制，认真负责、精心操作，使装置安全、平稳、高产、优质、低耗、长周期生产。

操作人员必须熟练掌握装置自保系统，必要时能正确使用装置自保。一旦装置发生事故，操作人员必须沉着、冷静，进行周密的分析和正确的判断。各岗位密切配合，果断处理。如果事故经过努力处理后仍无法维持生产，并有继续扩大恶化趋势和危及装置安全时，可报告总调度室及主管领导作紧急停工处理，在紧急情况下，班长有权下令紧急停工，并及时向总调度室及主管领导汇报。

【项目实施任务列表】

任务名称	总体要求	工作任务单	建议课时
任务一 催化剂中断	通过该任务，了解催化剂中断的事故现象，掌握事故的处理方法	3-5-1	2
任务二 环管反应器 R201 温度升高	通过该任务，了解环管反应器 R201 温度升高时的事故现象，掌握事故的处理方法	3-5-2	2
任务三 界区丙烯中断	通过该任务，了解界区丙烯中断的事故现象，掌握事故的处理方法	3-5-3	2

任务一　催化剂中断

任务目标　① 了解聚丙烯单元主要的故障，并能正确进行判断；

② 能进行聚丙烯单元故障的原因分析，并能初步制定处理措施；

③ 熟悉聚丙烯单元故障处理措施。

任务描述　请你以操作人员的身份进入聚丙烯单元故障处理仿真操作环境，完成聚丙烯单元故障处理。

教学模式　理实一体、任务驱动

教学资源　仿真软件及工作任务单（3-5-1）

任务学习

一、事故现象

催化剂至反应器进料流量值显示为零。

二、事故原因

D108 催化剂出料故障，无法压出催化剂。

三、事故处理

① 停 P108

② 关 P108 入口阀

③ 关 P108 出口阀

④ 将 DIC2401 和 FIC2003 解串级

⑤ 将 DIC2501 和 FIC2301 解串级

⑥ 打开 E204 蒸汽

⑦ 打开 E205 蒸汽
⑧ 保持环管温度在 70℃
⑨ FIC1201 改为手动
⑩ 关闭 D201 前 DONOR 进料阀
⑪ 降 FIC1201 计量泵冲程为 0
⑫ 停 P104A
⑬ 关闭 P104A 入口阀
⑭ 关闭 P104A 出口阀
⑮ 停止注入三乙基铝（TEAL）
⑯ FIC1102 改为手动
⑰ 降 FIC1102 计量泵冲程为 0
⑱ 关闭 VI2Z203A
⑲ 关闭 Z203A 前 D201 出料阀
⑳ 关闭 VI6D201
㉑ 关闭 D201 前 TEAL 进料阀
㉒ 停 P101A
㉓ 关闭 XV1102
㉔ 关闭 P101A 入口阀 XV1104
㉕ 关闭 P101A 出口阀 XV1106
㉖ 停 D201 搅拌
㉗ 打开 D201 底部排放线手阀
㉘ 压力降为 0，关闭 D201 底部排放线手阀
㉙ 切断氢气进料
㉚ 关 FV2002B 前后手阀
㉛ 关 FV2001B 前后手阀
㉜ 停 C705A
㉝ 关闭界区氢气进料阀 XV0105
㉞ 密度稀释至 450kg/m^3，XV3101 切排放
㉟ 稀释环管，使环管密度降至 410
㊱ 停 PK301
㊲ 停 C501
㊳ 打开 T301 至 D303 的手阀
㊴ 关闭 PK301 至 D303 手阀
㊵ 减少环管丙烯进料到 12t/h
㊶ 减少环管丙烯进料到 6t/h
㊷ 手动打开 LV3001 使闪蒸罐内料位等于零
㊸ 手动打开 LV3101 使 F301 料位等于 0
㊹ 手动打开 LV5001 使 D501 料位等于 0
㊺ 手动打开 LV5301 使 D502 料位等于 0
㊻ 关闭 FIC5006

㊼ 关闭 FIC5001
㊽ 关闭 FIC5002
㊾ 关闭 PIC5051
㊿ 关闭 TIC5051
51 关闭 TIC5304

四、催化剂管线的切换操作

初态：催化剂 A 线运行，催化剂 B 线备用

[M] —通知内操、外操准备切换催化剂线

(P) —确认催化剂 A 线运行，催化剂 B 线备用

[P] —关阀门 14，同时联系内操将 P108 冲程降到零

[P] —打开 XV2102，同时通知外操 XV2102 已经打开

(P) —外操确认 XV2102 打开，现场 FI2101 有流量

[P] —关阀门 2

[P] —关阀门 12，同时联系内操将 P101 冲程降到零

[P] —关阀门 11，同时联系内操将 P104 冲程降到零

[P] —关闭阀门 4

注意：上面的四步操作是在 D201 需要排空时才要操作，如果 D201 不需要排空，以上四步操作不执行。

[P] —打开阀门 15，快速开、关阀门 16，防止液化丙烯外泄，使罐内丙烯由顶部向火炬放空。

(P) —外操确认阀门 16 关

[P] —打开阀门 2，给 D201 充压后，再次排放 D201

[P] —关闭阀门 15

[P] —确认阀门 21 关闭，缓慢打开阀门 7，阀门 5

[P] —联系内操将 FIC2004 改为手动操作，流量 2100～2200kg/h

(P) —现在确认 FIC2004 调节阀阀位

[P] —先打开阀门 17，再打开阀门 19

[P] —先关闭阀门 20，再关闭阀门 18

注意：在打开阀门 19，关闭阀门 20 时速度要快

[P] —缓慢关闭阀门 6，阀门 8

[P] —联系内操打开 XV2101，确认 XV2101 打开后，打开阀门 1，检查现场 FI2101 有流量。确认催化剂 B 线通畅。最后关闭阀门 1

[P] —联系内操将 P101、P104 的冲程手动设定 15%，同时打开阀门 12、阀门 11，给 D201 升压到 4.3～4.5MPa

[P] —打开阀门 1，缓慢打开阀门 2，联系内操将 P101、P104 的冲程恢复到切线前的数值，并确认 TEAL、DONOR 的流量是否正常

[I] —确认 TEAL、DONOR 的流量正常后，通知外操将要关闭 XV2101，外操同意后，关闭 XV2101

[I] —将 FIC2004 由手动操作改为自动操作，设定值 2100kg/h。同时联系外操，告知

FIC2004 已经改自动操作

［P］—联系内操恢复 P108 冲程，当 PI1503 大于 4.8MPa，打开阀门 14

［P］—打开阀门 22，将管线内的物料排放到火炬后，关闭阀门 22

［P］—打开阀门 10，给管线充压，现场 FI2101 没有流量，证明管线充满，关闭阀门 10，打开阀门 22 排放，然后关闭阀门 22 重复冲洗管线三次

［P］—打开阀门 10，给管线中充满白油，催化剂 A 线备用

注意：XV2102 不关闭，表示催化剂 A 线备用

终态：催化剂 B 线运行，催化剂 A 线备用

任务执行

在完成任务学习后，操作人员已具备事故应急处理操作的基本能力，根据装置生产计划，现需要按照操作规程完成事故处理操作（工作任务单 3-5-1）。要求在 35min 内完成，且成绩在 85 分以上。

<table>
<tr><td colspan="3">工作任务单　催化剂中断事故处理　　　　编号:3-5-1</td></tr>
<tr><td colspan="3">考查内容:催化剂中断事故处理操作</td></tr>
<tr><td>姓名:</td><td>学号:</td><td>成绩:</td></tr>
<tr><td colspan="3">根据装置生产指令,按照操作规程完成催化剂中断事故处理操作,操作人员需根据生产指令维持各设备的稳定运行,保证反应温度、反应压力、两器压差在正常范围。</td></tr>
</table>

任务总结与评价

熟悉催化剂中断故障与处理的基本流程，能够熟练完成催化剂中断故障处理仿真操作。

任务二　环管反应器 R201 温度升高

任务目标　① 了解温度升高主要的故障原因，并能正确进行判断；

② 能进行环管反应器温度升高故障的原因分析，并能初步制定处理措施；

③ 熟悉环管反应器温度升高故障处理措施。

任务描述　请你以操作人员的身份进入聚丙烯单元故障处理仿真操作环境，完成聚丙烯单元故障处理。

教学模式　理实一体、任务驱动

教学资源　仿真软件及工作任务单（3-5-2）

任务学习

一、环管反应器飞温

1. 事故现象

温度上升，密度下降。

2. 事故原因

环管反应器温度升高可由以下一个或多个原因引起：

催化剂进料量过大，或由于氢气或乙烯进料增加而致使催化剂活性过强；

反应器内浆液循环速度过低，由循环泵故障所致；

环管反应器夹套水流量过低；

环管夹套水回路的冷却水补水流量过低；

板式换热器冷却水流量过低；

返回到反应器夹套补水的水温过高。

3. 事故确认

环管反应器温度上升。

4. 事故处理

（1）联系并报警

[P] —事故发现者向班长汇报情况

[M] —立即将事故发生的时间、已采取的初步应急措施、事故的大概情况汇报调度并启动预案

（2）聚合单元停车

[M] —负责组织聚合单元紧急停车

[M] —通知调度停止催化剂进料

[M] —在班长的组织下与室外操作人员密切配合进行聚合单元停车

执行下列主要停车步骤：

[I] —将环管反应器内的密度与丙烯进料脱开串级

[I] —手动控制丙烯进料量维持环管正常操作温度

[I] —若温度超过 72℃停催化剂、TEAL、DONOR

[I] —油洗 D201 和在线混合器

［I］—增加到环管反应器的丙烯进料，维持环管最大出料量时所允许的丙烯量，以降低环管反应器浆液内催化剂的浓度

［I］—通过自动控制维持先前的氢气进料目标值，继续进氢气

［I］—如果两环管温度继续上升，必须进一步采取行动。两个反应器中只要有一个温度达到73℃，则自动向环管反应器注入CO（ESD0211通过ESD0220触发，ESD0212通过ESD0221触发）

［I］—立即停止氢气进料，继续正常操作环管反应器下游设备，一旦温度降低，查明原因并排除故障后，稀释环管内CO浓度，直至小于0.1×10^{-6}，然后按正常操作程序重新恢复生产

退守状态：

① R201（和/或）R202环管反应器注入紧急终止剂，聚合系统丙烯稀释

② 一旦环管温度降下来，而且原因已经查明并排除，环管反应器中的CO已经降到0.1×10^{-6}以下，按照正常的操作程序重新开车

5. 事故应急响应

［P］—事故发现者向班长汇报情况

［M］—立即将事故发生的时间、已采取的初步应急措施、事故的大概情况汇报调度并启动预案

［M］—负责组织聚合单元紧急停车

［M］—通知调度停止催化剂进料

［M］—在班长的组织下与室外操作人员密切配合进行聚合单元停车

执行下列主要停车步骤：

［I］—通过HS3001B将R202内的物料通过XV3001排向低压排放系统

［I］—将TIC3001与PIC2901的串级断开，保持PIC2901同先前一样的输出并处于自动状态

［I］—切断催化剂、TEAL、DONOR进料

［I］—用油冲洗预接触罐和催化剂在线混合器

［I］—终止R200、R201、R202中的反应：通过HS2603START和HS2606START向环管反应器中加入CO

［I］—切断氢气和乙烯进料

［I］—继续稀释环管并排向闪蒸和火炬系统，使聚合物减到尽可能少

将密度串级控制解除，将R201、R202的丙烯进料在自动控制状态下逐渐降低，直到完全切断丙烯进料。但只要环管中还存在聚合物，就需要保持R200进料和P200、P201、P202的冲洗丙烯进料

如果环管中聚合物已完全排掉，循环冷却水停供时间要超过一个小时，将ESD0202旁路关掉，停P200、P201、P202，并切断泵的冲洗丙烯，切断去R200的丙烯，切断去R202排料阀LV2301的丙烯

［I］—若生产抗冲共聚物，则向R401注入CO，将D301底出料到F301的三通阀XV3002切至F301方向，切除R401，通过下料阀LV4001倒空R401

［I］—通过LV3001倒空D301

［I］—旁路掉I0304，通过LV3101倒空F301

［I］—通过 LV5001 倒空 D501

［I］—通过 LV5301 倒空 D502

［I］—将 T301 内物料排向 F301 并将料位降低到最低

［I］—观察 LIC3001，LIC3101，LIC5001，LIC5301，反复确认 D301、F301、D501、D502 内物料处理干净

（P）—现场确认 D501、D502、D800 内物料下净

［I］—将 D202 内丙烯排向闪蒸管线，并将液位降低到最低，如果可能，关闭它，同时将闪蒸管线的液相冲洗丙烯关闭

上述步骤优先完成后，需停使用循环冷却水的单元和设备：

［P］—旁路关掉丙烯精制单元（T702A/B、T701、T703A/B）

［P］—停丙烯循环压缩机

［P］—停丙烯洗涤系统

［P］—停闪蒸罐和袋式过滤器系统

［P］—停汽蒸单元，D501 通氮气以维持压力

［P］—停干燥单元

［P］—停 C501、停 PK601

［P］—停 PK801、PK804

［P］—当反应器已经稀释完，停 P301

P201/P202 停后 1 小时，打开 HV2403、HV2410、HV2503、LV2301，一次打开一个，开度为 30%～50%，保持 2～3 分钟，将环管内的聚合物完全排空至排放系统。在 P201/P202 重新启动之前，小心重复上述排料步骤。

退守状态：

① 聚合系统注入终止剂，装置停车

② 当冷却水恢复供应时，按照正常的开车程序进行装置开车

当冷却水供应恢复正常，首先置换反应器中的 CO，然后按照正常操作程序开车。

二、停低压蒸汽

1. 事故现象

低压蒸汽压力 PI0205 低报警。

2. 事故原因

系统低压蒸汽供应中断。

3. 事故确认

低压蒸汽压力急速下降。

4. 事故处理

（1）联系并报警

［P］—事故发现者向班长汇报情况

［M］—立即将事故发生的时间、已采取的初步应急措施、事故的大概情况汇报调度并启动预案

（2）聚合单元停车

［M］—负责组织聚合单元紧急停车

[M] —通知调度停止催化剂进料

[M] —在班长的组织下与室外操作人员密切配合进行聚合单元停车

执行下列主要停车步骤：

[I] —通过 XV3001 将闪蒸管线与排放系统连接，将 TIC3001 与 PIC2901 的串级断开，保持 PIC2901 的输出不变并处于自动状态

[I] —停催化剂、TEAL、DONOR 进料

[P] —油洗 D201 和 Z203

[P] —关闭丙烯洗涤塔底部排料

[P] —关闭 D202 出口去闪蒸管线。关闭闪蒸管线的液相丙烯冲洗。关闭 E301/E310、E701、T401（如果运行）的惰性排放，关闭去 D303 的丙烯

[I] —切断或降低丙烯循环流量（以延缓 E302 停蒸汽的影响）

[I] —通过 LV3001 倒空 D301

[I] —旁路关掉 I0304，通过 LV3101 倒空 F301

[I] —通过 LV5001 倒空 D501

[I] —通过 LV5301 倒空 D502

上述步骤优先完成后，如果停蒸汽超过几分钟（如 5 分钟），必须进行如下完全停车程序：

[I] —停 R200、R201、R202 反应

[I] —向环管反应器中注入 CO

[I] —关闭氢气和乙烯进料阀，切断氢气和乙烯进料

[I] —如果 CO 不足或不迅速有效或冷冻水停，启动开关 HS2203，激活 ESD0202，同时也激活紧急杀死系统（停掉该系统的所有工作）

[I] —通过 PIC2301 关闭 E203 丙烯进料

[I] —D202 故障时，为避免反应器中丙烯汽化，将反应器温度冷却到合适温度，确保反应器中只有液相。将 TIC2401、TIC2501 设定一次降低 5℃，逐渐降低到 30℃

[I] —继续稀释环管并排向闪蒸管和火炬系统，使聚合物减到尽可能少

将密度串级控制解除，将 R201、R202 的丙烯进料在自动控制状态下逐渐降低，直到完全切断丙烯进料。但只要环管中还存在聚合物，就需要保持 R200 进料和 P200、P201、P202 的冲洗丙烯进料

如果环管中聚合物已完全排掉，低压蒸汽停供时间要持续几个小时，将 ESD0202 旁路关掉，停 P200、P201、P202，并切断泵的冲洗丙烯，切断去 R200 的丙烯，切断去 R202 排料阀 LV2301 的丙烯

[I] —生产抗冲共聚产品时，切除 R401，通过下料阀 LV4001 倒空 R401

[P] —停丙烯循环气压缩机 PK301

[P] —一旦倒空，停闪蒸和袋式过滤器系统

[P] —停汽蒸系统，D501 氮气保持进料

[P] —停干燥系统

[P] —停汽蒸器尾气压缩机（C501）

[P] —停 PK801、PK804、PK901

[P] —当反应器已经稀释完，停 P301

[I] —P201/P202 停后 1 小时，打开 HV2403、HV2410、HV2503、LV2301，一次打开一个，开度为 30%～50%，保持 2～3 分钟，将环管内的聚合物完全排空至排放系统

在 P201/P202 重新启动之前，小心重复上述排料步骤。

退守状态：

聚合系统注入终止剂，装置停车

当蒸汽供应恢复正常，首先置换反应器中的 CO，然后按照正常操作程序开车。

三、停氮气

1. 事故现象

界区氮气压力快速下降，氮气流量快速降低。

2. 事故原因

界区停止氮气供应。

3. 事故确认

TEAL、DONOR 储存区域、火炬总管、气流输送、干燥器的氮气密封或补充组分无法正常工作。

4. 事故处理

(1) 联系并报警

[P] —事故发现者向班长汇报情况

[M] —立即将事故发生的时间、已采取的初步应急措施、事故的大概情况汇报调度并启动预案

(2) 聚合单元停车

[M] —负责组织聚合单元紧急停车

[M] —通知调度停止催化剂进料

[M] —在班长的组织下与室外操作人员密切配合进行聚合单元停车

执行下列主要停车步骤：

如果出现停氮气紧急情况，必须立即停干燥系统和气流输送系统 PK801。

接着装置也必须按照如下程序紧急停车：

[I] —通过 XV3101 将闪蒸罐排向低压排放系统

[I] —停催化剂、TEAL、DONOR 进料

[P] —用油冲洗 D201 和 Z203

[P] —检查 TEAL、DONOR、催化剂系统氮气保压

[I] —注入 CO

[I] —关闭氢气和乙烯进料阀，立即停氢气和乙烯进料

[I] —保持环管反应器丙烯进料，将环管中浆液密度降至＜450kg/m^3，将丙烯进料降到可能最低值

[I] —生产抗冲共聚产品时，切除 R401，通过下料阀 LV4001 倒空 R401

[I] —通过 LV3001 倒空 D301

[I] —旁路关掉 I0304，通过 LV3101 倒空 F301

[I] —通过 LV5001 倒空 D501

[I] —通过 LV5301 倒空 D502

[I] ——一旦氮气供应恢复，环管进丙烯将 CO 浓度稀释到 0.1×10^{-6} 以下，根据正常操作程序重新开车

退守状态：

① 聚合系统注入终止剂，装置停车

② 一旦氮气供应恢复到正常操作状态，向环管反应器进丙烯，脱除系统内的 CO，使其含量达到 0.1×10^{-6} 以下。然后，按照正常的操作程序进行开车操作

四、停仪表空气

1. 事故现象

仪表空气压力低低报警。

2. 事故原因

仪表空气供应中断。

3. 事故确认

仪表空气压力迅速降低。

4. 事故处理

(1) 联系并报警

[P] —事故发现者向班长汇报情况

[M] —立即将事故发生的时间、已采取的初步应急措施、事故的大概情况汇报调度并启动预案

(2) 停聚合单元

[M] —负责组织聚合单元紧急停车

[M] —通知调度停止催化剂进料

[M] —在班长的组织下与室外操作人员密切配合进行聚合单元停车

执行下列主要停车步骤：

[I] —注入 CO

[I] —立即停氢气和乙烯进料

[I] —停催化剂、TEAL、DONOR 进料

[P] —用油冲洗 D201 和 Z203

[I] —生产抗冲共聚产品时，切除 R401，通过下料阀 LV4001 倒空 R401

[I] —继续以最小流量向环管反应器进丙烯，直到仪表空气总管压力降至 0.45MPa

[P] —当仪表空气完全停止供应，停轴流泵 P200、P201、P202

[I] —停所有丙烯进料

[I] —手动关闭阀 XV2203B、XV2404A/B、XV2504A/B、XV2603A/B/C/D、XV2606A/B/C/D、XV4801A/B/C/D/E

[P] —当 R202 切向低压排放后，停 P301A/B、E302 蒸汽、P302A/B、E303 热水

[I] —通过 LV3001 倒空 D301

[I] —旁路掉 I0304，通过 LV3101 倒空 F301

[I] —通过 LV5001 倒空 D501

[I] —通过 LV5301 倒空 D502

[P] —停丙烯循环压缩机系统 PK301

［P］—停汽蒸系统，D501氮气保持进料

［P］—停干燥系统

［P］—停PK801、PK804、PK901

退守状态：

① 聚合系统注入终止剂，装置停车

② 当仪表风供应恢复后，按照正常的操作程序进行装置的开车

五、停电

1. 事故现象

照明停止，DCS部分参数发出声光报警，现场动设备停止运行。

2. 事故原因

电网停止供电。

3. 事故确认

现场动设备停止运行，生产停止，所有工艺进料停止。

4. 事故处理

（1）联系并报警

［P］—事故发现者向班长汇报情况

［M］—立即将事故发生的时间、已采取的初步应急措施、事故的大概情况汇报调度并启动预案

（2）聚合单元停车

［M］—负责组织聚合单元紧急停车

［M］—通知调度停止催化剂进料

［M］—在班长的组织下与室外操作人员密切配合进行聚合单元停车

执行下列主要停车步骤：

停电后，操作站在备用电源供应下可保持操作25～30分钟；

一旦停电，排放所有的管线中的水，以避免管线冻住；

即使完全停电，在DCS备用电源和仪表空气缓冲罐提供仪表空气的条件下可以对主要的仪表进行控制；

操作人员必须确认所有联锁系统是否动作，如果没有，必须手动进行。

停P200，激活ESD0202（停止进料）；

停催化剂（停激活ESD0201）；

停R200的所有丙烯进料；

隔离R200；

通过XV2203B将R200切向低压排放系统；

如果ESD0202没有被P200停激活，手动按开关HS2203START；

如果XV2203B不能自动打开，则手动打开它。

停P201、P202，激活ESD0204、ESD0220、ESD0221；

停R201、R202氢气和乙烯进料；

停催化剂（停激活ESD0201）；

激活ESD0211和ESD0212（紧急CO注入）；

C401 停激活 ESD0480，当环管已排放，气相反应器泄压至火炬。

然后操作人员必须执行以下程序：

[P] —关闭 R200-R201 之间的手动切断阀。将 Z200 加压至 1MPa，关闭 XV2203B 下游手动切断阀。将 R200 用氮气充压至 0.2MPa，然后从 R200 底部泄压至排放系统

[I] —如果 ESD0220、ESD0221 未激活 CO 注入联锁 ESD0211、ESD0212，则按开关 HS2603、HS2606 启动 ESD0211、ESD0212，注入 CO

[I] —通过 XV2404A/B、XV2504A/B 从环管底部排料至高压排放系统 2～3 分钟，以确保 CO 达到最低点

上述动作通过 ESD0209（按开关 HS2404START）和 ESD0210（按开关 HS2405START）完成。

[I] —确认环管底部温度和压力保持稳定。如果温度和压力上升，则再次从底部排向高压排放系统 2～3 分钟

[I] —关闭 R202 排料的手动阀和闪蒸管线的冲洗丙烯阀 FV2404、FV2302。关闭 T301 底部排料阀（FV3209），E303 工艺水、D202 的压力丙烯阀 PV2301

[I] —将 D301 底部与 DBH（防老剂）连通，通过 LV3001 倒空 D301

[I] —通过 LV3101 将 F301 倒空至 D501，关闭 F301 的反吹丙烯气，进行此动作，必须旁路关掉 I0304。如果 F301 压力不足，使用软管连接 FO3103，用氮气将 F301 充压至 0.05MPa

[I] —当反应完全停止（界区丙烯无流量时），将阀 XV2203B、XV2404A/B、XV2504A/B、XV2603A/B/C/D、XV2606A/B/C/D、XV4801A/B/C/D/E 及切断阀关闭

[I] —停 D501 蒸汽

[P] —D501 进氮气以维持压力

[I] —停 D501 夹套，关闭切断阀，停 C503、A501 蒸汽。停 T501 蒸汽，关闭切断阀

[I] —关闭控制阀和切断阀：R201 丙烯进料、R200 丙烯进料、P200 冲洗丙烯进料、R202 丙烯进料、D202 顶部去闪蒸管线、P201 冲洗丙烯进料、丙烯去闪蒸管线、P202 冲洗丙烯进料、丙烯去 E203、丙烯去 E302

[P] —关闭来自 T301 系统冲洗丙烯

[I] —关闭惰性气排放：E301/E310、E405

[P] —关闭所有蒸汽用户的蒸汽

LT3301、LT2301、LT2302 将给出错误的数值指示。LT2301、LT2302、LT3301 的指示不能作为操作依据。当电力供应恢复，所有公用工程供应正常，按如下程序进行：

[I] —丙烯精制单元开车

[I] —将丙烯进料罐投入运行

[I] —通过 HS3004 旁路关掉 ESD0301，关闭 LV3001，将闪蒸管线的加热系统投入使用

[I] —通过 FIC2404（以自动方式）启动闪蒸管线冲洗进料，慢慢增加到 8t/h。当闪蒸罐出口温度达到 70℃，投用 ESD0301

[I] —按正常程序启动高压丙烯洗涤系统

[P] —设定仪表冲洗丙烯（来自 P302A/B）量。连通 T301 与 D303

[I] —启动 T301 底部去 F301 的排放（连通 T301 底部与 F301）

[I] —连通 D301 与 F301

[I] —启动高压丙烯洗涤系统

[P] —启动 C301

[I] —启动汽蒸单元

[I] —启动干燥单元

[I] —通过 LV3001 倒空 D301

[I] —旁路关掉 I0304，通过 LV3101 倒空 F301

[I] —通过 LV5001 倒空 D501

[I] —通过 LV5301 倒空 D502

[I] —将阀 XV2203B、XV2404A/B、XV2504A/B、XV2603A/B/C/D、XV2606A/B/C/D、XV4801A/B/C/D/E 的切断阀打开

[I] —恢复环管正常压力和 D202 正常操作条件

[P] —在重新启动 P201 和 P202 前，必须确认环管底部弯头部分有无聚合物

如有聚合物，当下游单元具备接收液相单体和聚合物条件时，必须将聚合物从环管中排出，具体步骤如下：

[P] —打开反应器底部 HV2403、HV2410、HV2503、LV2301 液相冲洗

[P] —打开反应器底部 HV2403、HV2410、HV2503 上游的柱塞阀（H/Z2040）、HV2410（H/Z2045）、HV2503（H/Z2060）

[I] —打开 HIC2403、HIC2410、HIC2503、LIC2301 将聚合物排向 D301

[I] —从 D301 料位上升情况判断环管底部弯头聚合物是否排尽

一旦 D301 料位不再上升，关闭 R201、R202 与 D301 之间的切断阀，以使冲洗丙烯回冲进环管。

[P] —数分钟后，再次打开 R201、R202 与 D301 之间的切断阀，继续排聚合物直至不再有环管来的聚合物排向 D301

[P] —此排料和回冲步骤必须重复至环管底部弯头部分不再有聚合物为止

[P] —当 4 个底部弯头聚合物完全排出，将排料阀恢复原来状态

[I] —关闭 HIC2403、HIC2410、HIC2503、LIC2301

[P] —关闭反应器底部 HV2403、HV2410、HV2503、LV2301 液相冲洗

[I] —在上述步骤的最后，为了完成排料，逐渐恢复 P201、P202 的冲洗丙烯和环管的丙烯进料

[I] —将 R202 与 D301 连通，将 LIC2301 投入自动状态

[I] —确认 R201、R202 顶部没有惰性气体

打开 R201 和 R202 顶部放空阀 HV2402 和 HV2502，确认排放线上的温度为负值。

[I] —旁路关掉 ESD0204，启动 P201、P202

[P] —连通 R200，启动 P200

[I] —建立装置的循环回收操作以将 CO 浓度降低到 0.1×10^{-6} 以下

该过程中应注意以下几点：

① 操作过程中避免产生静电、防止火花、防止引起次生事故

② 避免因现场混乱，造成人员伤害，无关人员撤离现场

六、停精制氮气处理预案

1. 事故现象

界区精制氮气压力迅速下降。

2. 事故原因

精制氮气停供。

3. 事故确认

各精制氮气用户氮封压力低报。

4. 事故处理

(1) D106A/B保压操作

[P] —关 XV1403 (D106A) /XV1413 (D106B)

[P] —开 HV1402 (D106A) 及 HV1402 上游手动球阀，给 D106A 充压到 0.15MPa 后，关 HV1402 及 HV1402 上游手动球阀

[P] —开 HV1412 (D106B) 及 HV1412 上游手动球阀，给 D106B 充压到 0.15MPa 后，关 HV1412 及 HV1412 上游手动球阀

[P] —检查 HV1404/HV1414 是否关闭

(2) D105A/B、D110A/B/C、D107、D109、D112 作为一个系统保压

现场关下列手动阀

[P] —关闭 D105A：FICV1303 下游手阀、FO1305 下游手阀

[P] —关闭 D105B：FICV1304 下游手阀、FO1306 下游手阀

[P] —关闭 D110A：FICV1202 下游手阀、FO1203 下游手阀

[P] —关闭 D110B：FICV1204 下游手阀、FO1205 下游手阀

[P] —关闭 D110C：FICV1207 下游手阀、FO1206 下游手阀

[P] —关闭 D107/D109：FICV1502 下游手阀

[P] —关闭 D112：FICV1601 下游手阀、FO1602 下游手阀

检查 D114 油位，D114 油位就是这一系统的氮封压力。

(3) D111 保压

[P] —关 XV1007

[P] —开 XV1008

[P] —现场检查 D111 顶部氮气充压线上压力表，指示 150kPa，关闭 XV1008

[P] —现场关 D102 氮气鼓泡的手动球阀

(4) D101 保压

[P] —开 D101 的氮气充压手动球阀（正常为关），检查 D101 氮气充压线现场压力表，达到 0.1MPa，关 D101 氮气充压手阀，关 FICV1106 下游手动球阀（正常为开）

[P] —关 Z103 进气线手动球阀

任务执行

在完成任务学习后，操作人员已具备事故操作的基本能力，根据装置生产计划，现需要按照操作规程完成操作（工作任务单 3-5-2）。要求在 15min 内完成，且成绩在 85 分以上。

工作任务单　环管反应器 R201 温度升高故障处理		编号：3-5-2
考查内容：环管反应器 R201 温度升高故障处理操作		
姓名：	学号：	成绩：
根据装置生产指令，按照操作规程完成环管反应器 R201 温度升高事故处理操作，操作人员需根据生产指令维持各设备的稳定运行，保证反应温度、反应压力、两器压差在正常范围。		

任务总结与评价

熟悉环管反应器 R201 温度升高故障与处理的基本流程，能够熟练完成环管反应器 R201 温度升高故障处理仿真操作。

任务三　界区丙烯中断

任务目标 ① 了解界区丙烯中断主要的故障原因，并能正确进行判断；
② 能进行界区丙烯中断故障的原因分析，并能初步制定处理措施；
③ 熟悉界区丙烯中断处理措施。

任务描述 请你以操作人员的身份进入界区丙烯中断处理仿真操作环境，完成界区丙烯中断故障处理。

教学模式 理实一体、任务驱动

教学资源 仿真软件及工作任务单（3-5-3）

任务学习

一、丙烯进料中断故障

丙烯进料中断，其对工艺区的影响如下。

R201、R202 及 R200 内浆液浓度将迅速增加。循环泵 P200、P201 和 P202 运行时没有轴封冲洗丙烯，会造成密封损坏。D201 到 R200 催化剂进料线输送丙烯中断。由于催化剂淤浆流速低，聚合物积聚在管线内，造成管线堵塞。ESD0306 启动备用泵，若备用泵自起也失败，操作人员必须按下列步骤对装置进行停车：当 P301A 或 B 停时（YAL3301），FAL2004 引发 ESD0201 启动，自动切断主催化剂、TEAL 和 DONOR 进料，P101A/B，P104A/B/C 及 P108A/B 冲程归零。

[P] —停主催化剂（P108）、助催化剂计量泵（P101）、DONOR 计量泵（P104）

[P] —油洗在线混合器 Z203，D201

[P] —将 D201 排空到 D607，停 A201

[I] —按 HS2203，启动 ESD0202：隔离 R200，停 P200

通过 XV2203B 将 R200 排向排放系统（D602）

[I] —启动 ESD0211、ESD0212 向两环管反应器紧急注入 CO

[I] —将 TIC2402 和 TIC2502 打手动，打开 TV2402 和 TV2502，尽可能给环管反应器降温。R201、R202 降温到 40℃

[P] —用氮气加压 R200 至最低 0.4MPa，然后将 R200 放空至低压排放系统。重复该操作 2～3 次

[I] —若生产抗冲共聚物，则向 R401 注入 CO，将 D301 底出料到 F301 的三通阀 XV3002 切至 F301 方向，切除 R401，通过下料阀 LV4001 倒空 R401

[P] —确认 CO 成功注入，停 P201 和 P202

(I) —确认 ESD0204 启动

[I] —启动 ESD0207、ESD0209、ESD0210

[P] —关闭 R200 与 R201 之间的手阀

[I] —通过 LV3001 倒空 D301

[I] —通过 LV3101 倒空 F301

[P] —打开冲洗阀冲洗 T301 底部管线

［P］—关闭 T301 底阀

［I］—通过 LV5001 倒空 D501

［I］—通过 LV5301 倒空 D502

［I］—观察 LIC3001，LIC3101，LIC5001，LIC5301，反复确认 D301、F301、D501、D502 内物料处理干净

（P）—现场确认 D501、D502、D800 内物料放净

［P］—停 P302、PK301、PK501

一旦丙烯进料系统恢复操作，恢复所有环管反应器下游设备操作，设法用丙烯进料排空反应器内粉料，打开 HV2403、HV2410 及 HV2503 和 LV2301 将粉料排至闪蒸罐 D301，设法重新启动 P201 和 P202，若循环恢复，继续用丙烯冲洗环管反应器，直至 CO 含量低于 0.1×10^{-6}，并按正常程序重新使装置开车，若循环泵不能重新启动，倒空环管物料至 D301。然后用氮气置换反应器，打开环管检查泵 P201、P202。若无法通过 HV2403、HV2410、LV2301 及 HV2503 排放浆液，则打开 XV2404A/B 和 XV2504A/B 进行高压排放。

退守状态：

① 装置聚合停车，精制系统载液停车并与其他系统隔离；200 单元、300 单元（D301、T301）物料退净，氮气置换合格，具备拆检条件

② 在此状态下，保运单位拆检相关设备过程中，当班负责继续使用氮气将其他已被 CO 污染的系统置换合格（CO 含量 $\leqslant 0.1\times10^{-6}$）

③ 处理结束恢复正常后，进行开工前的检查确认，按开车规程重新开车

二、事故处理

1. 事故现象

边界丙烯 FIC0103 显示为 0。

2. 事故原因

边界丙烯压力低。

3. 事故处理

［P］—通过 HS2003START 启动 ESD0201，停催化剂进料

［P］—确认 ESD0211 启动注入 CO 终止剂

［P］—确认 ESD0212 启动注入 CO 终止剂

［I］—切断氢气进料

［P］—关 FV2002B 前后手阀

［P］—关 FV2001B 前后手阀

［I］—停 C705A

［P］—按 HS2203 启动 ESD0202

［I］—关闭大环管现场手阀 VI5R201

［P］—打开 E204 蒸汽，维持环管温度 60℃

［P］—打开 E205 蒸汽，维持环管温度 60℃

［P］—降低反应器催化剂计量泵冲程为 0

［P］—断开丙烯串级

[P] —降 FIC1201 计量泵冲程为 0

[P] —降 FIC1102 计量泵冲程为 0

[P] —关 VI2Z203A

[I] —关闭 D201 出料手阀

[I] —关闭 D201 前主催化剂进料手阀

[I] —关闭 D201 现场进料手阀 VI6D201

[P] —关 VI2Z212

[P] —关 VI1Z212

[I] —关闭丙烯排放 FV3702

[I] —关闭丙烯排放 FV3705

[I] —关闭丙烯排放 FV7102

[P] —稀释环管密度降到 450kg/m^3 以下，XV3101 切排放

[P] —停 PK301

[P] —停 PK501

[I] —打开 T301 至 D303 的手阀

[I] —关闭 PK301 至 D303 手阀

[P] —降低环管丙烯进料至 12t/h 以下

[P] —降低环管丙烯进料至 6t/h 以下

[P] —维持丙烯进料，稀释环管密度降到 410kg/m^3 以下

[I] —手动倒空 D301 料位

[I] —手动倒空 F301 料位

[I] —手动倒空 D501 料位

[I] —手动倒空 D502 料位

[P] —关闭 FIC5006

[P] —关闭 FIC5001

[P] —关闭 FIC5002

[P] —关闭 PIC5051

[P] —关闭 TIC5051

[P] —关闭 TIC5304

[P] —F301 通氮气

[P] —D501 通氮气

任务执行

在完成任务学习后，操作人员已具备事故处理操作的基本能力，根据装置生产计划，现需要按照操作规程完成操作（工作任务单 3-5-3）。要求在 15min 内完成，且成绩在 85 分以上。

<table>
<tr><td colspan="3">工作任务单　界区丙烯中断事故处理　　　　编号：3-5-3</td></tr>
<tr><td colspan="3">考查内容：界区丙烯中断事故处理操作</td></tr>
<tr><td>姓名：</td><td>学号：</td><td>成绩：</td></tr>
<tr><td colspan="3">根据装置生产指令，按照操作规程完成界区丙烯中断事故处理操作，操作人员需根据生产指令维持各设备的稳定运行，保证反应温度、反应压力、两器压差在正常范围。</td></tr>
</table>

任务总结与评价

熟悉界区丙烯中断故障与处理的基本流程，能够熟练完成界区丙烯中断故障处理仿真操作。

【项目综合评价】

姓名		学号		班级	
组别		组长		成员	
项目名称					

维度	评价内容	自评	互评	师评	得分
知识	了解聚丙烯生产过程的安全和环保知识(5分)				
	能分析聚丙烯生产过程中的故障及其原因(5分)				
	了解聚丙烯生产过程中的安全隐患(5分)				
	掌握聚丙烯生产中常见故障现象及其原因(5分)				
能力	能根据聚丙烯反应特点,分析生产中容易出现的事故(10分)				
	能根据聚丙烯生产中物料的理化性质,分析出生产中的安全隐患(10分)				
	针对不同事故,能够判断引起事故的原因,并能掌握正确的处理措施(10分)				
	能发现开、停车及正常操作过程中的异常情况,并对其进行分析和正确的处理(10分)				
	熟悉各类事故预案,并能及时有效地处理各类事故(10分)				
素质	通过生产中丙烯、聚丙烯、三乙基铝等物料性质、生产过程的尾气处理、安全和环保问题分析等,掌握“绿色化工、生态保护、和谐发展和责任关怀”的核心思想(10分)				
	通过仿真操作中严格的岗位规程及规范要求,工艺参数的严格标准要求,培养质量意识、安全意识、规范意识、标准意识(10分)				
	通过对交互式仿真软件的操作练习,培养动手能力、团队协作能力、沟通能力、具体问题具体分析能力,培养职业发展学习的能力(10分)				

我的反思		
	我的收获	
	我遇到的问题	
	我最感兴趣的部分	

附录
仿真软件概述

1. 化工仿真软件简介

化工生产是一个对技术要求极高的产业，但是同时，它又是一个有着极高危险源的产业。它的生产环境往往面临着“两高两低”的挑战，即高温，高压，低温，低压。在如此恶劣的生产条件下，使得学校在化工产业展开的教学活动的形式极其有限。而化工仿真软件却能借助现代计算机的作用，将化工生产的环境等比例地模拟，使学生能够对所学的知识更加深入地理解。同时面对化工生产可能产生的故障和问题，学生能锻炼自己的应急处理能力，避免日后工作过程中带来的损失。与此同时，化工仿真软件在教学中的运用，能够有效地减少资源的浪费，且模拟的资源能够多次反复使用。由此可见，化工仿真软件作为一种新型的教学方式，促进了化工产业的教学，提高了学生的实际操作能力，最终能达到促进化工产业的人才培养的目的。

仿真软件采用先进的面向对象编程思想，开发完成了一个实时的软件平台，能够将复杂的工业过程包括控制系统的动态数学模型在计算机中运行，并通过彩色图形化操作画面，以直观、方便的操作方式进行仿真教学。软件仿真内容具有实际工业背景，已经在石化企业培训过大量技术工人，并经过石化企业的长期应用验证。仿真软件能够深层次揭示过程系统随时间动态变化的规律，具有全工况可操作性，可以进行开车、停车、正常运行、非正常工况操作和多种控制系统操作实训。

2. 催化裂化仿真软件界面组成与功能

催化裂化工艺仿真软件界面组成主要有：DCS图、现场图、操作质量评分系统。

(1) DCS图

DCS图模拟中控室的DCS操作及显示，DCS图多样化、多厂家、多类型，适应不同用户需求，并实现仿DCS系统组态化，按照工艺流程的特点和需求进行组态，实现仿DCS的逼真模拟。

模拟DCS的主要功能有：图形显示，报警总显示，总貌显示，趋势显示，控制组显示，时标调节功能，调节面板显示，其他DCS显示和功能。

(2) 现场图

现场图模拟外操员工在装置现场的操作及显示，主要为外操员配合内操员在装置现场进行阀门、机泵等设备的操作。

(3) 操作质量评分系统

操作评价软件的数据来源于仿真系统的“实时数据库”，知识信息来源于按操作规程和设备等要求组态建立的“知识与操作规程库”，在以上数据库与知识库基础上，通过“推理机软件”进行推理评判。该模块可以对操作人员的操作过程进行全程跟踪记录，将操作过程和结果与规程及知识的组态结果进行双向逐步推理，推理机制采用产生式规则，保证评定操作过程和操作质量的合理性、准确度，从而得出操作成绩。操作评定的各项功能可以由教师站设定和管理。操作评价模块是针对各装置仿真系统的每一个训练项目进行跟踪记录，并依据操作规则与设备操作要求和操作质量指标进行评分的。每一个训练项目的评分都包括：操作步骤评分和操作质量评分，所有评分项目都给出详细评定结果和依据。

3. 聚丙烯工艺仿真软件界面组成与功能

(1) 操作界面

聚丙烯工艺仿真软件 Delta Ⅴ操作界面包含三部分：工具条窗口、工作区主窗口、报警窗口见附图1。

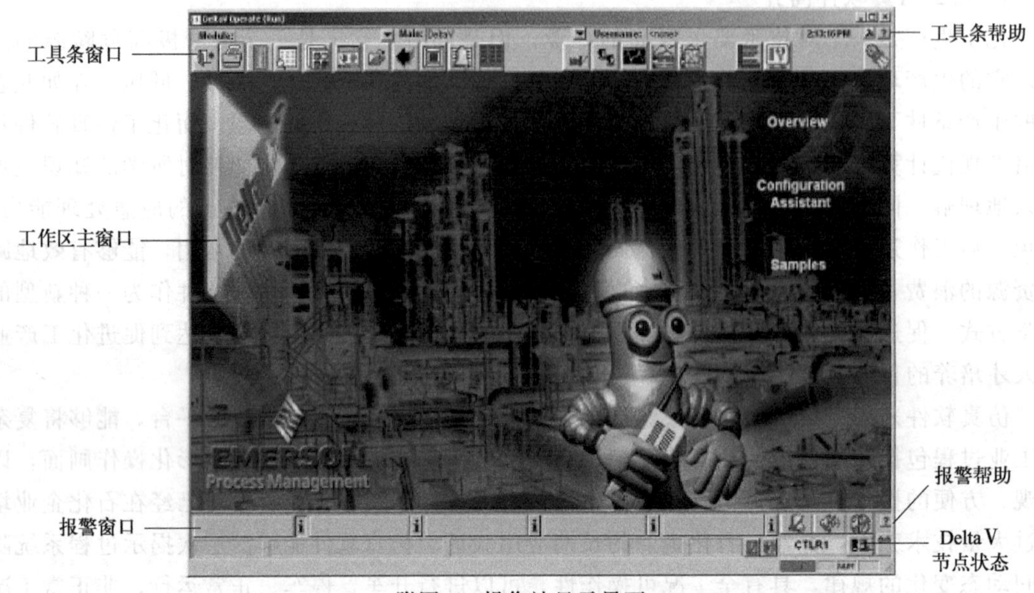

附图 1　操作站显示界面

① 工具条

Module: Last Module　**Main:** Current Main

模块名：显示最近 10 个模块名　　主控制图名：最近 10 个主控制图名

Username: Currently Logged On User　10:34:42 AM　?

用户名：显示当前登录用户名　　当前时间　　工具条快速帮助

Delta V 按钮作用见附图 2。

② 工作区

工作区包括过程图形显示和当前工艺数据（操作数据在工作区域内修改，如输出和设定值），如附图 3。

打开 DCS 操作软件，显示系统的初始画面如附图 4。

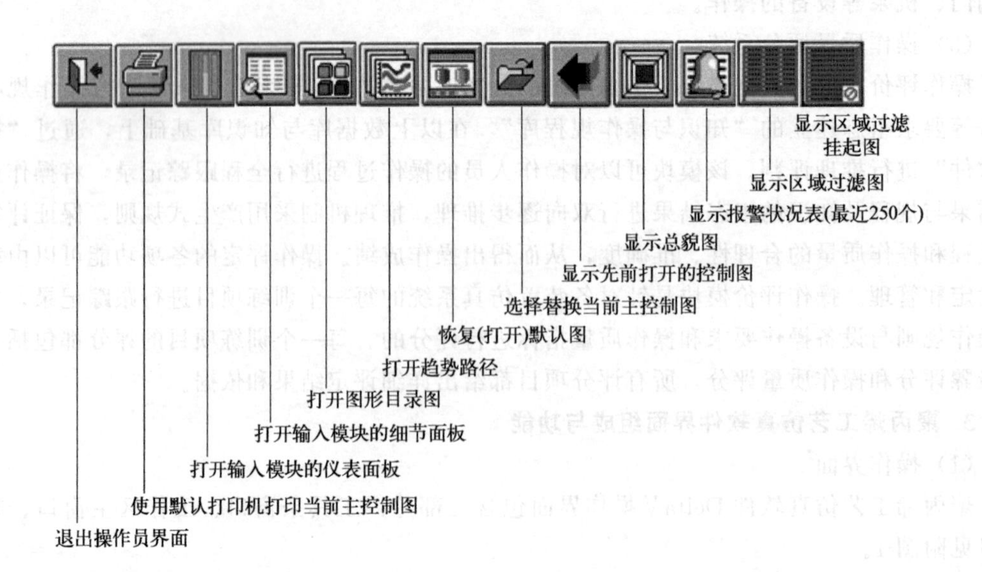

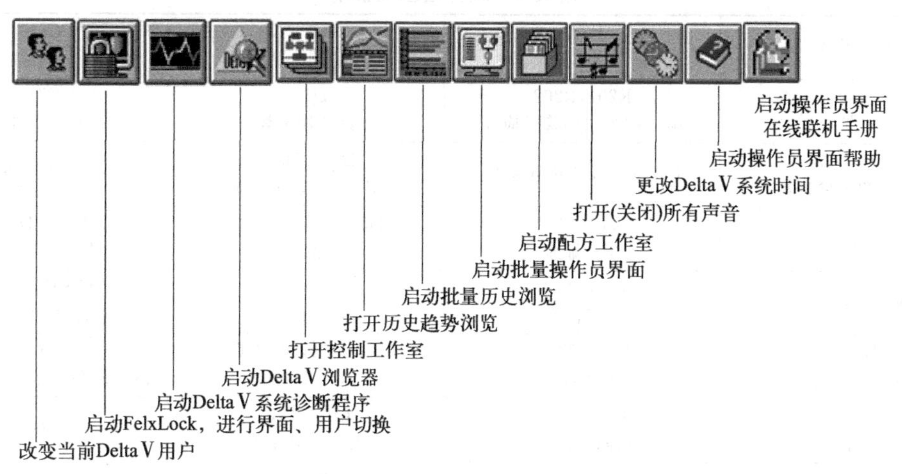

附图 2　DeltaⅤ按钮作用

附图 3　工作区按钮

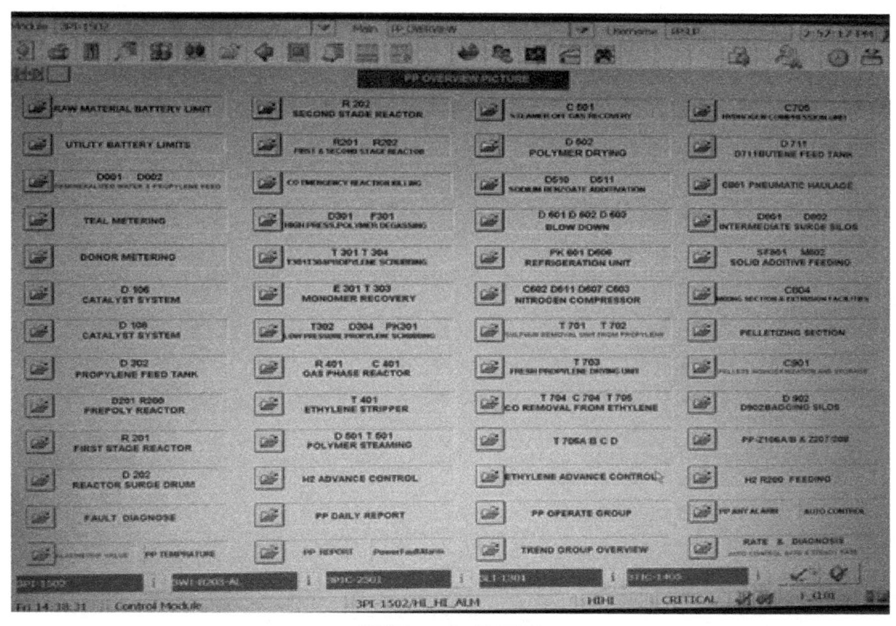

附图 4　初始画面

附表 1 为流程图（PP 总貌图）画面的说明表。

附表 1　流程图画面说明

<table>
<tr><td colspan="2">原料界区</td><td colspan="2">R202
第二环管反应器</td><td colspan="2">C501
汽蒸尾气回收</td><td colspan="2">C705
氢气压缩机单元</td></tr>
<tr><td colspan="2">公用工程界区</td><td colspan="2">R201,R202
第一和第二环管反应器</td><td colspan="2">D502
聚合物干燥</td><td colspan="2">D711
丁烯进料罐</td></tr>
<tr><td colspan="2">D001 D002
脱盐水和丙烯进料</td><td colspan="2">CO 紧急反应杀死系统</td><td colspan="2">D510,D511
固体成核剂添加</td><td colspan="2">C801 风送单元</td></tr>
<tr><td colspan="2">TEAL 计量</td><td colspan="2">D301,F301
高压丙烯脱气</td><td colspan="2">D601,D602,D603
排放系统</td><td colspan="2">D801,D802
中间缓冲料仓</td></tr>
<tr><td colspan="2">DONOR 计量</td><td colspan="2">T301,T304
丙烯洗涤</td><td colspan="2">PK601,D606
冷冻水单元</td><td colspan="2">SF801,M802
固体添加剂进料</td></tr>
<tr><td colspan="2">D105
催化剂系统</td><td colspan="2">E301,T303
单体回收</td><td colspan="2">C602,D611,D607,C603
氮气压缩机</td><td colspan="2">C804
掺混段和挤压机公用工程</td></tr>
<tr><td colspan="2">D108
催化剂系统</td><td colspan="2">T302,D304
低压丙烯洗涤</td><td colspan="2">T701,T702
丙烯脱硫单元</td><td colspan="2">造粒单元</td></tr>
<tr><td colspan="2">D302
丙烯进料罐</td><td colspan="2">R401
气相反应器</td><td colspan="2">T703
新鲜丙烯干燥单元</td><td colspan="2">C901
粒料均化和储存</td></tr>
<tr><td colspan="2">D201,R200
预接触反应</td><td colspan="2">T401
乙烯分离塔</td><td colspan="2">T704,C704,T705
乙烯脱 CO 单元</td><td colspan="2">D902
包装料仓</td></tr>
<tr><td colspan="2">R201
第一环管反应器</td><td colspan="2">D501,T501
聚合物汽蒸</td><td colspan="2">T706A/B/C/D</td><td colspan="2">PP-Z106A/B 和 Z207/208</td></tr>
<tr><td colspan="2">D202
反应器缓冲罐</td><td colspan="2">H_2 先进控制</td><td colspan="2">乙烯先进控制</td><td colspan="2">R200
H_2 进料</td></tr>
<tr><td colspan="2">仪表故障诊断</td><td colspan="2">PP 累积量</td><td colspan="2">PP 记录数据</td><td>PP 火灾报警</td><td>仪表故障报警</td></tr>
<tr><td>PPESD 联锁报警值</td><td>仪表保温箱温度</td><td>反应器数据日报</td><td>仪表卡件电源报警</td><td colspan="2"></td><td colspan="2">装置平稳率</td></tr>
</table>

参考文献

［1］ 杨兴楷．燃料油生产技术［M］．北京：化学工业出版社，2010.
［2］ 王海彦．石油加工工艺学［M］．北京：中国石化出版社，2011.
［3］ 陈长生．石油加工生产技术［M］．北京：高等教育出版社，2007.
［4］ 李淑培．石油加工工艺学［M］．北京：中国石化出版社，2007.
［5］ 程丽华．石油炼制工艺学［M］．北京：中国石化出版社，2005.
［6］ 朱耘青．石油炼制工艺学［M］．北京：中国石化出版社，1992.
［7］ 张锡鹏．炼油工艺学［M］．北京：石油工业出版社，1986.
［8］ 催化裂化工艺仿真软件 V2.0 操作手册［CP］．北京：北京东方仿真软件技术有限公司，2021.